空气泡沫驱油工程

杨怀军　蔡明俊　马先平　纪朝凤　等著

石油工業出版社

内 容 提 要

本书是对大港油田复杂断块油藏空气泡沫驱提高采收率技术现场试验的系统总结，囊括了现场应用所必须履行的基本程序和必须研究的要素。重点阐述了空气泡沫驱油藏筛选标准、驱油体系筛选、注入参数优化、腐蚀防控技术、安全防控技术、井网重构技术、配注技术以及效果监测与评价技术。对于国内相关油田同类油藏开展空气泡沫驱项目研究与实施具有借鉴意义。

本书适合于从事油田开发提高采收率的专业技术人员、科研人员、管理人员及高等院校相关专业师生参考阅读。

图书在版编目（CIP）数据

空气泡沫驱油工程／杨怀军等著．—北京：石油工业出版社，2019.7

ISBN 978-7-5183-3339-4

Ⅰ．①空… Ⅱ．①杨… Ⅲ．①空气泡沫－泡沫驱油 Ⅳ．① TE357.46

中国版本图书馆 CIP 数据核字（2019）第 080220 号

出版发行：石油工业出版社
（北京安定门外安华里 2 区 1 号　100011）
网　址：http://www.petropub.com
编辑部：（010）64523537
图书营销中心：（010）64523633
经　　销：全国新华书店
印　　刷：北京中石油彩色印刷有限责任公司

2019 年 7 月第 1 版　2019 年 7 月第 1 次印刷
787×1092 毫米　开本：1/16　印张：12.75
字数：300 千字

定价：110.00 元

序

自国家“九五”科技攻关以来，国内的三次采油开始转向聚—表二元复合驱、碱—聚合物—表面活性剂三元复合驱，胜利油田成功开展了聚—表二元复合驱现场试验并实现了工业化应用，三次采油年产油量达到 500×10^4t，大庆油田实现了 ASP 三元复合驱现场工业化应用，中国石油三次采油年产油量已经超过了 1300×10^4t。在油藏实施化学驱之后，三次采油提高采收率面临两大难题：一是化学驱结束后，剩余 20% ~ 40% 的地质储量如何开发动用，行业内还没有研发出适合的接替技术；二是现有化学驱技术不适合的油藏，如高温（温度大于 90℃）高盐油藏、低渗透油藏，面临提高采收率的技术瓶颈问题。解决这些问题的唯一途径是开发环境友好型的高效驱油技术，中国石油经过近十年的重大开发试验，环保型高效空气泡沫驱油技术已经取得了重大突破。空气是地球上取之不尽的资源，而且绿色环保、无成本，以空气为介质的空气泡沫驱油体系，具有耐高温、对油层无伤害、注入性好、渗流阻力高、流度控制能力强等特点，是解决化学驱后油藏、“双高”油藏（高含水率、高采出程度）及高温高盐、低渗透油藏提高采收率的主要技术途径。大港油田公司在中国石油天然气股份有限公司重大开发试验项目的支持下，解决了空气现场应用过程中存在的管线腐蚀和混合空气爆炸的两大技术难题，在驱油机理、耐温抗盐驱油体系、超低界面张力驱、减氧空气压缩注入工艺、腐蚀防控工艺、气液地面混注计量的新技术研究与应用中均取得了突破性进展，在国内率先开展了港东二区五断块“双高”油藏和王官屯油田官 15-2 断块高温低渗透油藏空气泡沫驱现场先导性试验，并取得了明显的增油降水效果。该书系统地总结归纳了空气泡沫驱油工程的研究方法、工作流程、油藏工程方案和地面配注工程方案的编制程序，现场试验证实了空气泡沫驱技术的可行性和有效性，为该技术在高孔隙高渗透油藏和高温低渗透油藏的推广应用奠定了基础。

《空气泡沫驱油工程》一书总结归纳的技术和方案，均经过了现场试验证实，数据来源可靠，可作为空气泡沫驱油现场工程应用的设计参考。该书的出版对推进空气泡沫驱的技术研究和推广应用有很重要意义。

2018 年 11 月 10 日

前　　言

中国陆上油藏多以陆相碎屑岩沉积为主，注水开发油田整体进入高采出程度、高含水率的“双高”开发阶段，油田综合含水率在87%以上，可采储量采出程度高达75%，水驱开发后剩余油高度分散，层间渗透率极差大、层内非均质严重，注采井网受损严重，进一步挖潜提高水驱采收率的难度加大。原石油工业部自20世纪80年代初组织专家赴美国进行三次采油技术调研考察，认为中国陆相沉积油藏储层非均质严重、埋藏深、地层原油黏度高，适合开展化学驱提高采收率，鉴于聚合物驱油技术具有机理清晰、施工简单等特点，组织完成了“七五”“八五”国家重点攻关项目“聚合物驱油技术研究”“聚合物驱配套技术研究”。大港油田率先开展了“港西四区聚合物先导性试验”并取得了成功后，聚合物驱油技术相继在胜利油田、大庆油田试验成功并大规模推广应用，并为这两大油田提高采收率作出了积极的贡献。

现场试验证实，聚合物驱提高采收率值在10% OOIP左右，以流度控制、扩大波及体积为主要机理，兼具提高驱油效率的作用，随着化学驱技术研究的不断深入，油田开发对化学复合驱大幅度提高采收率的技术需求更加迫切。自国家“九五”科技攻关以来，国内的三次采油开始转向聚—表二元复合驱、碱—聚合物—表三元复合驱大幅度采收率技术攻关与现场试验。

大港油田公司主要针对两类油藏开展试验攻关。第一类是中高渗透或特高渗透、高含水及特高含水开发后期水窜严重的油藏，空气渗透率100～2000mD，渗透率变异系数0.54～0.82，油藏温度45～70℃，地下原油黏度5～100mPa·s，注入水矿化度小于10000mg/L，该类油藏主要集中在明化镇组和馆陶组。第二类是高温高盐中低渗透油藏，空气渗透率小于300 mD，渗透率变异系数小于0.7，油藏温度70～110℃，地下原油黏度小于500mPa·s，注入水矿化度30000mg/L，该类油藏主要分布在沙河街组、孔一段、孔二段。在中国石油天然气股份有限公司勘探与生产分公司的组织下，大港油田公司为牵头单位，联合国内相关石油院所、研究机构，开展了空气泡沫驱系列专题研究，研究领域覆盖了地质、油藏、工程、机械制造、化学工程、驱油体系、化学热动力学等领域，有多所大学及科研院所参加联合攻关，解决了传统泡沫驱不具备超低界面张力驱油机理的双刃剑问题，突破了制约空气泡沫驱现场应用的腐蚀和空气爆炸安全技术瓶颈，完成了空气减氧压缩、地面气液混注、气液流量调控、安全防控一体化集成设计和制造，筛选出了适合双高油藏及高温高盐油藏的空气泡沫驱油体系两套，形成了油藏筛选、体系研发、方案优化、装备制造、工艺配套的系列化技术，在国际上首次矿场启用减氧空气压缩注入工艺和超低界面张力耦合式空气泡沫驱油法两项新技术。在驱油机理及驱油体系与油藏的适应性等方面做了全面系统的实验研究，首先在港东二区五断块开展了双高油藏空气泡沫驱现场先导性试验，随后又在官15−2断块开展高温高盐低渗透油藏空气泡沫驱先导试验。

本书总结了空气泡沫驱系列专题研究和现场试验取得的成果，通过空气泡沫驱先导试验区筛选、试验区精细地质研究、物理模拟、数值模拟、井网优化、注入方案优化、地面气液混合注入工艺优化以及空气减氧压缩、腐蚀防控、油井产出气连续监测等关键技术的应用，详细论述了空气泡沫驱系统工程的技术和方法。

《空气泡沫驱油工程》由杨怀军、蔡明俊、马先平、纪朝凤等著，参加编写的人员还有：第一章，崔丹丹；第二章，崔丹丹、王伟、潘红、程海鹰、杨德华、郭志强、李辉；第三章，章杨、陈瑜芳；第四章，张杰、潘红、闫云贵；第五章，张津、武玺、李健、张会卿、邹拓、张志明；第六章，闫云贵、柳敏；第七章，张津、蔡明俊、程海鹰、李健、高淑芳。

联合攻关单位及研究人员有：中国石油勘探开发研究院蒋有伟、王伯军、张霞，中国石油大学（北京）赵仁宝、蒋官澄、程林松、曹仁义，中国石油大学（华东）任韶然，西南石油大学蒲万芬、孙琳，清华大学李党国。全书由中国石油勘探与生产分公司廖广志教授审阅。在此，对所有参加空气泡沫驱油工程研究及支持本书出版的单位和专家表示由衷的感谢。

本书难免存在不足和疏漏之处，敬请各位读者批评指正。

杨怀军

2018 年 9 月 25 日

目　　录

第一章　概论

空气泡沫驱是将空气驱油和泡沫驱油两种提高采收率的方式结合在一起，可以有效解决中高渗透或特高渗透、高含水及特高含水开发后期油藏水窜严重，以及高温高盐中低渗透油藏普遍面临开发效果差的难题，实现大幅度提高采收率的目的，对提高油田的最终采收率具有重要的理论和实际意义。

第一节　空气泡沫驱油技术

一、空气泡沫驱油技术的基本原理

空气泡沫驱油技术是将空气和含有一定浓度起泡剂的溶液注入油层中，使其在油藏渗流过程中产生泡沫，形成大于水驱的渗流阻力，实现驱油和提高原油采收率的目的。由于空气的清洁环保，以及具有无成本、无地域性、无时空性、无限制性的特点，正逐渐得到石油开发提高采收率领域的重视。中国陆上油藏开发总体上是以水驱油为主，无论是中高渗透油藏还是低渗透油藏，实施空气泡沫驱必定会带来两个问题：一是原本水驱油藏是两相渗流，实施空气泡沫驱后，油藏内会出现 3 ～ 4 个相态同时渗流，油、水、泡沫三相，或者是油、水、泡沫、气四相，实际上更多的是四相，更为复杂的驱替渗流过程造成更加难以预测和控制。二是泡沫驱过程中必定有一部分泡沫破灭后气体在渗流前缘以高流度窜流，陆相沉积油藏的高度非均质性必然会加剧这一现象的发生。所以，尽管空气泡沫驱在空气来源以及驱油机理方面存在很强的优势，但在实际驱油工程实施中仍然会遇到很多问题和困难。在核心驱油机理问题和关键工程问题已经突破后，解决其他应用过程中出现的问题，则是方案研究过程中必须要完成的首要任务。

1. 空气泡沫宏观驱油机理

泡沫是一种以液体为连续相、气体为分散相的多孔介质，储油层是一种以岩石固相为连续介质、以部分孔隙为分散相或连续相的拓扑学空间，泡沫驱就是液—气多孔介质在一个拓扑学的岩石多孔介质中驱替原有流体的一种复杂渗流过程。空气泡沫驱在宏观上有两个主要的驱油机理，一是扩大波及体积，二是提高驱油效率。

1）扩大波及体积

扩大波及体积是泡沫驱的主要作用机理，在提高采收率机理中发挥主导作用。

（1）流度控制。

空气泡沫的黏度远远高于基液的黏度，渗流阻力大幅度提高，从而改善了驱替液与油的流度比，具有类似于聚合物驱的流度控制能力，大幅度提高了波及系数。

（2）调整吸水剖面。

陆相沉积储层渗透率变异系数高，平面上渗透率差异大。泡沫能够在高渗透层、大孔道、微裂缝中产生较大的流动阻力，形成有效的封堵作用，改变平面及纵向上的吸水量，调整吸水剖面。

（3）空气超覆作用。

空气气泡破裂后，气体上升到渗透率较低、注入水难以到达的油层顶部，置换出注入水未波及的孔隙中的剩余油。

（4）泡沫选择性封堵。

泡沫具有遇水稳定、遇油消泡的特性，向地层注入泡沫后，泡沫首先进入高渗透层带，而高渗透层带的含水饱和度较高，含油饱和度较低，泡沫可相对稳定渗流运移，增加了高渗透层带的渗流阻力，使得驱替相的流度得到控制；当泡沫进入到低渗透层时，由于低渗透层的含油饱和度高，泡沫稳定性差，泡沫很快消失，形成气驱和水驱，气、水单相渗流在低渗透层的渗流阻力减小，从而实现了泡沫在油层中“堵水不堵油、堵大不堵小”的选择性封堵机制。

2）提高驱油效率

空气泡沫驱可以降低水驱残余油饱和度，提高驱油效率，主要包含以下3个方面的驱油作用机制。

（1）降低油水界面张力。

起泡剂本身就是活性很强的表面活性剂溶液，在地层中能够大幅度降低油水界面张力，提高驱油效率。

（2）改变岩石润湿性。

表面活性剂将岩石表面由亲油转变为亲水，降低原油在岩石表面的黏附功，提高驱油效率。

（3）乳化、携带作用。

起泡剂具有乳化原油的效果，在泡沫体系渗流过程中，形成乳状液，在通过喉道时聚并成大油滴，逐步形成油墙向前推进。

2. 空气泡沫微观驱油机理

1）泡沫活塞式驱油

当泡沫被注入油藏后，将以活塞的形式在不规则的连通孔道中聚集及运移，在渗流过程中不断被挤压、剪切，泡沫在通过喉道后，其形状随孔隙形状的变化而发生变形，泡沫的膨胀作用会挤压孔隙中的残余油，在油水界面张力下降的同时，残余油被启动，实现提高微观驱油效率的作用。

2）泡沫挤压与占据作用

当泡沫注入地层后，在一般较规则的连通孔道中，泡沫起到活塞的作用，挤压、剪切孔隙中的残余油，同时将富集的原油不断向前推进，然后占据孔道。对于盲端孔隙来说，快速移动的大气泡可以把小气泡不断向里挤压进入盲端入口，并占据原来油滴的位置，同时挤压盲端里的油，使其沿气泡液膜流出。

3）扩大微观波及体积作用

在低渗透层内的小泡沫以及与原油生成的乳状液，从中小孔隙向大孔隙和大孔道方向渗流，留下的孔隙空间被后续的气体占据，在驱动压力下，气体和起泡剂驱替低渗透带中小孔隙中的油相，扩大了微观波及体积。

3. 空气泡沫的低温氧化作用机制

空气泡沫驱过程中存在空气与原油的低温氧化作用，但低温氧化对提高驱油效率作用相对较弱，这主要是由于在空气泡沫的运移过程中，“水包泡”使得水相液膜首先与原油接触，随着体系的遇油消泡，气泡破裂，气体与原油接触后才能发生低温氧化作用。

4. 超低界面张力耦合式空气泡沫驱油机理

在前文叙述空气泡沫宏观驱油机理中的提高驱油效率机理时，提到发泡体系存在一个双刃剑问题，即发泡能力强的表面活性剂不能产生超低界面张力，产生超低界面张力的表面活性剂则发泡能力弱，这是目前泡沫驱技术的一项技术瓶颈，意味着发泡能力强的泡沫体系，在油层中流度控制、调整吸水剖面、扩大波及体积的作用强，仅能发挥一些泡沫驱提高微观驱油效率的作用，但油水界面张力最多仅能降至 10^{-1}mN/m 数量级，缺乏超低界面张力作用大幅度提高驱油效率的作用。

超低界面张力耦合式空气驱油方法中应用了两种发泡体系，一种是强空气泡沫 A 体系，发泡率为 550%，油水界面张力为 10^{-1}mN/m 数量级，油敏性弱；另一种是超低界面张力空气泡沫 B 体系，发泡率为 450%，油水界面张力为 10^{-3}mN/m 数量级，油敏性强，遇油消泡。

注入形式：强发泡 A 体系与超低界面张力 B 泡沫体系以段塞形式交替注入。

首先，注入强发泡 A 体系，其进入中高渗透层且主体进入高渗透层，此刻在高渗透层产生的高渗流阻力发挥着流度控制并扩大波及体积的作用，在强发泡 A 体系完成流度控制作用后，泡沫同样要进入到中低渗透层，由于 A 泡沫的耐油稳定性，在中低渗透层会产生更大的渗流阻力，注入井压力升高，剖面得到一定改善。

其次，注入超低界面张力 B 泡沫体系，B 泡沫体系发挥两个作用，一是 B 体系进入中高渗透层，与 A 体系共同在多孔介质剪切作用下继续产生泡沫，使得高渗透层持续保持高的渗流阻力；二是进入到中低渗透层，由于低渗透层带保持有较高的含油饱和度，B 体系必定要与残余油和大量的剩余油相遇，相遇后即刻消泡，变成空气和超低界面张力液体，此刻，在低渗透层内形成气、液两相渗流，空气会在低渗透层向前突破，形成部分气驱，空气以活塞形式通过喉道后占据孔道，将孔隙中的原油排驱出向前推进，随后跟进的 B 溶液与残余油产生超低界面张力，启动残余油，降低油相在喉道处的毛细管力，由此产生了空气在低渗透层的排驱机理和超低界面张力驱油机理。

然后，A、B 体系多轮次交替注入，可以分 4 ～ 5 个轮次，要依据储层的渗透率极差和渗透率变异系数，通过数值模拟确定交替轮次的多少。耦合作用是指 A、B 泡沫体系在交替注入后，会形成强弱泡沫过渡界面和高界面张力与超低界面张力的过渡界面，同时形成低渗透层未动用过的高含油饱和度区的气驱和超低界面张力驱的双重驱替作用，这些特有的驱替作用以及泡沫的特性会在过渡界面和高中低渗透层衔接面产生有利于驱油和流度控制的相互纠缠、相互支撑，这一作用称为耦合作用，并称为耦合式驱油方法，使得高渗透层渗流阻力不断地增加、流度得到有效控制，低渗透层不断被空气和超低界面张力表面活性剂驱替，实现了超低界面张力提高驱油效率与空气泡沫流度控制（扩大波及体积）的协同作用，从而实现大幅度提高采收率。

二、空气泡沫驱驱替方式选择

油藏性质及开发状况决定了空气驱及空气泡沫驱的驱替方式。尽管采用单独的空气及空气泡沫驱，其驱替方式也是多样性的，而且要依据注入过程中油藏的反应，及时调整注入方案，以确保最大限度提高采收率。依据油藏性质建议设计多种驱替方式，在方案设计初期一并考虑，避免在注入过程中再做工程方案调整，这些注入方式只是一些指导性建议，精细注入方式需要系统的物理模拟和数值模拟研究后方可确定。

1. 低渗透油藏

空气渗透率小于50mD的低渗透油藏或小于10mD的特低渗透油藏，常规水驱的注入性差，注入井压力高，但目前国内这类油藏均采用水驱开发，并配套压裂酸化等措施，个别油田也在实施天然气驱。注空气与其他非混相气驱的基本驱油原理大致相同，在非均质性油藏上实施，不可避免地会出现气体的指进或气窜现象，所以，应考虑以下驱替方式。

一是纯气驱方式，对于储层相对均质的油藏，渗透率变异系数在0.1 ~ 0.3范围内，且注采井井距较大，推荐采用纯气驱。

二是气水交替驱方式，对于储层非均质性较强的油藏，一般渗透率变异系数在0.3 ~ 0.5范围内，且注采井井距较大，推荐采用气水交替驱方式，气驱段塞大、水驱段塞小，水驱段塞主要是控制高渗透层的气相流度，可设计多级交替注入。

三是空气与空气泡沫交替注入方式，对于储层非均质性严重的油藏，变异系数大于0.5，可采用以空气驱为主的泡沫辅助空气驱，并采用段塞交替注入的方式，其中泡沫段塞气液混注。

四是空气与起泡剂溶液交替注入方式，如果泡沫段塞注入困难，可注入一定浓度的起泡剂液体后，注入空气段塞，使其在地层内发泡，以解决注入困难问题。

2. 中低渗透、中高渗透油藏

中渗透油藏的空气渗透率范围为50 ~ 500mD，高渗透油藏空气渗透率大于500mD，在实际储层中很难找到绝对的低渗透储层或中渗透储层，大多为中低渗透储层或中高渗透储层，可能有20mD、50mD、90mD、200m、300mD的中低渗透储层，或是200mD、400mD、700mD、1100m的中高渗透储层，其层间渗透率极差一般小于5，渗透率变异系数一般在0.45 ~ 0.84范围内，属于强非均质性储层，对于这类油藏可以采用3个注入模式。

一是连续空气泡沫驱，对于储层非均质性不太严重的中渗透油藏可采取此方式注入。

二是空气泡沫与起泡剂溶液交替注入方式，目的是减少油井气体的产出，泡沫段塞的气液比一定保持大于1，如果气窜，气体会与前面孔隙中的起泡剂再次发泡增加渗流阻力。

三是空气泡沫加强段塞，即在起泡剂溶液中加入一定浓度的聚合物类稳泡剂，稳泡剂浓度大于500mg/L，将形成三元泡沫复合驱的效果，其泡沫的析液半衰期将增加数十倍至数百倍，其渗流阻力将大幅度提升，这种方式主要应用于中高渗透油藏。

第二节 空气泡沫驱油藏筛选

一、空气介质提高采收率技术应用状况

1. 空气驱

空气泡沫驱是在空气驱基础上发展而来的一项新的提高采收率技术，有关这两项技术的报道时间都比较早，但其应用规模却较小，其主要原因还是油藏条件所决定的。空气驱和空气泡沫驱适应的油藏条件差别较大，单纯的空气驱和其他的非混相类气驱（如氮气驱等）的机理是类同的，主要适用于油藏深、温度高、地下原油黏度低、储层相对均质的油藏。国际上开展空气驱的国家主要是美国、俄罗斯等国，本书统计了美国开展空气驱的油藏情况，美国曾经在HorseCreek、西Hackberry、Buffalo、MPHU等油田开展了空气驱矿场实施，均取得了不错的效果，统计这些现场试验的实例发现以下情况。

1）储层渗透率低

所有应用的均是低渗透油藏，渗透率在0.3～20mD范围内，而且储层的非均质性较弱。国内外开展过注空气试验的油藏，也出现过渗透率大于70mD的油藏，可见空气驱适合于低渗透油藏，但对于空气渗透率大于50mD的中渗透油藏，不能绝对判定不能开展空气驱，要依据其他条件综合决策。

2）地下原油黏度较低

原油黏度在0.48～3.37mPa · s之间，在美国这些埋藏较深的油藏主要是海相沉积，不仅储层均质，而且原油黏度低，这也是北美国家适宜开展气驱、混相驱（二氧化碳或烃类混相驱）的主要原因。所以，低渗透油藏实施空气驱提高采收率，地层原油黏度以小于5mPa · s为宜，但大于5mPa · s的油藏不能确定绝对不能开展空气驱，最终还是要依据物理模拟实验确定是否可行。

3）油藏温度高

开展空气驱的油藏温度在110～121℃范围内，油藏埋深2500～2896m。油藏温度高对于安全是一个有利因素，较高的油藏温度有利于空气与原油发生低温氧化反应，使得注入空气中的氧气在油层中全部消耗掉，而在油井产出氮气。油藏温度越高、油藏越深、油藏压力越高，对于地面工程和技术的经济可行性将产生不利影响，可能会造成无法匹配适合的空气压缩机，或因为空气压缩比太大而造成经济不可行。

综合国外空气驱的现场实例分析可见，空气驱适合于储层均质的低渗透、稀油油藏，而且温度不宜太高，埋深不宜超过2800m。

国内开展空气驱矿场试验的油藏状况与国外不同，国内大部分油藏为陆相沉积，空气驱试验的油藏埋深在544～2250m范围内，埋深浅在经济上是有利因素，因为不需要太大的空气压缩比即可满足油藏要求。空气渗透率在0.3～3.5mD范围内，但非均质性较强，不太适合气驱，原因是容易发生气窜。地层原油黏度2.13～3.37mPa · s，适合空气驱。油藏温度在24.8～72℃范围内，不适合低温氧化反应消耗氧气。

综合分析国内空气驱矿场试验的状况，在温度（24～72℃）较低的油藏开展空气驱，

仍然产生低温氧化反应，油井没有产出氧含量高于 3% 的气体，证明空气驱是安全的。

依据对国内外空气驱矿场试验实例分析结果，表明以空气为介质的驱油技术在符合安全规程的前提下，对油藏温度没有严格的上下限要求，温度越高、氧气消耗量越大，安全系数越大。所以，筛选空气泡沫驱的油藏，只需要考虑起泡剂的耐温、抗盐性。

2. 空气泡沫驱

空气泡沫驱油技术的研发与应用主要是中国，主要有两个原因，一是由泡沫驱自身的技术特性所决定的，空气泡沫驱的主要驱油机理依据泡沫在多孔介质渗流过程中产生的超强渗流阻力，可以有效控制水的流度，大幅度降低水油流度比，从而产生扩大波及体积提高采收率的作用；二是由油藏条件决定的，中国陆上油田多为陆相沉积，储层非均质严重，地下原油黏度高，注水开发后期水窜严重，多处于高含水、特高含水开发期，亟待应用流度控制技术扩大波及体积，空气泡沫驱是较为理想的环保型技术选择。

国内油田前期开展了一些小规模或单井组矿场试验，取得了一些效果，但仅仅是停留在增加单井原油产量的层面，还不足以实现油田整体规模提高采收率。尽管这些矿场试验的规模较小，但仍然为空气泡沫驱大幅度提高采收率技术攻关提供了许多经验，综合分析这些矿场试验实例，将重要的油藏储层物性参数列表作对比分析，详见表 1–1。

表 1–1 所列的空气泡沫驱矿场试验的油藏条件并未见到详细的描述，原因是这些矿场试验的设计初衷是以调驱调剖为目的，空气泡沫的用量低，考虑的是注入压力和单井原油产量的增加。尽管如此，每个矿场试验均能见到增油降水效果，因此，也证明了空气泡沫在水驱油藏中的流度控制能力。这些矿场试验均是在中低渗透油藏上开展的，空气渗透率低至 0.87mD，表明能注气开发的油藏，不一定能注水，但能注水开发的油藏，一定可以注入空气泡沫，一般来讲，已经实施注水开发的低渗透油藏均可开展空气驱或泡沫辅助空气驱。

表 1–1 国内空气泡沫驱矿场试验油藏参数表

油田名称	岩性	油藏深度(m)	渗透率(mD)	渗透率变异系数	孔隙度(%)	地下原油黏度(mPa · s)	油藏温度(℃)	地层水矿化度(mg/L)
广西百色	碳酸盐岩	1362	230.00	—	16.00	1.09	79.0	6970
广西子寅	砂岩	870	72.00	—	19.00	5.91	45.9	4760
中原胡 12 块	砂岩	2200	235.00	0.86	21.00	3.00 ~ 9.00	87.0	201600
延长油矿	砂岩	544	0.87	—	8.85	3.37（50℃）	24.8	—
长庆马岭	砂岩	1560	30.00	—	15.00	—	70.0	—
长庆五里湾	砂岩	—	3.67	—	11.60	4.79	54.4	—
文明寨	砂岩	—	143.00	—	23.20	—	—	—

二、油藏筛选标准

近十年来，空气泡沫驱油技术在中国取得了突破性进展，中国石油的三次采油核心攻

关团队围绕空气泡沫驱开展了大量的室内实验研究和矿场试验工作，该技术作为老油田提高采收率的战略性接替技术之一，纳入了中国石油重大开发试验项目进行系统攻关，在总结归纳大量的系统实验研究成果和矿场试验经验后，经过油藏参数与空气泡沫驱对应分析，可提出空气泡沫驱的油藏筛选标准。

1. 储层岩性

空气泡沫在多孔介质中产生较大渗流阻力，适合在砂岩油藏应用，而不适合碳酸盐岩储层及带有裂缝的双重介质储层，储层岩性是空气泡沫驱油藏筛选的重要参数。

2. 渗透率

渗透率是标定和衡量油藏的一项主要的必备参数，前面分析了国内小规模空气泡沫驱矿场试验，均为中低渗透油层。但依据本书空气泡沫驱物理模拟实验结论，空气泡沫建立阻力系数的能力与渗透率呈正相关性，在渗透率小于3000mD的范围内，渗透率越高，建立的阻力系数越大，流度控制能力越强。所以，空气泡沫驱更适合在中高渗透油藏应用，但在变异系数较大的中低渗透油藏亦可选择应用。为此，渗透率的应用界限确定为10mD以上。

3. 渗透率变异系数

渗透率变异系数 V_k 是表征储层宏观非均质性的特定参数，其数值在 0 ～ 1 之间，V_k 越小，储层越均质，均质储层 V_k 为 0；V_k 越大越不均质，最不均质储层 V_k 为 1。陆相沉积储层非均质性较为严重，其 V_k 值大多在 0.5 ～ 0.9 范围内，马士煜编写的《聚合物驱油工程》一书中的聚合物驱油藏筛选标准，规范了聚合物驱适合的储层变异系数在 0.5 ～ 0.84 范围内。他主要考虑两方面的因素，一是 V_k 大于 0.84 时，以 20 世纪 90 年代的聚合物产品性能不足以实现有效的流度控制，二是 V_k 小于 0.5 时，储层相对较为均质，水驱波及系数已经足够大，这类油藏需要的是提高驱油效率，而聚合物驱则以流度控制为主，所以，V_k 小于 0.5 时，则不适合用以流度控制为主控因素的提高采收率技术，如聚合物驱，同时也包括空气泡沫驱。为此，空气泡沫驱的变异系数 V_k 下限也是 0.5。对于 V_k 值的上限，本书不建议设定，因为，V_k 值越大，储层越不均质，注入水的指进现象越严重，波及系数越低，剩余油越多，空气泡沫驱可利用的物质资源越丰富，此时，不需要设定技术上限，而是需要提升技术的适应性。

4. 孔隙度

孔隙度等于岩石的孔隙体积与其总体积的比值，是度量岩石储集能力的参数，砂岩油藏的孔隙度与渗透率呈正相关性，孔隙度可不作为筛选参数。

5. 地层原油黏度

空气泡沫驱与聚合物驱提高采收率的主控因素同为流度控制（阻力系数增大）扩大波及体积，聚合物驱适合的地层原油黏度为200mPa · s，最佳地层原油黏度为50mPa · s，该标准适合空气泡沫驱。

6. 原油密度

原油密度与原油的化学组分、温度、压力有关，与原油黏度呈正相关，对于在地层中的流动特征只具备间接关系，不具备标准选项功能。

7. 地层温度

空气泡沫驱与地层温度的相关性要考虑两点，一是低温氧化对驱油效率的影响，在《空气及空气泡沫驱机理》一书中介绍了低温氧化对驱油效率的贡献，高温对低温氧化和提高驱油效率是有贡献的，而且单纯的空气驱对油藏温度没有限定要求；二是考虑起泡剂的耐温性，油藏温度只要不超过起泡剂的耐温限定，就可以应用，常规起泡剂在100℃以内老化后，不影响其发泡能力，中国石油勘探开发研究院化学所开发的高温起泡剂可耐温220℃，许建军、张杰、李敬在他们的研究论文中都筛选出了耐温250～300℃的起泡剂[1-3]，对于埋深小于3000m的油藏，其油藏温度一般小于120℃。目前，空气泡沫驱主要基于空气压缩技术以及单方压缩空气成本的限制，在现有油藏条件下对温度没有限定。

8. 油藏埋深

依据以上油藏温度的分解结论，油藏埋深应小于3000m为宜，在技术上没有明确的限定，实际方案设计过程中要考虑经济指标的限定。

9. 地层水矿化度及二价离子含量

该项参数的确定主要依据地层水或注入水与起泡剂的化学配伍性。

10. 井网

对于扩大波及体积类的提高采收率技术，如聚合物驱、二三元复合驱等技术，多采用反五点法井网设计，以利于在流度控制作用下最大限度地扩大波及体积提高采收率，空气泡沫驱同样建议选择反五点法井网设计，但需要依据油藏开发状况具体酌定。

11. 井距

井距的大小对于空气泡沫驱技术至关重要，过小的井距会造成过早气窜，原则上井距不可以小于150m。

依据上述逐项分析，能确定为空气泡沫驱油藏筛选参数的仅有5项，即岩性、空气渗透率、渗透率变异系数、地层原油黏度、注采井距，其他参数均不适合作为筛选标准选项，详见表1–2。

表1–2 空气泡沫驱油藏筛选标准

筛选参数	岩性	空气渗透率（mD）	渗透率变异系数	油藏温度（℃）	地层原油黏度（mPa·s）	地层水矿化度（mg/L）	钙镁离子含量（mg/L）	注采井距（m）
最佳值	砂岩	＞50	0.5～0.84	＜120	＜50	＜30000	200	＞200
适用范围	砂砾岩	＞5		＜150	＜200	＜50000		＞150
备注								反五点井网

第三节　起泡剂筛选标准及评价方法

一、起泡剂筛选标准

1. 常规起泡剂

起泡剂评价指标包括：理化指标、油水界面张力、表面张力、发泡率、析液半衰期、抗吸附性、耐油性。制订了泡沫驱用起泡剂的技术要求，具体要求见表 1–3。

表 1–3　泡沫驱用起泡剂的技术要求

项目		指标	备注
水分（%）	固体起泡剂	＜5.0	
	液体或膏状起泡剂	＜70.0	
闪点（℃）		≥60.0	
发泡率 ϕ（%）		≥400.0	
析液半衰期 $t_{1/2}$（s）		≥100.0	
抗吸附性	发泡率 ϕ（%）	≥390.0	
	析液半衰期 $t_{1/2}$（s）	≥80.0	
耐油性	发泡率 ϕ（%）	≥350.0	针对强发泡体系
	析液半衰期 $t_{1/2}$（s）	≥80.0	
表面张力（mN/m）		≤30.0	
界面张力（mN/m）		≤1.0	

2. 超低界面张力起泡剂

降低油水界面张力是表面活性剂本身的自然化学属性，一般的表面活性剂与原油的油水界面张力均能达到 10^{-1}mN/m 数量级，在三次采油领域为了克服毛细管力带来的驱油阻力，往往需要使油水界面张力达到 10^{-3}mN/m 数量级甚至更低，以达到增加毛细管准数，提高驱油效率的功效。在"耦合式空气泡沫驱油方法"中采用了强起泡剂（常规起泡剂）和超低界面张力起泡剂（表面活性剂），对于超低界面张力起泡剂的筛选按照表面活性剂驱的技术要求，达到超低界面张力 10^{-3}mN/m 数量级即可，对其他指标则不作具体要求，详见表 1–4。

表 1–4　泡沫驱用超低界面张力起泡剂的技术要求

项目		指标
水分含量（%）	固体起泡剂	＜5.0
	液体或膏状起泡剂	＜70.0
闪点（℃）		≥60.0
表面张力（mN/m）		≤30.0
界面张力（mN/m）		＜0.01

3. 高温起泡剂

起泡剂在油藏中运移一年至几年的时间，在高温（≥70℃）油藏条件下，起泡剂分子结构会发生变化，进而影响起泡剂在油藏深部的再次发泡性能。为此，需要在室内评价起泡剂抗温性和热稳定性，详见表 1–5。其他评价指标与常规起泡剂相同。

表 1–5 高温起泡剂稳定性技术要求

项目		指标
抗温性	24h 析液半衰期保留率（%）	＞ 80
热稳定性	60d 发泡率（%）	≥350
	60d 析液半衰期（s）	≥90

二、起泡剂评价方法

为使起泡剂体系适应不同的油藏特征，制订了不同类型起泡剂的评价方法。

1. 常规油藏空气泡沫驱起泡剂评价方法

常规油藏条件：温度≤ 70℃，矿化度≤ 10000mg/L，渗透率 300 ～ 2000mD，地下原油黏度≤ 50mPa · s。详细评价测试方法参见中国石油天然气集团公司企业标准。

1）理化指标

泡沫驱体系理化指标测试主要包含水分含量、闪点、pH 值，其中水分含量依照标准 Q/SY 1816—2015 中规定的方法测定，闪点按 GB/T 261—2018 测定，pH 值采用 pH 计或试纸测定。

2）发泡率、析液半衰期和泡沫半衰期

将起泡剂溶液采用目标区块注入水配制成系列质量浓度的溶液 200g，所得溶液密闭放入目标地层温度的烘箱中恒温 30min，采用吴茵（WARING）搅拌器（转速约 7000r/min）搅拌 1min，立即倒入 2000mL 的量筒中，保鲜膜封口，开始计时，记录停止搅拌时泡沫的体积 V（V 被称为泡沫发泡体积，mL）以及从泡沫中分离出 100mL 液体所需要的时间 $t_{1/2}$（$t_{1/2}$ 被称为泡沫析液半衰期，简称半衰期，s），还有泡沫体积减少一半所需要的时间 $t'_{1/2}$（$t'_{1/2}$ 被称为泡沫半衰期）；用发泡率 ϕ [ϕ=（V/100）×100%] 表示发泡能力，用 $t_{1/2}$、$t'_{1/2}$ 表示泡沫的稳定性；泡沫的发泡率和析液半衰期的测定误差为 ±5%。ϕ 越大，表明起泡剂的发泡能力越强，$t_{1/2}$、$t'_{1/2}$ 越大，表明泡沫的稳定性越好。

3）抗吸附性

采用电子天平称取一定量油砂（或石英砂；80 ～ 100 目，标准筛 0.18 ～ 0.15mm），加入 500mL 具塞磨口锥形瓶中，然后再加入一定量配制好的起泡剂溶液，盖好瓶塞，振摇混匀。将锥形瓶置于恒温振荡水浴中，在目标地层温度、振荡频率 120 次 /min 的条件下振荡 24h。取出锥形瓶，分离出吸附后的泡沫配方体系溶液 200g，测定吸附后起泡剂溶液的发泡率和析液半衰期。

4）耐油性

将配制好的不同含油量的起泡剂溶液 200g，测定起泡剂溶液的发泡率和析液半衰期。

5）表面张力

将配制好的不同浓度的起泡剂溶液100g，在25℃条件下，按GB/T 22237—2008中7.2的测定方法测定表面张力。

6）界面张力

将配制好的不同浓度的起泡剂溶液按SY/T 6424—2000中第4章的测定方法，将测试温度设定为目标地层温度，转速为3000～6000r/min，采用目标区块原油，测定起泡剂溶液与原油之间的界面张力。

2. 高温油藏高温起泡剂评价方法

高温油藏空气泡沫驱用起泡剂的理化指标、降低油水界面张力、表面张力、抗吸附性、耐油性的评价方法与常规油藏评价方法相同。高温起泡剂需要考察两个特定指标，一是起泡剂的抗温性，主要考察起泡剂对温度的敏感性，起泡剂在高温70～120℃范围内静置保存24h前、后的发泡率和析液半衰期，可判断其抗温性；二是起泡剂的热稳定性，主要考察起泡剂长时间（60d）在高温条件下的分子结构耐受力，测定起泡剂在70～120℃目标油藏温度条件下静置保持60d前、后的发泡率和析液半衰期，评判其热稳定性。

1）抗温性

将起泡剂溶液采用目标区块注入水配制成系列质量浓度的溶液200g，所得溶液密闭放入目标地层温度的烘箱中恒温24h后，采用吴茵搅拌器（转速约7000r/min）搅拌1min，立即倒入2000mL的量筒中，开始计时，记录停止搅拌时泡沫的体积V以及从泡沫中分离出100mL液体所需要的时间$t_{1/2}$，还有泡沫体积减少一半所需要的时间$t'_{1/2}$。

2）热稳定性

将起泡剂溶液采用目标区块注入水配制成系列质量浓度的溶液2000g，所得溶液密闭放入目标地层温度的烘箱中保持恒温，分别测试0d、3d、7d、15d、30d、45d、60d的发泡率、析液半衰期，评判其热稳定性。

第二章　空气泡沫驱物理模拟实验

空气泡沫驱油体系是空气泡沫驱油技术的核心，其技术的可行性及提高采收率幅度的大小取决于空气泡沫驱油体系与目标油藏的匹配性。室内评价实验的目的是评价驱油体系与目标油藏储层物性和油藏流体物化性质的配伍性，研究驱替方式、方法、化学剂用量、段塞大小及组合方式对提高驱油效率和扩大波及体积的贡献，从而优化出最佳体系组成，同时为数值模拟提供必要的参数。室内实验要具备工程依托，即选定具体的目标油藏，以确定具体的实验条件。实验包括两部分，一是静态评价实验，主要评价或优化体系的静态参数，以化学剂自身的物理化学性质为主体进行筛选；二是岩心驱替模拟实验（也称为动态评价实验），物理模拟是空气泡沫驱室内评价实验的核心，物理模拟实验需要模拟油藏条件，遵守必要的相似准则，制作符合储层物性的物理模型，以确保实验的科学性、可靠性和准确性。

第一节　空气泡沫体系评价

一、起泡剂理化参数

基本的物理化学性质测试是起泡剂筛选的初步程序，需要测试的理化参数有 4 项，包括外观、水分含量、闪点及 pH 值，其中对闪点以及 pH 值两项参数设定了指标要求。闪点是一项重要的安全指标，闪点越低，挥发性越强，对现场防火防爆的要求越高。因此，现场试验要求起泡剂闪点不小于 60℃。起泡剂的 pH 值涉及药剂对现场注入设备的腐蚀，指标设定在 6 ~ 9 范围内。主要测试仪器设备有闭口闪点仪 PMA5、卡尔费休水分测定仪 METTLER V30 等。4 种起泡剂（型号为 GFPA−2、GFPA−1、GFPJ−1、ODS−1）的理化参数测试结果见表 2−1。

表 2−1　起泡剂理化参数测试表

理化参数	GFPA−2	GFPA−1	GFPJ−1	ODS−1
外观	淡黄色液体	透明液体	透明液体	淡黄色液体
水分（%）	58.6	60.3	59.6	65.4
闪点（℃）	> 60	> 60	> 60	> 60
pH 值	8.7	8.9	8.4	7.3

二、起泡剂的表面张力和界面张力

起泡剂表面张力和界面张力分别与发泡率和提高驱油效率具有直接相关性，较低的表面张力可提高起泡剂的发泡质量，超低界面张力可大幅度提高驱油效率。主要测试仪器为

Dataphysics DCAT21 表面张力仪和 TX500C 型旋转滴界面张力仪，配制起泡剂用水一般为现场用注入水。现场水质分析结果见表 2–2，原油物性参数见表 2–3。

表 2–2 注入水水质参数表

测试参数	$K^{+}+Na^{+}$	Mg^{2+}	Ca^{2+}	Cl^{-}	SO_4^{2-}	HCO_3^{-}	CO_3^{2-}	总矿化度
测试结果（mg/L）	1678	56	15	2154	85	1179	0	5167

表 2–3 试验区目的层原油物性参数表

参数	原油密度 (g/cm^3)	50℃原油黏度 (mPa · s)	地下原油黏度 (mPa · s)	凝固点 (℃)	含蜡量 (%)	胶质 + 沥青质 (%)
测试结果	0.9345	70.5	9.6	–28	5.2	13.3

1. *表面张力*

泡沫产生的过程是一个液体总面积增加、体系总表面能增大的过程，根据 Gibbs 原理，体系总是趋向于较低的表面能状态，而液体的单位面积的表面能的数值和表面张力相同，故从原则上说，溶液的表面张力越低，产生同样泡沫所需做的功就越少，溶液越容易起泡。室温 25℃条件下测定 4 种不同起泡剂体系的表面张力，实验结果见表 2–4。起泡剂的加入可大幅度降低溶液的表面张力，由 71.5mN/m 降低至 24 ～ 31mN/m，因此更有利于泡沫的形成。

表 2–4 不同起泡剂体系的表面张力测试结果表 单位：mN/m

起泡剂浓度(%) / 起泡剂型号	0	0.1	0.3	0.4	0.5	0.7
GFPA—1	71.5	30.7	29.5	29.9	30.7	30.2
GFPA—2		30	29.8	29.5	29.5	28.8
GFPJ—1		31.2	31.1	30.9	30.7	30.4
ODS—1		24.5	24.4	24.9	25.1	25.3

2. *界面张力*

空气泡沫驱体系不要求达到超低油水界面张力，但为了在泡沫驱扩大波及体积的基础上提高驱油效率，按照表面活性剂驱降低界面张力的要求，增加了超低界面张力的评价指标。降低界面张力提高驱油效率的理论基础是增加毛细管准数（Nc），Nc 值增加则残余油饱和度降低，水驱油时 Nc 值一般为 10^{-6}，此时的残余油饱和度一般在 40% 以上，但 Nc 增至 10^{-2} 时，残余油饱和度接近 0。按照毛细管束公式 $Nc=\frac{\mu_{w}V}{\sigma}$ 来推，当油水界面张力由 12.8mN/m 降至 10^{-3}mN/m 时，毛细管准数可增至 10^{-2} 数量级，实现驱油效率大幅度提高。

起泡剂油水界面张力测试结果详见表 2–5。其中 3 种起泡剂与原油界面张力在 10^{-1} 数量级，可作为强发泡体系应用；1 种表面活性剂与原油的界面张力达到 10^{-3} 数量级，作为超低界面张力发泡体系应用。

表 2–5　起泡剂（温度 65℃）油水界面张力测试结果表　　单位：mN/m

起泡剂型号 \ 起泡剂浓度（%）	0	0.1	0.3	0.4	0.5	0.7
GFPA—1	12.8	5.8×10^{-1}	3.9×10^{-1}	4.0×10^{-1}	5.2×10^{-1}	6.8×10^{-1}
GFPA—2		4.8×10^{-1}	4.2×10^{-1}	3.8×10^{-1}	4.2×10^{-1}	4.3×10^{-1}
GFPJ—1		3.3×10^{-1}	6.0×10^{-1}	5.5×10^{-1}	5.0×10^{-1}	6.0×10^{-1}
ODS—1		6.4×10^{-3}	3.2×10^{-3}	3.1×10^{-3}	3.7×10^{-3}	3.9×10^{-3}

三、发泡性能

起泡剂溶液在空气中（室温）以一定搅拌速度和时间搅拌，气液全部融合，产生细腻均匀的泡沫，用发泡率作为衡量起泡剂发泡性能的重要指标，发泡率等于气液搅拌后的泡沫体积与搅拌前起泡剂溶液的体积之比，用百分数表示，一般发泡率在 300% ~ 600% 区间，发泡率越大，起泡剂的发泡能力越强。起泡剂的发泡率一般随起泡剂浓度提高而增加，随着浓度增加，起泡剂分子在气泡液膜处的排列越来越紧密，当起泡剂浓度增加到某一值时，分子排列达到饱和状态，发泡率不再继续增加，此时的起泡剂浓度为临界胶束浓度。因此，在工程应用中存在一个最佳的技术应用浓度。4 种起泡剂的发泡率实验结果见表 2–6。起泡剂的发泡率随浓度提高而增大，且浓度达到 0.3% 之后增速变缓，初步确定起泡剂的最佳发泡浓度为 0.3%。

表 2–6　不同起泡剂体系的发泡率　　单位：%

起泡剂型号 \ 起泡剂浓度（%）	0.01	0.025	0.05	0.1	0.3	0.4	0.5	0.7
GFPA—1	120	170	190	440	521	535	540	570
GFPA—2	135	180	205	400	480	520	530	550
GFPJ—1	115	175	200	450	530	530	540	570

四、泡沫的稳定性

1. 泡沫稳定性的表征

泡沫是热力学不稳定体系，受重力分异作用的影响，包裹气体的液膜在重力的作用下，不断向下流动，液膜逐渐变薄，在液膜薄到不足以包裹气体时，气泡开始聚并，小气泡变大气泡，随着时间的推移而不断消泡聚并，析出液体积便在容器的底部从 0 开始逐渐增加，析出液体积增加到搅拌前起泡剂溶液体积的 1/2 时所需要的时间，即为析液半衰期（$t_{1/2}$）。泡沫稳定性通常用泡沫的析液半衰期表征，泡沫的稳定性是空气泡沫驱油体系筛选评价程序中的重要指标，它关乎泡沫在油藏中能否有效运移，能否在渗流过程中产生有效的渗流阻力，一旦泡沫消失，泡沫驱的核心流度控制作用就会失效。为此，析液半衰期越长，泡沫质量越高，起泡剂的性能越好。泡沫析液半衰期测试结果见表 2–7。随着起泡剂浓度升高，起泡剂分子在液膜的吸附密度增大，排列更加紧密且相互作用更强，析液半衰期增加，但总体增幅不大，析液半衰期均在 190 ～ 350s 范围内。

表 2–7　起泡剂的析液半衰期　　单位：s

起泡剂型号＼起泡剂浓度（%）	0.1	0.3	0.5	0.7
GFPA－1	241	258	315	347
GFPA－2	192	228	264	336
GFPJ－1	221	276	300	341

2. 泡沫体系稳定性

单纯起泡剂产生的泡沫稳定性较差，析液半衰期一般在 300s 左右，增强泡沫液膜强度可以降低液膜排液速度，延长泡沫的析液半衰期。常用的方法是向溶液中添加一定浓度的高分子聚合物，增加起泡剂溶液黏度，这些高分子聚合物增加了液膜的分子间力，在微观上形成了多层立体吸水网络将水分子锁定，大大降低了液膜的排液速度，泡沫的析液半衰期可增加几十倍，增强泡沫稳定性。领域内将该类提高溶液黏度的物质定义为稳泡剂，将添加稳泡剂的空气泡沫定义为稳泡体系。实验选择小分子缔合聚合物作为稳泡剂，原因是缔合聚合物分子量低，抗剪切性能强。同时，缔合聚合物含有少量的疏水分子舒展在液膜表面，与气体表面形成较强的吸附力，增强了液膜强度，锁水力增加，泡沫的析液半衰期延长。表 2–8 为缔合聚合物 AP–P3 与泡沫析液半衰期相关性实验结果，起泡剂 GFPA–2 浓度为 0.3%，泡沫的析液半衰期从 3.8min 增加到 199min，大幅度提高了泡沫的稳定性。

表 2–8　起泡体系析液半衰期和剪切前后黏度数据表

测试项目＼稳泡剂浓度（%）	0	0.05	0.10	0.15
析液半衰期（min）	3.8	34.0	104.0	199.0
剪切前溶液黏度（mPa · s）	1.07	13.90	39.50	72.60
剪切后析出液黏度（mPa · s）	1.07	7.10	19.20	35.20

3. 热稳定性

热稳定性主要评价高温油藏条件下起泡剂对温度的耐受能力，对于常规驱油用化学剂对温度的限度为 70℃，大于 70℃的油藏被定义为高温油藏。一般的化学品物质在高温条件下长期储存会出现老化现象，物质的性能随之减弱，原因是本身物质结构发生了变化。用矿化度20813mg/L的注入水配制浓度为0.3%的起泡剂W44溶液，再放入90℃恒温箱中老化60d，定期取样测定发泡率和析液半衰期，结果见表2–9。结果表明，起泡体系在高温下放置60d后的发泡率没有明显降低，但析液半衰期降低了50%以上，泡沫体系耐高温老化能力弱。

表2–9　高温空气泡沫体系老化实验数据表

测试项目 \ 老化时间（d）	0	7	15	20	30	45	60
发泡率（%）	318	320	315	305	318	320	320
析液半衰期（min）	23	26	20	20	15	12	10

五、泡沫流变性及黏弹性

空气泡沫的流变性及黏弹特性作为空气泡沫体系的八项性能指标之一，在空气泡沫驱提高采收率作用机制中发挥着重要作用，在此将以工程应用的视角去分析和应用这两项特征参数。

1. 流变特性

采用流变仪在常温条件下测试了浓度为0.4%的起泡体系在8000r/min搅拌速度下生成的泡沫流变性，结果如图2–1所示。空气泡沫的流变性曲线表明了泡沫的表观黏度随剪切速率的增大而减小，表现出典型“剪切变稀”的假塑性流体特征，其流变特性与驱油用聚合物溶液极其相似。泡沫的黏度由泡沫液体的本体黏度和气泡的结构黏度构成，其结构黏度是泡沫黏度的主体，来源于气泡抵抗结构变形产生的结构应力。泡沫液在注入油藏过程中，近井地带渗流速度高，剪切速率大，此时泡沫黏度低，易注入。随着泡沫进入高渗透层，渗流速度降低，剪切速率降低，由于其特殊的流变性，此时的黏度变大，使得高渗透层阻力逐渐增加，注入压力大幅度提高，使得中低渗透层吸液压差增大，吸液量增大，扩大波及体积。

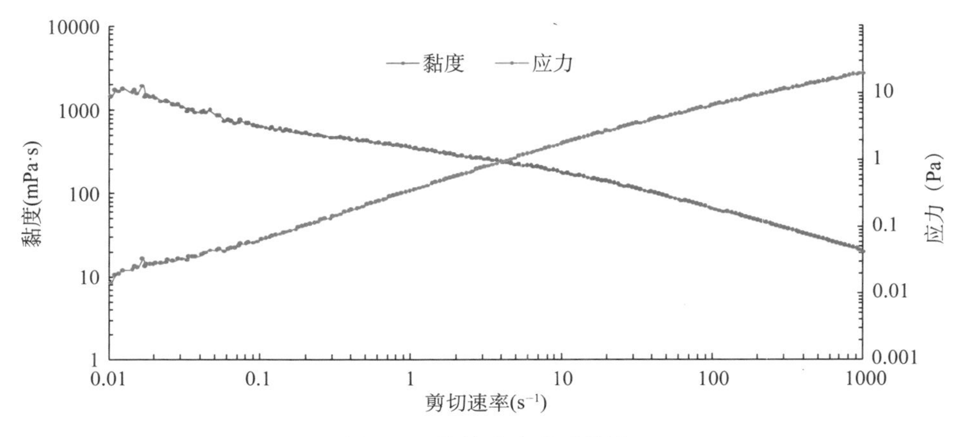

图2–1　泡沫流变关系曲线

2. 黏弹特性

泡沫的流变性展示了泡沫的增黏及剪切降黏的特征，气泡具有一定的压缩及形变恢复力，因此泡沫也具有更强的黏弹性。表面膜弹性和表面黏度是影响泡沫稳定性的重要因素。表面膜弹性指表面膜变薄后，靠自身修复以恢复原厚度的能力。在外力冲击下表面膜延展变薄是泡沫破裂的初级阶段，如果吸附于表面膜的表面活性剂和溶液通过在表面上的迁移，使表面膜重新稳定，则认为泡沫表面膜弹性好。在驱油过程中，泡沫体系的黏弹性使气泡通过孔隙喉道时，拉伸变形形成变形活塞驱油特征，可将岩石表面的油膜、盲端及孔喉残余油驱动，而且这种观点被众多学者采用数学模型计算的方式得以验证。浓度为 0.4% 的纯起泡体系在 8000r/min 搅拌速度下生成泡沫的黏弹性测试结果如图 2–2 所示。随着角速度的增加，泡沫的黏性成分不稳定，泡沫间弹性作用增强，弹性模量超过黏性模量，弹性模量逐渐占据主导地位，由此证明，泡沫是弹性大于黏性的假塑性流体。

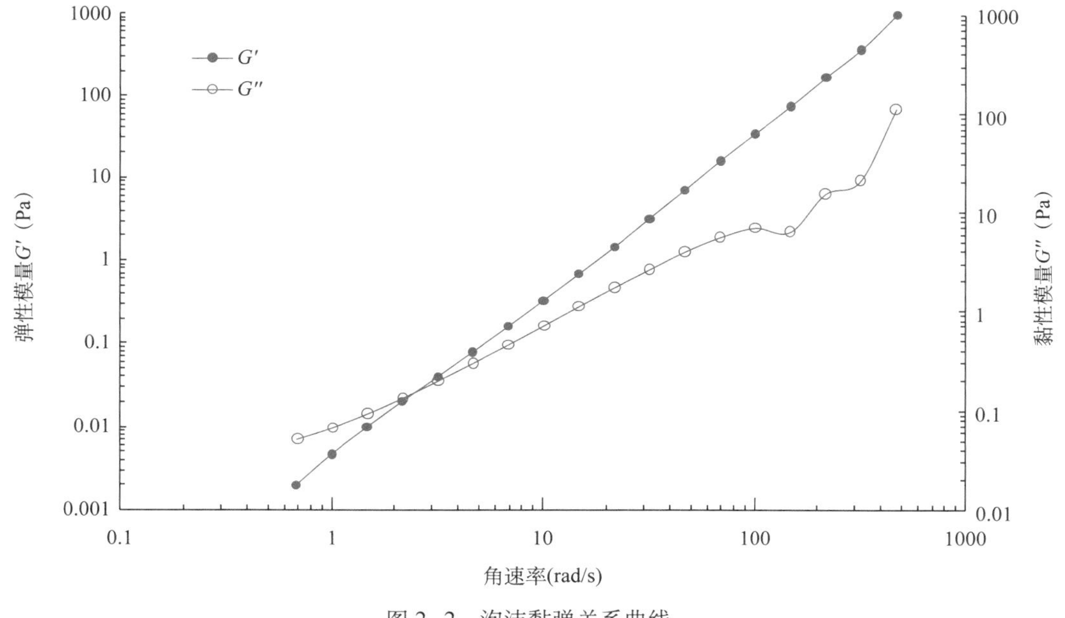

图 2–2 泡沫黏弹关系曲线

六、起泡剂抗吸附稳定性

抗吸附稳定性实际评价的是泡沫经过多孔介质吸附后的再生能力。泡沫体系在多孔介质运移过程中存在吸附现象，吸附过后的起泡剂能否再发泡，关系到泡沫体系能否运移到油藏深部产生渗流阻力，是空气泡沫驱的重要评价参数。将不同浓度的 GFPA–2 起泡剂溶液 100mL，分别加入地层砂配制的油砂 50g 和 100g 中，静置 24h 后测定经过油砂吸附后的起泡剂体系的发泡率与稳定性，实验结果见表 2–10。泡沫稳定性随油砂加入量的增加而降低，主要是由于加入油砂后有部分起泡剂吸附在油砂表面降低了溶液中起泡剂的浓度，从而使泡沫稳定性降低，发泡率以及析液半衰期随起泡剂浓度增高，降低幅度变小。

表 2-10 不同油砂加量下泡沫稳定性数据表

加砂量（g）	起泡剂浓度（%）	发泡率（%）	析液半衰期（s）
0	0.1	520	260
	0.4	550	280
	0.7	570	292
50	0.1	480	230
	0.4	530	255
	0.7	550	274
100	0.1	440	218
	0.4	510	241
	0.7	540	262

七、起泡剂油敏感性

泡沫对原油的敏感性是评价泡沫驱油体系的一项重要指标，低渗透储层由于含油饱和度较高，泡沫与残余油接触后其稳定性降低而快速消泡；在高渗透层，由于含水率相对较高，泡沫的消泡作用不明显。这两种作用的结果导致泡沫得以在高渗透地层稳定，渗流阻力较大，形成较好的流度控制作用，而在低渗透层，泡沫遇油消泡后，形成气液两相流，渗流阻力减小，从而实现“堵大不堵小”的作用机制。超低界面张力发泡体系具有遇油快速消泡的功能，该体系在低渗透层中的驱油机理有两个，一是超低油水界面张力提高驱油效率，二是消泡后的空气可进入水不能进入的微孔隙产生排驱作用。

配制浓度为 0.4% 的两种起泡剂体系 100mL，并分别加入不同质量脱水原油，在室温（23℃）条件下测定不同体系发泡率，实验结果如图 2-3 所示。随油量增加，常规起泡剂 GFPA-2 的发泡率降低，超低界面张力起泡剂 ODS-1 遇油消泡。

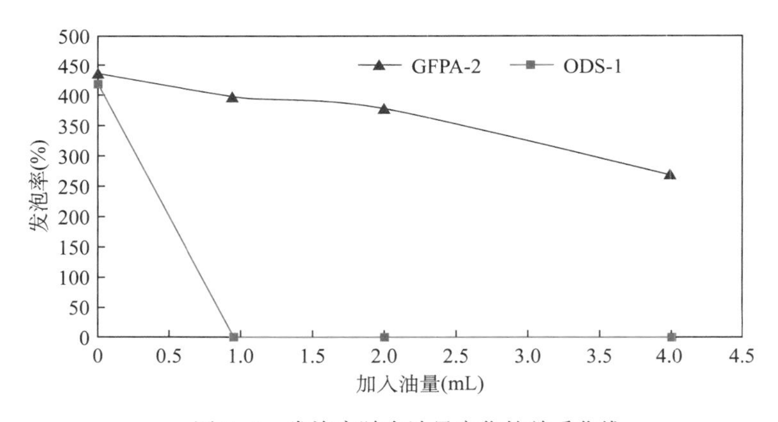

图 2-3 发泡率随含油量变化的关系曲线

八、起泡剂抗温性

起泡剂的抗温性实验主要针对高温高盐油藏（温度＞ 70℃），常规起泡剂在高温 70 ～ 120℃条件下，分子结构会受到破坏，使得起泡剂的发泡性能降低。因此，需要评价起泡剂的抗温性。抗温性评价主要考虑起泡剂对温度的敏感性，所以，将配制好的起泡剂目标溶液密封放置在目标油藏温度 24h，测定恒温前后的发泡率和析液半衰期。在目标油藏温度下，测定了起泡剂 JBT–Y 的抗温性，实验结果见表 2–11，该起泡剂在高温 90℃恒温 24h 后，发泡率没有明显变化，但析液半衰期保留率达到 80% 以上，基本满足要求。

表 2–11　起泡剂抗温性评价实验数据

参数 \ 起泡剂浓度（%）	0.1	0.2	0.3	0.4
初始发泡率（%）	260	310	340	385
恒温（90℃）24h 后发泡率（%）	280	315	350	395
初始析液半衰期（min）	2.70	4.11	5.46	6.84
恒温（90℃）24h 后析液半衰期（min）	2.39	3.79	4.76	5.53
析液半衰期保留率（%）	88.6	92.3	87.2	80.8

第二节　岩心驱替模拟实验

空气泡沫驱油物理模拟实验以港东二区五断块为依托，模拟储层及流体物性，研究空气泡沫驱在储层中的流度控制能力、提高驱油效率、扩大波及体积作用，为方案设计提供依据。

一、流度控制能力

1. 阻力系数 *RF* 与渗透率的关系

阻力系数是表征驱替介质在多孔介质中流度控制能力的主要参数，空气泡沫驱的阻力系数等于在相同流速条件下的驱替压差与水驱压差之比，在相同条件下，阻力系数越大、流度控制能力越强。空气泡沫驱阻力系数的高低，与泡沫本身的质量和岩心渗透率直接相关，对于空气泡沫驱来讲，多孔介质（岩心）本身既是泡沫流体渗流阻力的造成者又是空气泡沫的发生器，气液两相在多孔介质中渗流，在孔隙和喉道处发生扰动直接产生泡沫（这一现象在杨怀军等著的《空气及空气泡沫驱油机理》一书中有详细的描述）。在空气泡沫驱数值模拟中需要建立空气泡沫驱渗流阻力与渗透率的相关性。

实验模拟港东二区五断块油藏条件，用环氧树脂胶结模型，模型长度 7 ～ 30cm，空气渗透率分别为 1895mD、1068mD 和 257mD。实验温度 65℃，用现场注入水配制起泡剂浓度 0.5%，气液比 1 ：1，水驱速度 0.5mL/min，压力稳定后，按气液同注方式注入空气和起泡剂溶液，用气体质量流量计调整不同压力条件下的空气流量，确保气液同注流量与前期水驱相同，到泡沫驱压力稳定后结束实验，实验结果见表2–12。

实验结果表明：渗流速度相同，随着渗透率的增加，泡沫的阻力系数逐渐增大，泡沫封堵能力增强（表2–12）。水相渗透率为1028mD、598mD、125mD，空气泡沫产生的渗流阻力系数分别为110.5、36.6、12.4，表明泡沫在高渗透层比在低渗透层具有更好的封堵能力。这是由于泡沫具有剪切变稀的特性，低渗透层内的平均孔隙半径小于高渗透层内的平均孔隙半径，在相同的注入速度下，小孔隙的剪切速率大于大孔隙的剪切速率。

图2–4呈现出了渗透率与阻力系数的幂指数相关性，渗透率小于500mD，阻力系数趋于平滑抬升，渗透率大于500mD，阻力系数则快速提升，空气泡沫驱建立较大阻力系数的临界渗透率 K_{RF} 为500mD。这一点正处在油藏渗透率分类临界点500mD上，50～500mD为中渗透层，大于500mD为高渗透层，表明空气泡沫驱适合于在高渗透层建立阻力系数，同时也验证了泡沫具有“堵大不堵小”的观点。原因是泡沫具有非牛顿流体特性，在低剪切速率下具有较高的表观黏度，并且其黏度随剪切速率的增加而降低。因此，低渗透层中泡沫的表观黏度低于高渗透层，导致低渗透层中流动阻力相对较小，宏观上表现为阻力系数较小。

表2–12　不同渗透率岩心阻力系数统计表

岩心编号	气相渗透率（mD）	孔隙度（%）	水相渗透率（mD）	岩心尺寸（cm×cm）	水驱压力（MPa）	泡沫驱压力（MPa）	阻力系数
1	1895	30.12	1028	ϕ2.5×7	0.0006	0.0639	110.5
2	1993	31.24	1192	ϕ2.5×15	0.0009	0.0252	127.8
3	1881	30.42	996	ϕ2.5×30	0.0042	0.0363	128.7
4	1068	29.15	674	ϕ2.5×7	0.0011	0.1342	28.6
5	1102	28.92	627	ϕ2.5×15	0.0020	0.0701	34.5
6	989	29.08	598	ϕ2.5×30	0.0102	0.1264	36.6
7	257	26.29	141	ϕ2.5×7	0.0026	0.3292	8.6
8	243	26.75	125	ϕ2.5×15	0.0043	0.1559	12.4
9	265	27.19	164	ϕ2.5×30	0.0155	0.2097	13.5

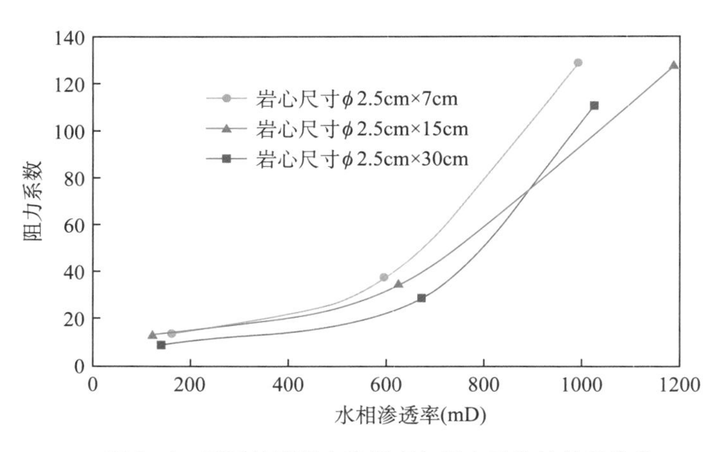

图2–4　不同长度岩心渗透率与阻力系数的关系曲线

2. 模型长度对阻力系数的影响

采用相同孔隙结构、不同长度（7cm、15cm、30cm）的岩心，进行空气泡沫驱阻力系数实验，研究多孔介质长度对发泡效果的影响，结果如图2–5所示。不同渗透率的岩心上，岩心长度为15cm和30cm时泡沫产生的阻力系数没有出现明显的差别，说明岩心长度为15cm和30cm时生成的泡沫封堵性能较好。岩心长度为7cm时泡沫产生的阻力系数比长度为15cm和30cm时都要小，泡沫封堵效果较差，这主要是因为多孔介质较短时，泡沫的破灭速度较快，因此泡沫在长度为7cm的多孔介质中产生的压差较小。由此表明，岩心长度对空气泡沫的生成和运移渗流有一定影响，岩心越长，越有利于泡沫的生成。

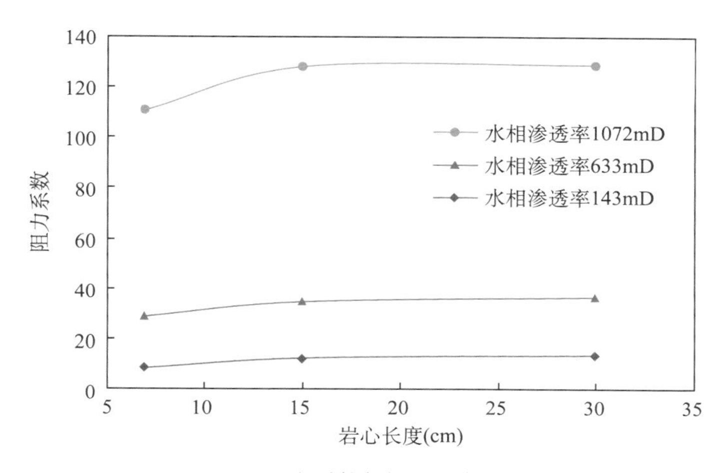

图2–5　阻力系数与模型长度的关系曲线

3. 泡沫在多孔介质中的渗流能力

泡沫在多孔介质中的运移能力一直备受业界关注，泡沫运移能力实际上就是泡沫在多孔介质中的传导性，能否将注入井的井底压力（能量）传递到油藏的中部，在油层深部还能不能产生新的泡沫，影响着泡沫驱技术的应用。很多专家学者怀疑泡沫能否运移到油层深部产生渗流阻力，实现液流转向。在这里应该传达这样一个观点，泡沫是热力学不稳定体系，其本质就是不稳定的，泡沫一旦生成，就是一个破灭和再生的自然循环过程，破灭的泡沫形成气液两相，可在多孔介质中受到剪切作用，形成新型泡沫，仅仅是外形尺寸或结构会发生变化，这种破灭与再生的过程在多孔介质中连续不断，只要有渗流存在，泡沫在多孔介质中就不会消失，泡沫的运移能力实际上就是泡沫的破灭与再生能力。

1）泡沫的生成与运移

采用一维单管填砂模型，模型长度150cm，直径为2.5cm，模型气相渗透率为2.2D，从模型注入端开始依次平均分布5个测压点，相邻两个测压点距离30cm，如图2–6所示。实验步骤：测定水相渗透率，然后按照气液比1∶1的气液合注方式，以0.3mL/min的速度注入空气泡沫0.6PV，后续水驱2PV。实验曲线如图2–7所示。

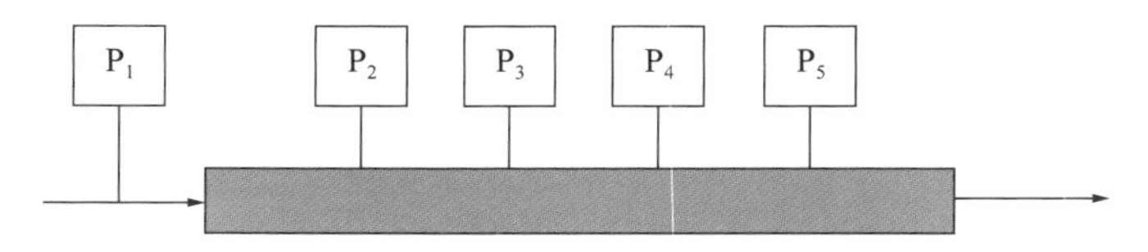

图 2-6　单管模型测压点分布示意图

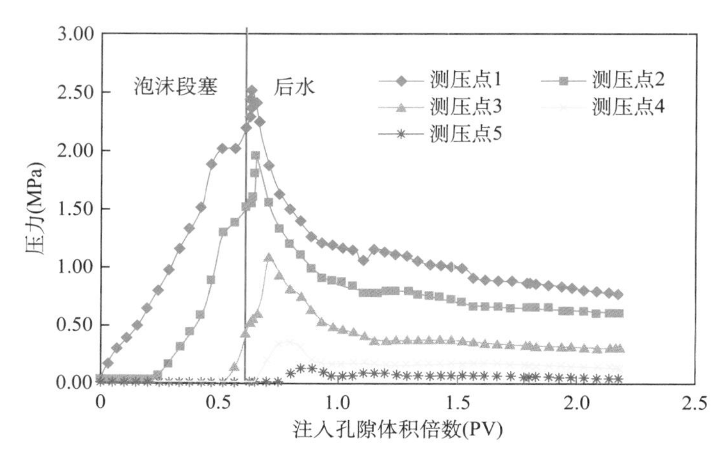

图 2-7　泡沫段塞注入过程中各测压点的压力变化曲线

测压点 1 形成的压力曲线表示注入 0.6PV 空气泡沫在 150cm 岩心上形成的总压差变化趋势，测压点 2 ～ 5 的压力峰值点逐渐滞后，压力值依次降低。注入空气和起泡剂后，在入口端即刻形成泡沫，泡沫生成并向前运移，所以，入口端压力不断升高；注入 0.25PV 后，第二个测压点的压力开始升高，泡沫传递运移到第二个测压点；注入 0.5PV，第三个测压点的压力开始升高，表明泡沫传递运移到第三个测压点；注入 0.75PV，最末端的第五个测压点压力开始升高，表明泡沫已经运移到整个 150cm 岩心。

2）泡沫在多孔介质中的压力传导性

表 2-13 为泡沫运移实验的各测压点峰值压力和阻力系数计算结果，为了便于观察分析，将表 2-13 数据按照测压点位置作图 2-8。从泡沫驱各点压力曲线分析，压力逐级向下传导，压力逐级降低，而且测压点 2 的阻力系数大于入口端 P_1 的阻力系数，而且测压点 3 的阻力系数与测压点 2 基本接近，表现出良好的压力传导性，符合压力传导规律；从泡沫驱的分段压差（图 2-8 中简称泡沫驱压差）和分段阻力系数曲线上看，从测压点 1 到 3，阻力系数从 54 升至 104，第 4 测压点阻力系数又降至 27.5。由此可见，0.6PV 的泡沫段塞的有效作用距离为整个填砂管长度的 3/5，已经超过油层中部。随渗流距离增加，泡沫不断生成，并且生成速度大于破灭速度，同时泡沫不断发生运移及剪切再生的过程，阻力系数也随着运移距离的增加而上升。但随着运移距离增大，起泡剂不断被稀释，浓度降低，泡沫的稳定性下降，泡沫的生成速度小于破灭速度，因此泡沫不断聚并破灭，最终出现气液分离现象，导致压力和阻力系数下降。

表 2–13　各测压点的压力及阻力系数汇总表

测压点	P_1	P_2	P_3	P_4	P_5
起泡剂驱压力（MPa）	0.040	0.030	0.021	0.014	0.006
起泡剂驱压差（MPa）	0.010	0.009	0.007	0.008	0.006
泡沫驱压力（MPa）	2.51	1.97	1.09	0.36	0.14
泡沫驱压差（MPa）	0.54	0.88	0.73	0.22	0.14
分段阻力系数	54.0	97.8	104.3	27.5	23.3
测压点阻力系数	62.75	65.70	51.90	25.70	23.30

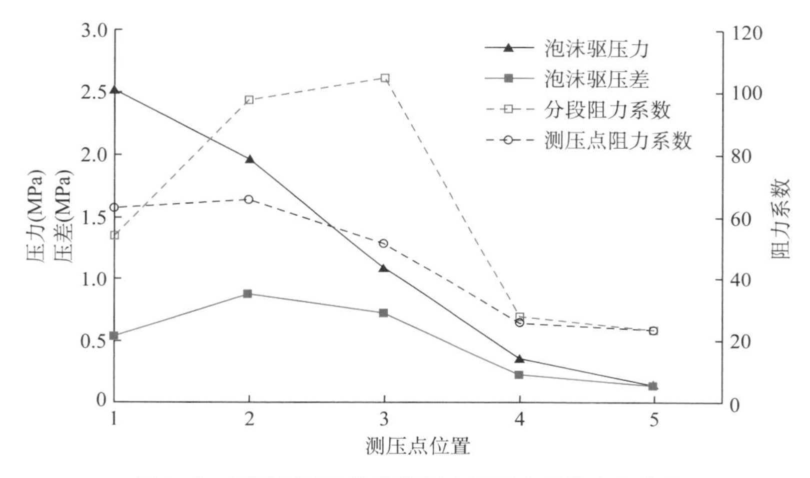

图 2–8　不同测压点位置的压力及阻力系数变化曲线

二、均质岩心提高驱油效率实验

驱油效率实验通常采用天然岩心或人造均质岩心。储层天然岩心源自密闭取心，但数量有限，不足以支撑驱油效率物理模拟实验，另一种天然岩心为地面砂岩露头，国际上认可的砂岩露头为美国的 Berea 砂岩岩心，渗透率规格较少。国内常用的是人造均质岩心，有填砂管和环氧树脂胶结人造岩心两种。采用均质岩心所做的驱油实验得到的是驱油效率，由于均质岩心的体积波及系数近似等于 1，均质岩心的驱油效率与采收率相等。实验采用填砂管岩心，模型长度 35cm，直径 2.5cm，水相渗透率约 2.3D，以纯水驱为参比，实验温度 65℃，模拟油黏度 14mPa · s，驱替速度 5m/d，气液比 1 ∶ 1。实验程序为水驱 2PV（含水 98% 以上）+1.5PV 空气泡沫驱 + 后续水驱 2PV。

实验设计了两种泡沫体系驱油对比实验，一种是高油水界面张力、发泡能力强的空气泡沫体系，用起泡剂 GFPA–2 配制溶液，简称强发泡体系；另一种是超低界面张力发泡体系，发泡率低、泡沫稳定性差，用表面活性剂（起泡剂）ODS–1 配制溶液，简称超低张力泡沫体系，岩心参数见表 2–14。

表 2–14　单管填砂岩心驱替实验方案

模型号	长度（cm）	直径（cm）	孔隙度（%）	含油饱和度（%）	驱替介质
DZ1	35	2.5	34	77.9	注入水
DZ4	35	2.5	31	76.2	强发泡体系
DZ5	35	2.5	34	80.1	超低张力泡沫体系

图 2–9 表明，强发泡体系与超低张力发泡体系在高孔高渗透油藏上的驱油效率相对较低，原因是该类油藏的水驱油效率高，3 只岩心的水驱油效率均在 58% 左右，含水率已经达到 100%，继续水驱则没有驱油效率的增幅；转入空气泡沫驱后，强发泡体系流体的黏度较高，流度控制能力强，建立高驱替压差的时间短，单独依赖泡沫的黏弹性驱油的作用还是小于超低张力泡沫体系，驱油效率（采收率）增幅仅为 3.9% OOIP；超低界面张力泡沫体系具备泡沫黏弹性驱油和超低界面张力驱的双重作用，驱油效率（采收率）增幅为 7.1% OOIP，表明超低界面张力的作用对采收率贡献了 3 个百分点。

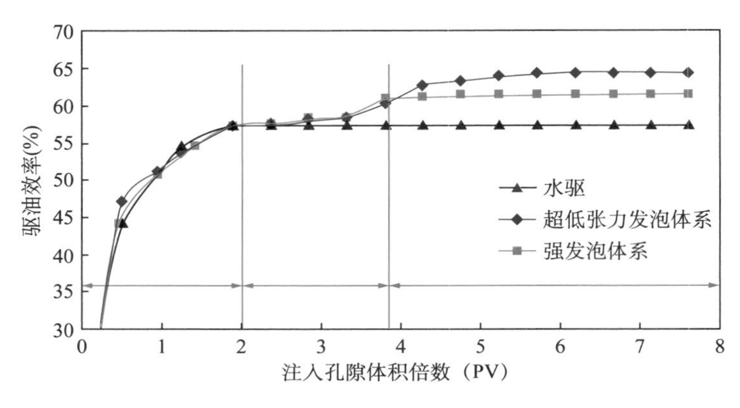

图 2–9　驱油效率与 PV 数关系曲线

三、非均质模型提高采收率实验

国内常用的非均质模型有环氧树脂胶结石英砂模型，以及双管或三管填砂模型，模型渗透率和孔隙度要与模拟的目标储层近似。实验采用填砂双管模型，模型尺寸 ϕ25mm × 350mm，高低渗透层水相渗透率分别为 2.5D、0.85D 左右，渗透率极差为 1 ∶ 2.9。驱替速度 5m/d，起泡剂及表面活性剂浓度 0.4%，气液比 1 ∶ 1，水驱 2PV 后注空气泡沫段塞 4PV，后续再水驱。水驱、强发泡体系、超低张力泡沫体系驱油实验结果如图 2–10 至图 2–12 所示。

图 2–10 水驱实验结果显示，水驱 2PV 含水率达到 98%，水驱 3PV 含水率为 100%。结束实验，极限水驱比 2PV（含水率 98%）点的采收率提高了 1.6 个百分点。

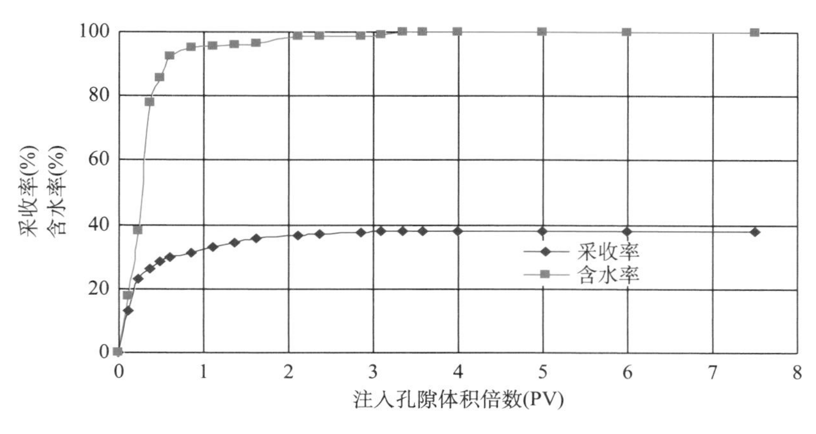

图 2-10 水驱综合曲线

1. 强发泡体系空气泡沫驱

图 2-11 为强发泡体系在渗透率极差 1 ： 2.9 条件下的驱油实验结果。其中图 2-11（a）显示在泡沫驱 1PV 后，油量开始增加、含水率下降，含水率最低降至 80%，最终采收率比 2PV 水驱点增加 19.5 个百分点。图 2-11（b）显示，总采收率增加的 19.5 个百分点，主体来自低渗透层，水驱 2PV 阶段，低渗透层没有启动，产油量为 0，注入空气泡沫 1PV 后，压力升高到 2 ~ 3MPa，低渗透层开始启动，最终低渗透层采收率达到 42%，高渗透层采收率增幅仅为 1 个百分点。此实验结果表明，高孔高渗透油藏强发泡体系空气泡沫驱的驱油机理主体是流度控制、扩大波及体积；对于多层分注开发的油藏，空气泡沫驱更优于其他化学驱，如聚合物驱等，因为纯空气泡沫驱对低渗透层没有伤害，在低渗透层产生的渗流阻力低于高渗透层。

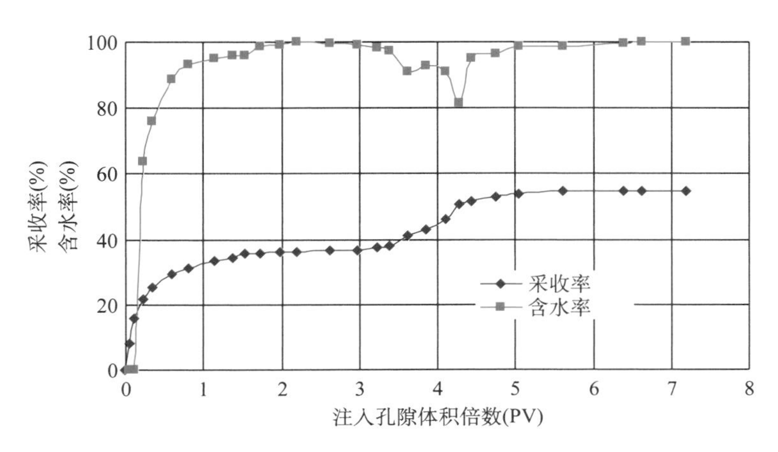

（a）采收率及含水率变化曲线

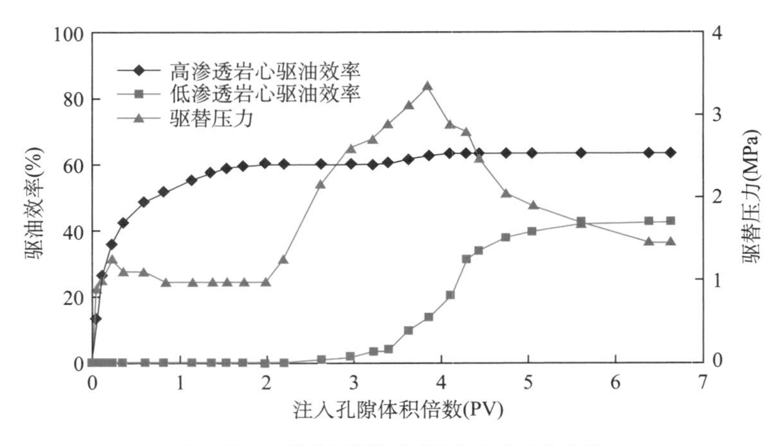

（b）高、低渗透层驱油效率随压力的变化曲线

图 2-11　强发泡体系驱替综合曲线

2. 超低张力泡沫体系空气泡沫驱

图 2-12 为超低张力发泡体系的驱油实验结果。其中图 2-12（a）显示，在注入空气泡沫后，采收率并没有快速提升，一直到空气泡沫注入 2.5PV 以后，含水率才开始下降，最低降至 90%，驱替效果明显低于强发泡体系，且见效滞后 1.5PV。其主要原因是，超低界面张力空气泡沫体系，发泡能力低、遇油快速消泡，初始注入岩心中的起泡剂的发泡作用并没有直接体现出来，虽然压力升高、阻力系数增大，但泡沫的强度明显低于强发泡体系。图 2-12（b）显示，从注入空气泡沫后，低渗透层岩心出油量缓慢增加，直到泡沫注入 2.7PV 时，注入压力达到了高峰值，低渗层才开始真正启动，油量快速增加，但超低张力空气泡沫在高渗透层的驱替并没有起到作用、油量几乎没有增加，只是在低渗透层产生了超低张力泡沫驱的作用。但是，近 3PV 体积的前置用量显然是不可取的。所以，这一类超低界面张力空气泡沫驱体系不可用或不适合独立应用。

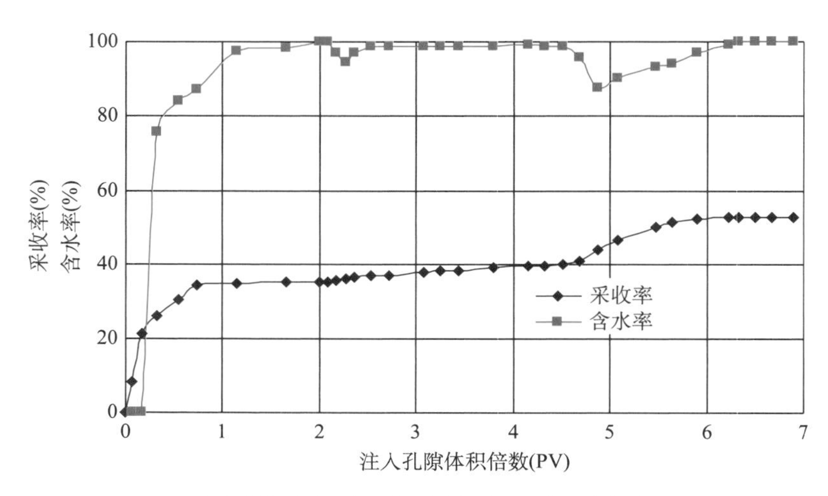

（a）超低张力空气泡沫驱采收率及含水率变化曲线

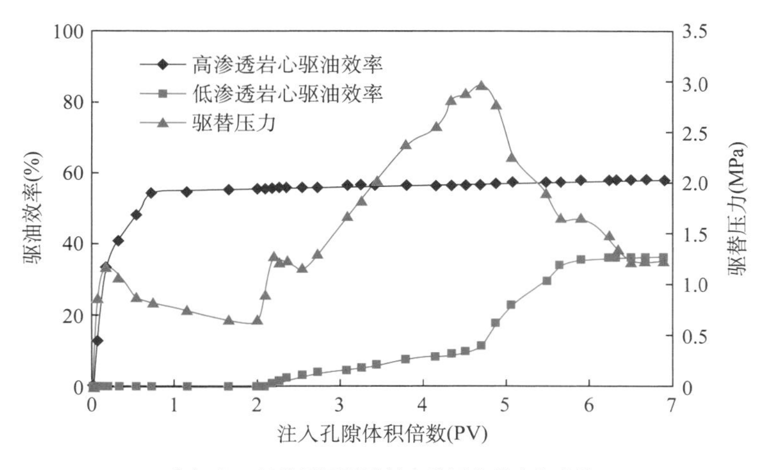

(b) 高、低渗透层驱油效率随压力的变化曲线

图 2-12 超低张力泡沫体系驱替综合曲线

四、超低界面张力耦合式空气泡沫驱油实验

为了解决强发泡体系空气泡沫驱不能产生超低油水界面张力提高驱油效率问题，在《空气及空气泡沫驱油机理》一书中，详细描述了“超低界面张力耦合式空气泡沫驱油方法”，该方法突破了强发泡体系不能产生超低油水界面张力，而超低界面张力的表面活性剂又缺少发泡能力的矛盾。为此，采用两套发泡体系交替注入，弥补了两套体系各自的缺陷，实现了采收率的大幅度提高。因此，该方法应用两套体系，一套为强发泡体系 A，另一套为超低界面张力泡沫体系 B。

1. 驱油方法描述

空气和发泡剂在地面混合注入，第一步先注入强发泡体系 A，在高渗透水窜通道内产生强渗流阻力；第二步注入超低界面张力发泡体系 B 进入中低渗透层，低渗透层含油饱和度高，该体系在低渗透层遇油消泡、降低渗流阻力，且发泡剂可以使油水界面张力达到超低，提高中低渗透层驱油效率；随后，两种体系交替注入。在油层深部，含油饱和度较高，泡沫往往不能以稳定的形式存在，在这一区域既有稳定的泡沫，也包含一些泡沫破裂产生的气柱和水包油乳状液，所以这一地带同时存在泡沫驱油渗流、混气水驱油渗流和与表面活性剂驱油相似的乳状液渗流。随着泡沫驱前沿地带的泡沫不断破裂，经过一段时间之后，由于重力分异作用，气体向油藏顶部运移，而水向底部运动，在油藏的顶部形成一个气油流动带，在顶部聚集的气体，驱替了水驱无法采出的剩余油，同时它又将部分原油向下排驱，从而提高了油藏顶部的动用程度，这一过程类似于水气交替注入提高采收率。实验条件与前一部分非均质模型提高采收率相同。

2. 实验结果

图 2-13 为耦合式空气泡沫驱油实验结果，其中，图 2-13（a）为耦合式空气泡沫驱综合曲线，其采收率曲线的形状及走势与强发泡体系空气泡沫驱基本接近（图 2-11），含水率下降至 80%，注入泡沫 1PV 后采收率快速提升。

图 2–13（b）为高、低渗透层岩心采收率（驱油效率）变化曲线，与强发泡体系空气泡沫驱不同的是，在超低油水界面张力的作用下，高渗透层的驱油效率提升大约 3 个百分点，低渗透层的驱油效率也明显高于前者，其驱油效率曲线的走势与驱替压力上升的趋势基本相同。当累计注入体积达到 8.0PV 后，高渗透管经空气泡沫驱后可提高采出程度 5.5%，低渗透管空气泡沫驱后驱油效率高达 43%，表明交替注入的耦合作用得到发挥，超低张力体系在低渗透层遇油消泡后，形成了超低张力溶液驱和空气驱的双重作用。

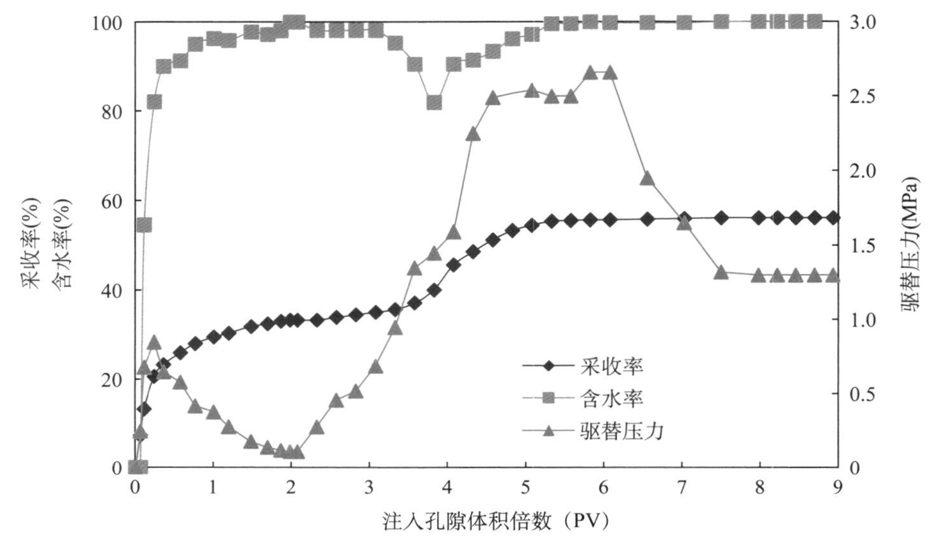

（a）超低界面张力耦合式空气泡沫驱油实验综合曲线

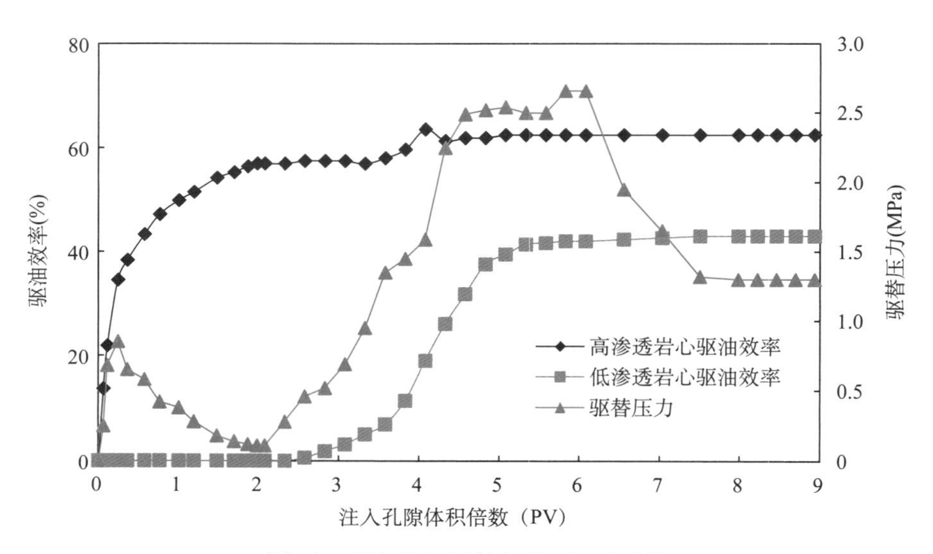

（b）高、低渗透层驱油效率随压力变化曲线

图 2–13　耦合式空气泡沫驱油实验曲线

第三节　空气泡沫注入参数

空气泡沫驱技术的主要特点是环境友好、对储层没有伤害，而且与油藏的适应性以及提高采收率的幅度都优于其他化学驱技术。本节主要考虑空气泡沫驱时，与提高采收率具有直接相关性的参数，采用物理模拟实验方法进行优化，为油藏工程方案参数设计提供基础数据。

一、渗透率极差

本章第二节中空气泡沫驱流度控制能力物理模拟实验研究的结论是，岩心渗透率与阻力系数成正相关性，即渗流速度相同，随着渗透率的增加，空气泡沫驱的渗流阻力系数增大，泡沫在高渗透层比在低渗透层具有更强的流度控制能力，这正是扩大波及体积所需要的流度控制机理，泡沫流体在低渗透层的剪切消泡，增加了气体进入微小孔喉的概率。在油藏工程方案设计中，往往要考虑将两个或两个以上渗透率比较接近的储层，组成一套层系井网，在一个压力系统下实施二次（注水）或三次采油，如果渗透率极差太大，则低渗透层难以启动。所以，层间渗透率极差是井网层系组合的重要参数。

采用高、低渗透率双管并联模型驱油实验，设计 3 个渗透率极差，分别为 1 ∶ 3、1 ∶ 4、1 ∶ 5，其中高渗透管水相渗透率约 2.5 ~ 3.0D，低渗透管水相渗透率约 0.65 ~ 0.9D，实验温度 65℃，采用港东现场注入水配制起泡剂浓度 0.4%。实验步骤为：水驱 2PV+ 空气泡沫（气液比 1 ∶ 1）2PV+ 后续水驱。图 2–14 为 3 个渗透率极差的空气泡沫驱油实验曲线。

不同渗透率极差的空气泡沫驱提高采收率实验结果表明：渗透率极差越小，空气泡沫驱提高采出程度相对越高，极差为 1 ∶ 3、1 ∶ 4、1 ∶ 5 时的采收率提高幅度分别达到 19.6%、18.2%、16.8%，含水率分别降至 79%、81%、87%。但在渗透率极差 1 ∶ 3 ~ 1 ∶ 5 区间内，采收率增幅值差别不大，基本满足复杂断块油藏构建多层系井网开发的渗透率基础要求。

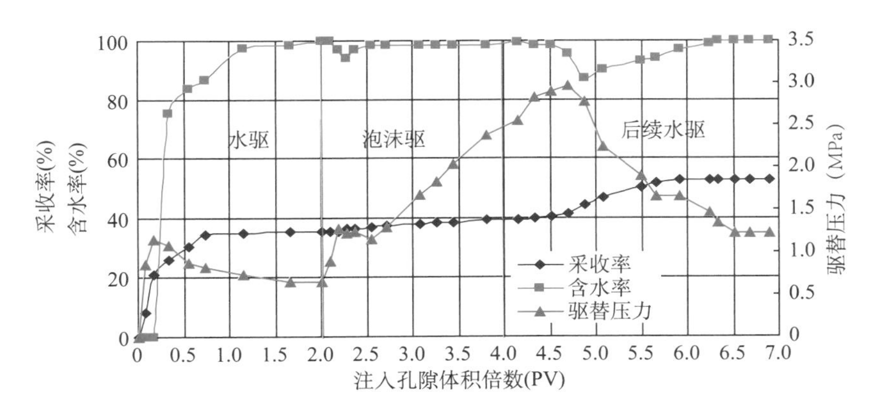

(a) 极差 1 ∶ 5

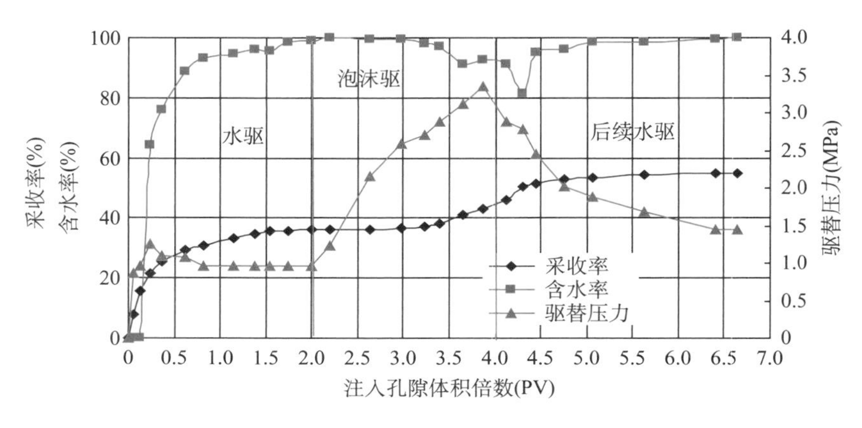

(b) 极差 1 ∶ 4

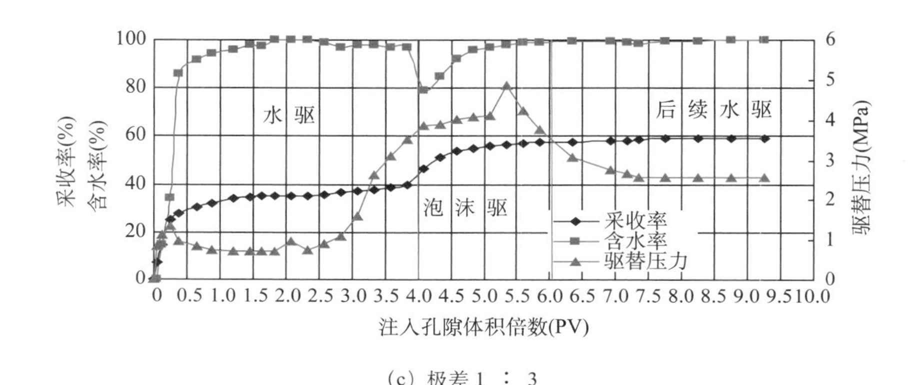

(c) 极差 1 ∶ 3

图 2-14 不同渗透率极差的采收率、含水率与注入体积倍数的关系曲线

二、注入方式

空气泡沫驱或其他气体介质的泡沫驱都有两种注入方式，气液同注（混注）和气液交替注入（分注）方式。

气液同注方式：是将气体和起泡剂溶液按照方案设计的气液比同时注入目的层，使气液在进入炮眼地层后，经过多孔介质的剪切扰动快速形成泡沫。

气液交替注入方式：是将气体与起泡剂溶液按照方案设计的一定气液段塞尺寸比交替注入目的层，在注入气体段塞后，气体会驱动上一段塞的起泡剂溶液，气体在含有起泡剂溶液的多孔介质中窜流，同样会产生剪切扰动，从而产生泡沫。这种注入方式优点是地面注入工艺相对简单、仅仅是单一气体或液体的注入，同时，对套管的氧腐蚀作用小，易于腐蚀防控。缺点是气体窜流严重，气体容易在油井产出，严重影响泡沫驱效果。

实验进行了单只模型（驱油效率）不同注入方式的提高采收率的驱油实验，实验所用岩心的物性参数见表 2-15，实验温度 89℃、回压设计压力 13.7MPa，驱替速度 2m/d，水驱至含水率 98% 后，接着采用不同的注入方式实施空气泡沫驱 1PV，气液同注方式的气液比 1 ∶ 1，起泡剂浓度 0.3%；气液交替（分注）注入方式为先注起泡剂溶液 0.5PV，再

注空气 0.5PV，后续水驱至含水率 98% 结束实验，不同注入方式的空气泡沫驱油实验结果见表 2–15、图 2–15、图 2–16。

1. 注入方式对空气泡沫驱阶段采收率的影响

（1）水驱阶段，从图 2–15 可以看出，初始水驱阶段采收率相差不大，分别是 21.4% 和 27.9%，表明两只岩心的相似度较高。

（2）空气泡沫驱阶段，两种不同注入方式的采收率出现巨大差别：

气液同注（混注）方式，采收率曲线显示在注空气泡沫驱的后半阶段出现了明显的跃升，由水驱的 27.9% 跃升至泡沫驱结束时的 61.34%，增长了 33.42%；

气液交替（分注）注入方式，采收率曲线显示在空气泡沫驱的初始阶段有小幅度的上升，随后有效发挥空气泡沫驱的效果，呈现出水平的曲线形态，采收率仅增长了 4.75%，增产幅度非常有限。

（3）后续水驱阶段，气液同注（混注）方式的采收率仍有一定程度的上升，增幅达到 11.27%，最终采收率为 72.6%；而采用气液交替（分注）注入方式的采收率则没有明显的提高，增幅仅为 3.8%，最终采收率为 29.9%。

表 2–15　不同注入方式所用岩心物性参数和采收率

注入方式	直径 (cm)	长度 (cm)	渗透率 (mD)	含油饱和度 S_{oi} (%)	水驱采收率 (%)	总采收率 (%)	采收率提高值 (%)
同注	2.490	6.974	127.27	70.91	27.9	72.6	44.7
分注	2.492	7.050	128.03	79.58	21.4	29.9	8.5

注：分注时，实际注入体系 1.2PV。

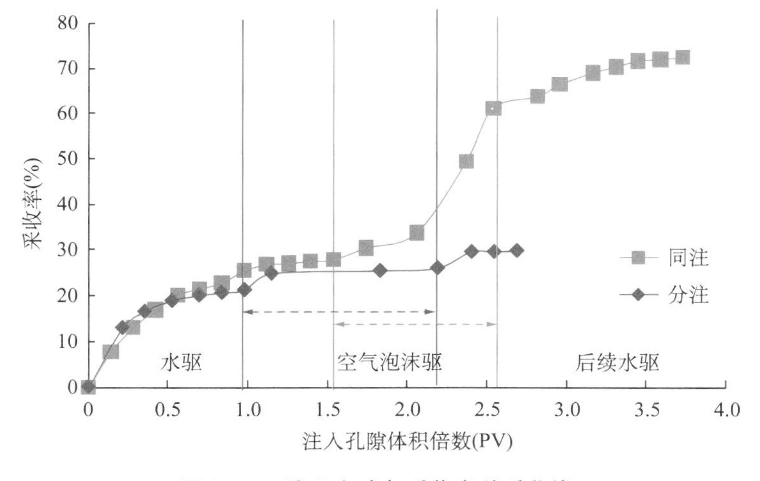

图 2–15　注入方式与采收率关系曲线

2. 最佳注入方式

气液同注（混注）方式和气液交替（分注）注入方式的采收率提高值分别为 44.7% OOIP 和 8.5% OOIP，具有显著的差别。采用同注方式时，注入的空气和起泡剂溶液能够进行充分的接触混合，可以保证形成均匀细腻的泡沫，并充分利用泡沫在多孔介质中建立的渗流阻力，增大驱替压差，提高驱油效率，并且在后续水驱阶段，由于后续注入水推动泡沫段塞继续前进，从而可以进一步提高采收率。而采用分注方式时，由于无法保证注入的空气和起泡剂溶液的均匀接触，空气和起泡剂溶液未能形成均匀泡沫流体，导致后续注入的空气继续发生气窜，整个分注阶段实际上就是水气交替驱的效果。因此，最佳的注入方式为：气液同注（混注）方式。

不同注入方式下的含水率分析如图2−16所示，采用同注方式时，在空气泡沫驱阶段，岩心出口端含水率显著下降，最低可降至5.26%，降幅高达88.49%。而采用分注方式时，在空气泡沫驱阶段，岩心出口端含水率的最大降幅约为13%，控水效果要相对差很多。究其原因与前面分析相同，主要是分注方式未能在岩心中形成泡沫产生渗流阻力，泡沫驱作用未能发挥。

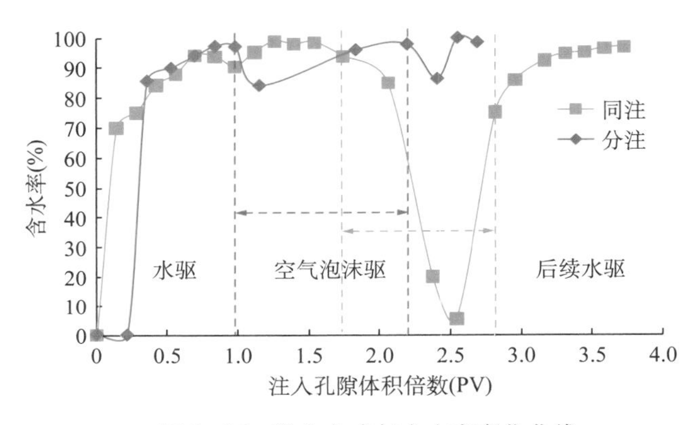

图2−16　注入方式与含水率变化曲线

三、注入速度

依据达西定律，注入速度与驱动压差的大小呈线性正相关。在水驱油藏工程方案设计中，涉及注入速度的相关问题很多，考虑到油井方面，注入速度太高，注入水的指进现象严重，会造成油井含水率快速上升，形成爆性水淹，注入井储层渗透率太低，也会造成注入压力上升太快、甚至接近地层破裂压力，但较高的注入速度对提高驱油效率也存在有利的一面，所以要依据储层岩石物性和流体理化性质来确定合理的水驱速度。对于空气泡沫驱来讲，既要考虑水驱因素，又要考虑空气泡沫驱的需求，前面的注入方式实验研究推荐了气液同注方式，气液同注方式仍然需要合理的注入速度，以确保气液在多孔介质中的剪切扰动而形成细腻泡沫。《空气及空气泡沫驱油机理》一书中，阐述了形成高质量空气泡沫的3个必要因素：搅拌速度、搅拌时间和起泡剂浓度。气液在孔喉处的剪切扰动速率是决定泡沫质量的关键因素，剪切扰动速率与注入速度成正相关性，注入速度越大，剪切扰动速率越高，所以需要通过岩心实验来确定合理的空气泡沫驱注入速度。

在温度89℃、压力13.7MPa的实验条件下，以2m/d的驱替速度将3根含油岩心分别水驱至含水率98%后，按1 ：1的气液比，以不同的混合注入速度分别向3根岩心中注入 0.3% 的空气泡沫体系 2PV，最后进行后续水驱至含水率 100%，以此来研究不同注入速度下空气泡沫体系的驱油效率。实验所用岩心的物性参数及相应的实验结果分别见表 2–16、图 2–17、图 2–18。

1. 驱替速度与提高采收率的关系

驱替速度 3m/d、5m/d、7m/d 的驱油效率提高幅度分别为 28.1%、27.2%、27.6%，提高注入速度对驱油效率（采收率）没有明显贡献，反而是低速驱替的采收率增幅较高。3m/d、5m/d、7m/d 是在油藏深部的驱替速度，从该数据上看，只要在注入井附近地层形成泡沫，在油层深部以较低的速度驱替就可以大幅度提高驱油效率，从图 2–17 不同驱替速度的驱油效率曲线趋势上看，3 个不同驱替速度的增油曲线上升趋势基本相同。

表 2–16 不同注入速度下泡沫驱岩心的物性参数和采收率

注入速度 (m/d)	直径 (cm)	长度 (cm)	孔隙度 (%)	水相渗透率 (mD)	含油饱和度 S_{oi} (%)	水驱采收率 (%)	总采收率 (%)	采收率提高值 (%)
3	3.749	7.026	37.56	101.03	77.58	49.1	77.2	28.1
5	3.783	6.992	34.51	85.64	73.38	47.6	74.8	27.2
7	3.700	7.000	36.90	100.47	73.38	43.6	71.2	27.6

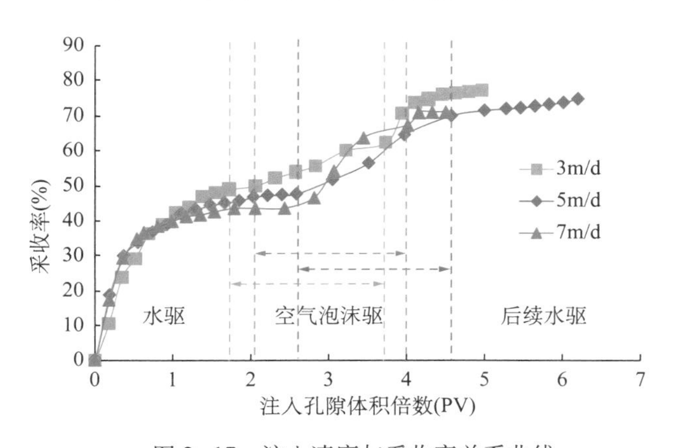

图 2–17 注入速度与采收率关系曲线

2. 驱替速度对含水率的影响

图 2–18 显示，3 个不同驱替速度的含水率下降规律并不相同，驱替速度 3m/d 的含水率漏斗较宽，而驱替速度 7m/d 的含水率漏斗下降最深。含水率的变化与驱油效率曲线具有较好的对应关系，驱替速度的大小对泡沫驱效果没有影响。因此，注入速度参数的优化需要数值模拟来确定。

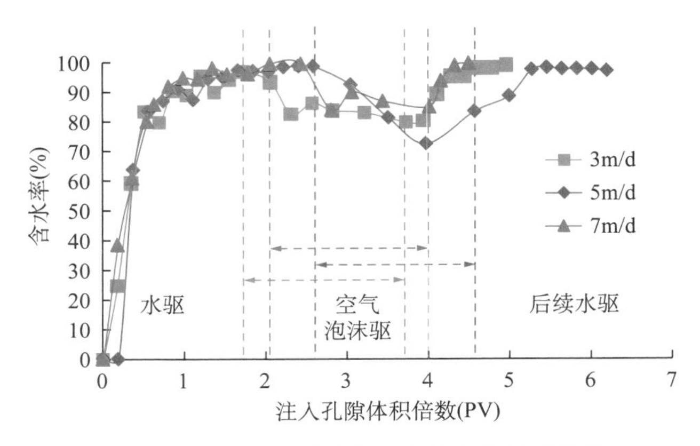

图 2-18　注入速度与含水率变化关系曲线

四、气液比

气液比是空气泡沫在油藏中产生渗流阻力的关键参数，从流度控制机制上讲，阻力系数越大、流度控制能力越强。所以，通常以最高阻力系数所对应的气液比作为方案设计的最优选择。泡沫特征参数用发泡率来表征发泡能力，发泡率在 500% 水平线上的泡沫气液比已经达到了 4 ∶ 1，这类常压下形成的泡沫仅用于评价起泡剂的发泡能力，泡沫的静态稳定性实际很差。空气泡沫驱油藏方案设计，需要模拟目标油藏的孔隙结构、渗透率，通过不同气液比条件下的阻力系数实验，优化最佳气液比。模拟港东二区五断块试验区油藏条件，实验温度为 65℃，填砂管人造模型的水相渗透率控制在 1.5D 左右，用现场水配制起泡剂溶液，实验设计 4 个气液比，分别为 0.5 ∶ 1、1 ∶ 1、2 ∶ 1、3 ∶ 1，用阻力系数的大小决定最佳的气液比和起泡剂浓度。

1. 气液比与阻力系数的相关性

图 2-19 为空气泡沫驱的注入孔隙体积倍数与阻力系数的关系曲线，随着注入泡沫量的增大，阻力系数持续增大，当岩心中大部分孔隙被占据后，阻力系数增大趋势减缓，当泡沫注入量超过 1.5PV 后，阻力系数虽然有所增大，但是增大幅度变小。阻力系数曲线显示，气液比为 1 ∶ 1 的空气泡沫驱阻力系数最高。

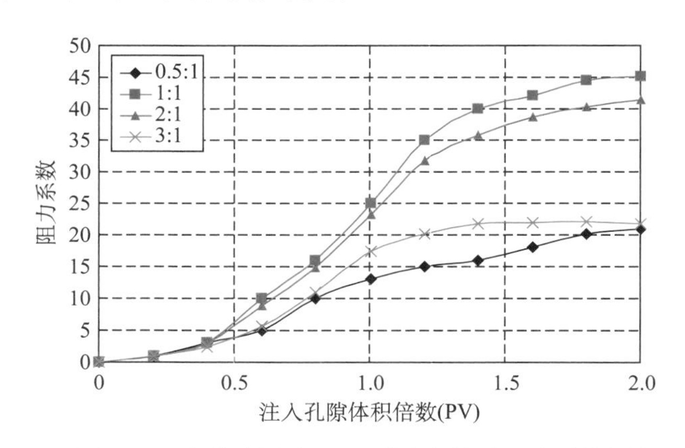

图 2-19　起泡剂浓度 0.3% 的空气泡沫阻力系数曲线

2. 气液比与起泡剂浓度的相关性

图 2–20 为不同气液比、不同起泡剂浓度的阻力系数曲线，气液比在 1.0 ~ 2.0 区间内，空气泡沫驱的阻力系数达到了最大值，在此气液比条件下，泡沫的封堵能力最大。气液比低于 1.0 时，由于气体在总体积中占比较小，不能形成致密泡沫，阻力系数低；气液比大于 2.0 时，由于孔隙中的气量增多，一方面使得孔隙中生成的泡沫较多，有利于对地层形成封堵，但另一方面，气量的增大使得形成的泡沫液膜变薄，强度降低，泡沫稳定性下降，气泡容易破裂，造成气窜现象，这又使得泡沫的封堵能力减弱。为此，综合分析得出结论是，气液比的下限为 1 ∶ 1、上限 2 ∶ 1。

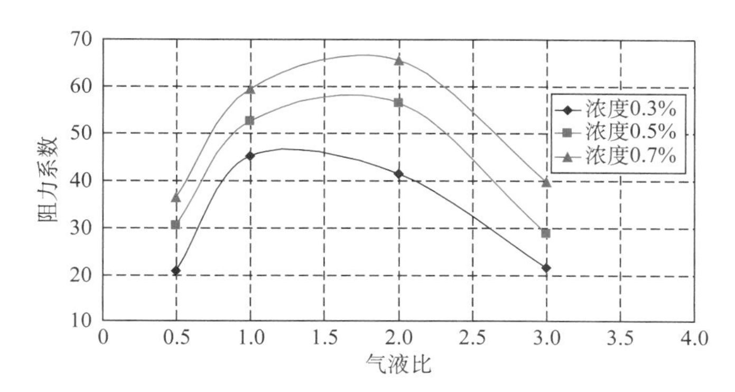

图 2–20　不同起泡剂浓度及气液比与阻力系数关系曲线

随着起泡剂浓度的升高，阻力系数增大，泡沫封堵能力增强，综合考虑技术和经济因素，起泡剂浓度的优化可通过数值模拟来完成。

五、注入孔隙体积数

空气泡沫驱的注入体积数与提高采收率成正相关性，在达到一定 PV 数后，采收率达到某个峰值后不再继续增加。为此，存在一个最佳的注入体积。用单管模型空气泡沫驱油实验来优选最佳注入体积，实验温度 89℃、回压力 13.7MPa，驱替速度 2m/d，气液比 1 ∶ 1，起泡剂浓度 0.3%，水驱至含水率 98% 后转注空气泡沫，后续水驱至含水率 100%。实验所用岩心的物性参数及相应的实验结果见表 2–17 和图 2–21。

1. 注入体积数与采收率增幅的关系

注入体积数与提高采收率的关系：随着空气泡沫注入量的不断增加，岩心的采收率也逐渐提高，当空气泡沫的注入量为 0.9PV 时，采收率增幅达到最大值，最终采收率可达 85.63%。空气泡沫注入体积 PV 数为 0.2PV、0.4PV 和 0.9PV 时，采收率提高值分别为 23.16%、35.75%、40.92%，从采收率增幅的绝对值来看，注入体积 0.9PV 的采收率增幅最大。

2. 注入体积增幅与采收率增幅的关系

以 0.1PV 为一个单位体积 V_F，体积单位赋值：0.1PV，则 V_F=1；0.2PV，则 V_F=2；0.4PV，则 V_F=4；0.9PV，则 V_F=9。

单位体积 V_F 空气泡沫驱的采收率增幅等于 *EOR* 与 V_F 的比值，计算结果见表 2-17。

注入体积 0.2PV，单位体积 V_F 的 *EOR* 值为 11.58，随着注入体积倍数的增加，单位体积 V_F 的 *EOR* 值在减小，随着注入量的增加，采收率并没有得到对等量的增加，表明其经济效益在下降，注入 0.9PV 所对应单位体积 V_F 的 *EOR* 值仅为 4.49。与采收率绝对提高值对比综合考虑，技术经济合理的注入体积应为 0.4PV。

表 2–17 空气泡沫驱注入体积优化实验数据表

注入孔隙体积倍数（PV）	直径（cm）	长度（cm）	孔隙度（%）	水相渗透率（mD）	含油饱和度 S_{oi}（%）	水驱采收率（%）	总采收率（%）	提高采收率幅度 *EOR*（% OOIP）	V_F	单位体积 V_F 的 *EOR* 值
0.2	4.39	30.10	24.26	119.93	68.30	42.37	65.53	23.16	2	11.58
0.4	4.41	31.50	15.01	105.10	65.22	44.50	80.25	35.75	4	8.94
0.9	4.42	29.97	23.65	143.87	71.29	44.71	85.63	40.92	9	4.49

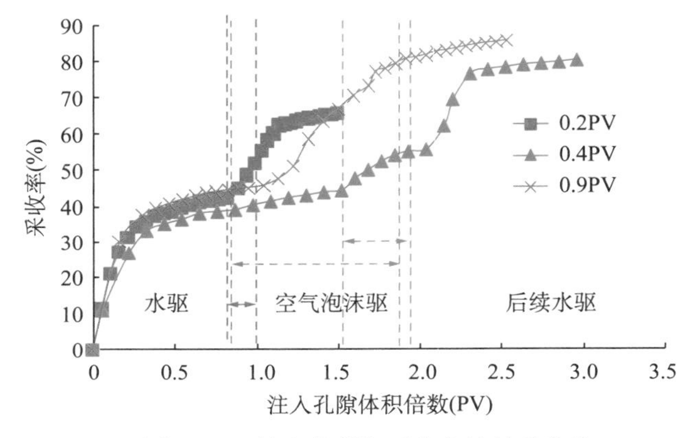

图 2–21 注入体积与采收率的关系曲线

第三章　空气泡沫驱腐蚀防控技术

空气泡沫驱将逐渐成为提高采收率的主导技术，但氧气对地面管线及油套管的腐蚀是限制空气泡沫驱应用推广的主要因素，地面系统管线及油管内壁可以通过采用内涂层等技术进行防腐，封隔器以上的油管外壁和套管内壁可以通过在油套环空加注缓蚀剂的方式缓解腐蚀，最大的瓶颈问题是封隔器以下套管内壁在油藏温度和压力条件下的腐蚀问题。本章通过开展空气泡沫驱腐蚀实验，分析了不同因素对N80标准挂片腐蚀的影响规律，并在此基础上评价了减氧、环氧粉末涂层和缓蚀剂技术的防腐效果。

第一节　减氧对腐蚀行为规律的影响

腐蚀的本质是在特定条件下的电化学反应，空气泡沫驱中的腐蚀也不例外。因此，电化学技术是揭示空气泡沫驱腐蚀机理的必然选择。然而，高压下的电化学测试不仅成本极高，而且还存在一系列的安全风险。因此，电化学测试往往在常压或低压下进行。本节采用电化学技术，研究了N80钢在不同温度和氧含量下的腐蚀电化学行为，揭示了N80钢的腐蚀机理及规律，为空气泡沫驱的腐蚀防控提供基础理论支持。

一、腐蚀行为实验方法简介

目前，国内外常用油气田腐蚀研究方法包括：失重法、电化学方法（线性极化法、极化曲线法、电化学阻抗谱法）、表面分析法。其中失重法能用于各种腐蚀环境，例如高温高压环境。由于高温高压环境下电化学实验成本极高，因此，电化学法通常只用于常压或低压环境。表面分析法一般是对腐蚀后的样品表面的形貌、成分进行检测，着重用于腐蚀机理研究。

1. 失重法

金属腐蚀程度的大小可用腐蚀前后试样质量的变化来评定。由于在生活和贸易中，人们习惯把质量称为重量，因此根据质量变化评定腐蚀速率的方法习惯上仍称为“失重法”。失重法就是根据腐蚀后试样质量的减小来评价腐蚀程度的。

这种方法适用于计算均匀腐蚀速率，但无法用于局部腐蚀速率的计算。失重法可以结合腐蚀产物形貌和成分分析，明确腐蚀规律和机理。封隔器以下的地层环境属于高温、高压、高盐环境，失重法是研究这种环境中的氧腐蚀行为的可靠选择。失重法既可以用于现场腐蚀监测，也可以用于室内腐蚀实验。现场腐蚀监测是将试样置于现场腐蚀环境内，比如，井下管道、集输管线等，一段时间后取出，测定腐蚀前后的质量差，从而计算腐蚀速率；室内腐蚀实验通常在玻璃容器或者高压釜中进行。

2. 线性极化法

线性极化法是通过在腐蚀电位附近的微小极化测量金属腐蚀速度的方法。线性极化法一般只用于常压或低压环境，而封隔器以下的环境为高温、高压环境，线性极化测试的成本非常高，主要是由于高温高压环境中的参比电极成本高。例如，一支密封性能上佳的参比电极约需要 1 万美元，且压力和温度越高，参比电极的使用寿命越短。因此，本书的线性极化电阻测试是在常压和近常压环境中进行的，线性极化电阻测试可以采用电化学工作站。

3. 极化曲线法

极化电位与极化电流或极化电流密度之间的关系曲线称为极化曲线。当金属浸于腐蚀介质时，如果金属的平衡电极电位低于介质中去极化剂的平衡电极电位，则金属和介质构成一个腐蚀体系，称为共轭体系。此时，金属发生阳极溶解，去极化剂发生还原反应。极化曲线在金属腐蚀研究中有重要的意义。测量腐蚀体系的阴阳极极化曲线可以揭示腐蚀的控制因素及缓蚀剂的作用机理。在腐蚀点位附近及弱极化区的测量可以快速求得腐蚀速度。还可以通过极化曲线的测量获得阴极保护和阳极保护主要参数。与线性极化法一样，极化曲线测试通常在常压或低压下进行。

4. 电化学阻抗谱法

电化学阻抗（EIS）是一种暂态电化学技术。在直流稳态的基础上，对所研究对象施加一小振幅的正弦波交流电压扰动信号，通过响应电流信号的检测和分析，来确定研究对象的系统特征，这就是电化学阻抗谱测量的基本原理。由于以小振幅的电信号对体系扰动，可避免对体系产生大的影响，并且扰动与体系的响应近似呈线性关系，这就使得对测量结果的数学处理变得简单。同时，它又是一种频率域的测量方法，测得的阻抗谱频率范围很宽，因而能比常规电化学方法得到更多的信息。近年来，随着电化学理论和电子技术的发展，EIS 技术已被广泛应用于理解电极表面双电层结构，活化钝化膜转换，孔蚀的诱发、发展、终止以及活性物质的吸脱附过程。

阻抗谱图通常有两种表示形式，一种是奈奎斯特（Nyquist）图，一种是波特（Bode）图。奈奎斯特图横坐标为阻抗的实部，纵坐标为虚部。波特图是以 $\lg f$（f 为频率）为横坐标，以阻抗的模值和相位角为纵坐标绘成的两条曲线。根据测得的阻抗谱图，建立能代表所研究电极的界面过程的动力学模型，即等效电路，通过对测得的阻抗谱图的解析确定物理模型中的参数，可定量获得电极过程的动力学信息及电极界面结构的信息。

5. 表面分析方法

为揭示腐蚀机理，通常采用表面分析方法对腐蚀产物微观形貌和成分进行检测分析。通常采用扫描电镜（SEM）测试腐蚀产物微观形貌，采用能谱仪（EDS）测试腐蚀产物元素组成，采用 X 射线衍射仪（XRD）和 X 射线光电子能谱仪（XPS）测定腐蚀产物的化学成分。

XRD 可以检测物质的晶体结构，通过对比所测的 XRD 图谱与 XRD 标准卡片，可以明确检测样品表面物质的组成。XPS 不但为化学研究提供分子结构和原子价态方面的信息，还能为电子材料研究提供各种化合物的元素组成和含量、化学状态、分子结构、化学键方面的信息。XPS 的原理是用 X 射线去辐射样品，使原子或分子的内层电子或价电子受激发射出来。被光子激发出来的电子称为光电子。可以测量光电子的能量，以光电子的动能或束缚能（结合能）为横坐标，相对强度（可代表含量的多少）为纵坐标，可作出光电子能谱图，即可得到光电子能谱。

二、减氧对腐蚀规律的影响

采用线性极化法对N80钢的腐蚀行为进行电化学分析研究，实验过程中采用 Gamry Reference 3000 工作站和武汉科斯特电化学工作站，电化学测试实验装置为带电化学测试接口的反应釜，实验装置示意图如图3–1所示，其中，电极为中空圆柱体，外径为12mm，长度为14mm。电化学测试在常压或近常压下进行。当温度为90℃或70℃时，电化学实验在常压条件下进行；当温度为120℃时，电化学实验在0.1MPa条件下进行，采用空气和氮气将装置加压至0.1MPa。

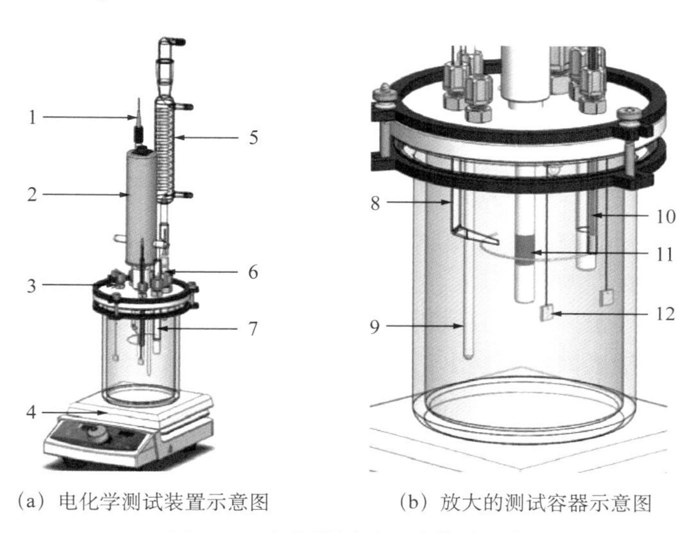

（a）电化学测试装置示意图　（b）放大的测试容器示意图

图3–1　电化学测试实验装置示意图

1—参比电极；2—电动机；3—出气口；4—加热器；5—冷凝器；6—pH计；7—进气口；8—鲁金毛细管；9—温度探头；10—辅助电极；11—工作电极；12—失重试样

线性极化电阻测试的电位扫描范围：相对于开路电位 –5mV 至 5mV，扫描速率为 0.125mV/s，每24h测试一次。得到线性极化电阻后，按照式（3–1）计算腐蚀电流：

$$i_{corr}=\frac{B}{R_p} \tag{3–1}$$

式中　i_{corr}——腐蚀电流；

R_p——极化电阻；

B——取决于阴、阳极塔菲尔斜率。

根据相关文献介绍，本腐蚀体系的B值取26mV。由i_{corr}可以计算腐蚀速率：

$$v=87600\frac{Mi_{corr}}{nF\rho} \tag{3–2}$$

式中　v——腐蚀速率，mm/a；

M——材料的平均摩尔质量；

i_{corr}——腐蚀电流密度，A/cm²；

n——金属溶解过程中转移电子的个数；

F——法拉第常数，取值 26.8 A · h；

ρ——材料的密度，g/cm³。

鉴于油藏环境的地层温度一般在 70 ～ 120℃范围内，注空气泡沫实施项目的空气中氧含量在 2% ～ 21% 范围内，因此，设计常压条件下 N80 钢腐蚀行为电化学实验研究方案见表 3–1。

表 3–1　实验方案设计表

氧含量（%）	21	10	6	2
温度（℃）	120，90，70			
测试项目	线性极化分析			

1. 空气（含氧量 21%）泡沫腐蚀规律

线性极化法可测量瞬间腐蚀速率，能准确而又灵敏地反映出腐蚀速率随条件的变化，是一种简单、快速、灵敏而准确的腐蚀检测方法。由于线性极化所施加的扰动电位值比较小，因此这种测试方法对电极表面的影响比较小。对三电极系统给定极化电位 ΔE，测量相应的极化电流 ΔI，两者呈线性关系，该直线斜率称为腐蚀的极化电阻。利用测得的极化电阻，通过式（3–1）和式（3–2）可以计算出腐蚀速率。

图 3–2 为 N80 钢在不同温度下，不同时刻的线性极化电阻。由图 3–2 可知，温度为 120℃和 90℃时，线性极化电阻较小，且不同时刻之间的阻值变化不明显；温度为 70℃时，线性极化电阻阻值较大，且不同时刻之间的阻值变化也比较明显。这表明即便在低压下，N80 钢的腐蚀速率受温度的影响仍然较大。

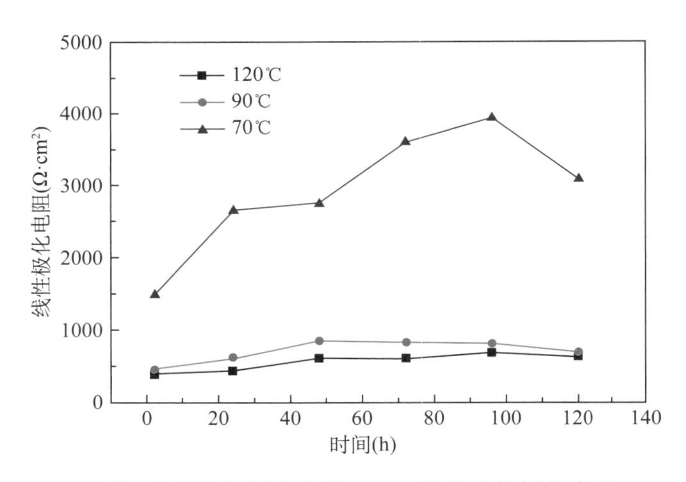

图 3–2　不同温度条件下 N80 钢的线性极化电阻

根据式（3–1）和式（3–2），将电荷转移电阻替换为极化电阻后，计算的腐蚀速率如

图 3–3 所示。与采用电荷转移电阻计算的腐蚀速率相似：N80 钢的腐蚀速率随温度的降低而降低。比如，温度为 120℃、90℃、70℃时，N80 钢在第 2 小时时的腐蚀速率分别为 0.761mm/a、0.65mm/a、0.20mm/a。120℃和 90℃时，N80 钢的腐蚀速率随时间的延长有所降低，对于 70℃而言，N80 钢的腐蚀速率随时间变化不明显。

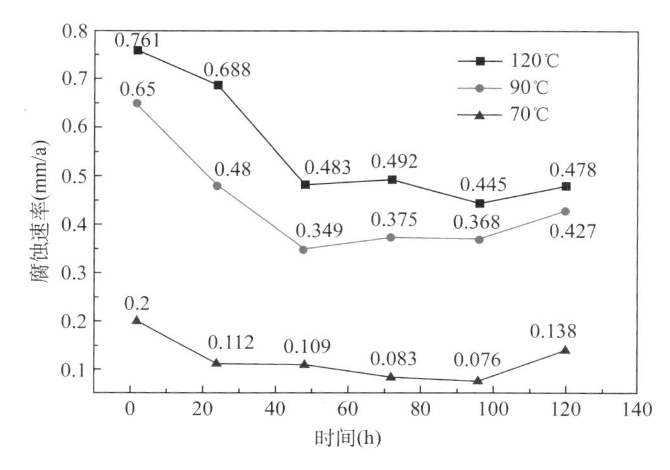

图 3–3　不同温度条件下 N80 钢的腐蚀速率（由线性极化电阻计算）

2. 氧含量 10% 泡沫腐蚀规律

图 3–4 为 N80 钢在不同温度下，不同时刻的线性极化电阻。由图 3–4 可知，不同时刻的线性极化电阻随着温度的降低呈总体降低的趋势。与氧含量为 21% 时相似，温度对线性极化电阻的影响较大。

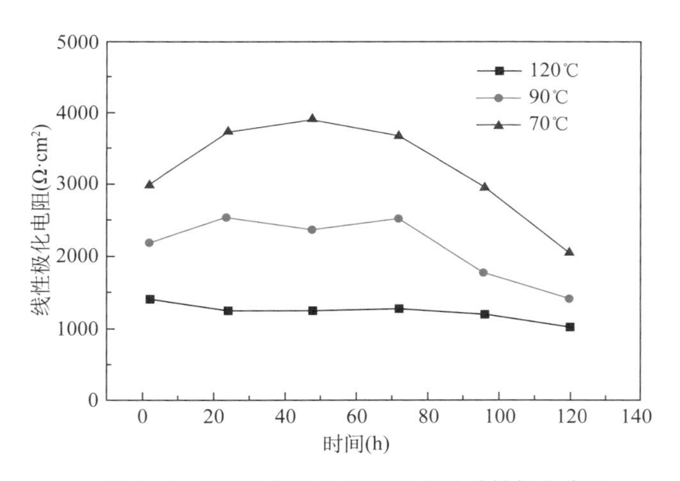

图 3–4　不同温度条件下 N80 钢的线性极化电阻

根据式（3–1）和式（3–2），将电荷转移电阻替换为线性极化电阻后，计算的腐蚀速率如图 3–5 所示。由图 3–5 可知，温度为 120℃时，120h 内的平均腐蚀速率约为 0.24mm/a，这一结果表明，即使是在较低氧分压下，N80 钢在地层水中的腐蚀速率都显著高于腐蚀控制标准

0.076mm/a。当温度为 90℃和 70℃时，120h 内的平均腐蚀速率分别约为 0.14mm/a 和 0.11mm/a。结果表明，温度降低后，N80 钢腐蚀速率会显著降低，但绝对腐蚀速率仍然较高。

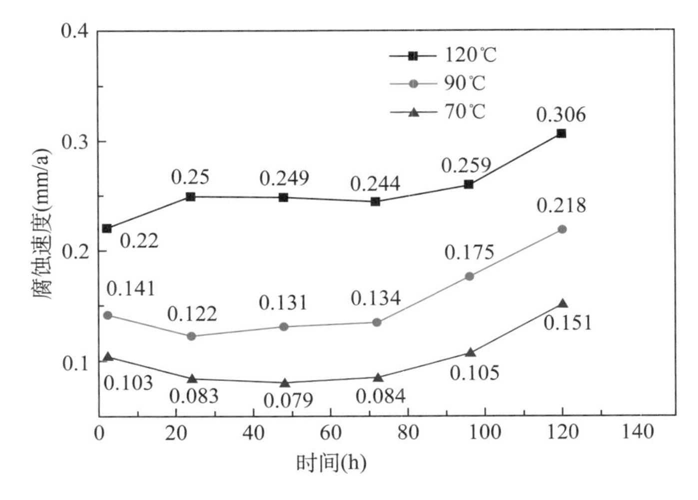

图 3–5 不同温度条件下 N80 钢的腐蚀速率（由线性极化电阻计算）

3. 氧含量 6% 泡沫腐蚀规律

图 3–6 为 N80 钢在氧含量为 6% 时，不同温度下，不同时刻的线性极化电阻。极化电阻随着温度的降低而增加，这是由于温度越高，电极界面反应活性高、电极反应速率快导致的。

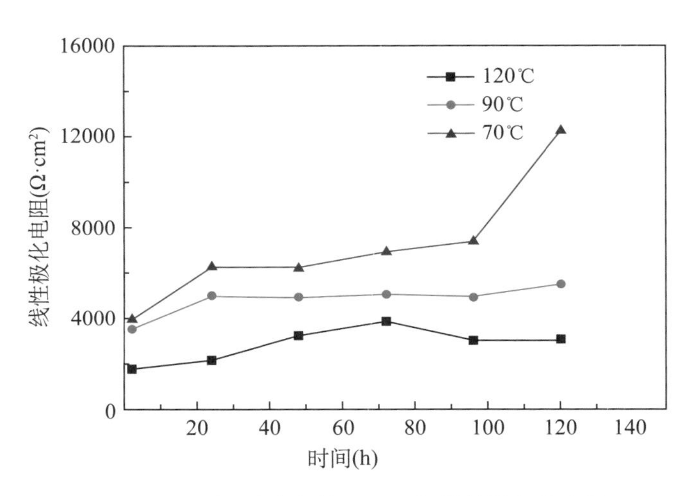

图 3–6 不同温度条件下 N80 钢的线性极化电阻

线性极化电阻也可以转化成腐蚀速率，根据式（3–1）和式（3–2）计算，得到的腐蚀速率如图 3–7 所示。相同温度下，N80 钢的腐蚀速率随时间呈降低的趋势，但降低程度并不明显。温度越高，相同时刻的腐蚀速率越高，这些规律和氧含量为 21% 和 10% 是一致的。

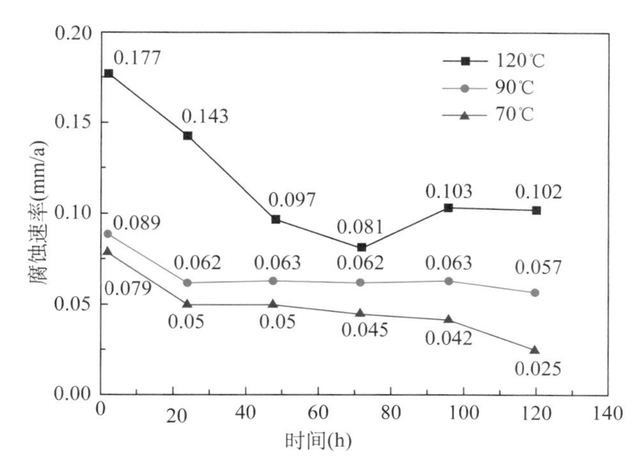

图 3–7　不同温度条件下 N80 钢的腐蚀速率（由线性极化电阻计算）

4. 氧含量 2% 泡沫腐蚀规律

图 3–8 为 N80 钢在氧含量为 2% 时，不同温度下，不同时刻的线性极化电阻。相同温度下，线性极化电阻随时间缓慢上升；相同时刻线性极化电阻随着温度的降低呈总体降低的趋势。

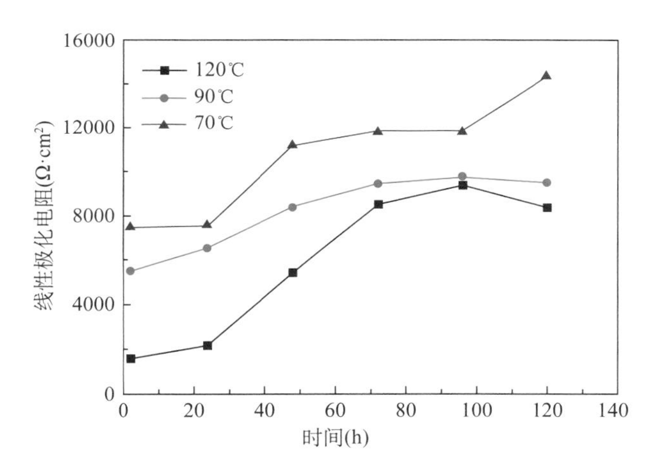

图 3–8　不同温度条件下 N80 钢的线性极化电阻

根据式（3–1）和式（3–2），将电荷转移电阻替换为线性极化电阻后，计算的腐蚀速率如图 3–9 所示。由图 3–9 可知，温度为 120℃时，N80 钢的腐蚀速率随时间显著降低，温度为 90℃和 70℃时，N80 钢的腐蚀速率随时间变化并不大。例如，温度为 90℃时，第 2h 的腐蚀速率为 0.056mm/a，第 72h 的腐蚀速率为 0.033mm/a，第 120h 的腐蚀速率为 0.032mm/a。结果表明，温度降低后，N80 钢腐蚀速率会显著降低，腐蚀速率的绝对值随时间变化并不大。

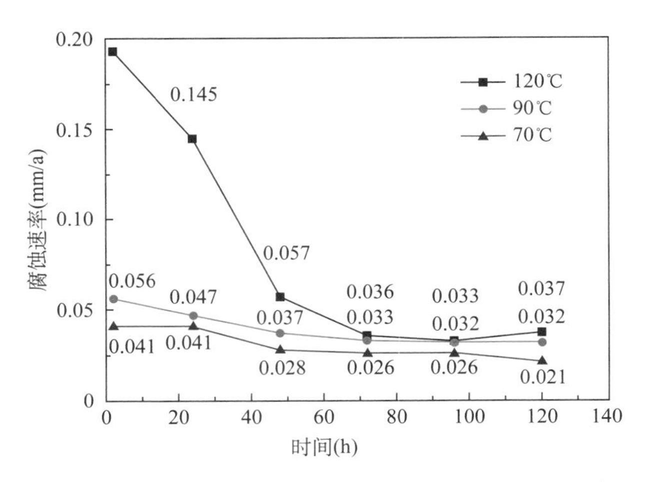

图 3–9　不同温度条件下 N80 钢的腐蚀速率（由线性极化电阻计算）

5. 不同氧含量腐蚀速率对比

90℃时不同氧含量条件下 N80 钢的腐蚀速率如图 3-10 所示，随着氧含量的降低，腐蚀速率降低。例如，第 2h 氧含量为 21% 时的腐蚀速率为 0.65mm/a，而氧含量为 2% 时的腐蚀速率下降为 0.056mm/a；第 120h 氧含量为 21% 时的腐蚀速率为 0.427mm/a，而氧含量为 2% 时的腐蚀速率下降为 0.032mm/a，下降幅度均达到 90% 以上，实验结果说明减氧能够大幅度降低腐蚀速率。另外，氧含量为 6% 和 2% 时的腐蚀速率结果相近，说明氧含量低于 6% 时，氧含量的降低对腐蚀速率的影响不大。

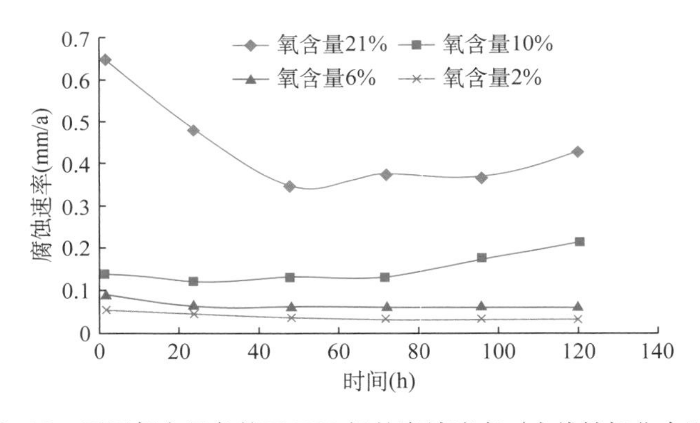

图 3–10　不同氧含量条件下 N80 钢的腐蚀速率（由线性极化电阻计算）

第二节　高温高压减氧空气泡沫驱腐蚀评价

空气泡沫驱实施过程中，新钻井可通过选用防腐管柱避免或减缓腐蚀现象的发生，而对于老井，由于采用了常规套管，且无法进行更换，井下管柱长期受到氧腐蚀，如果不采用一定的防腐措施，会因氧腐蚀造成大量脱落而堵塞地层，同时还会出现管壁断裂、点蚀

或穿孔等现象。本节首先对空气泡沫驱现场生产工艺过程进行分析，了解不同工艺节点的腐蚀情况，然后通过实验对 N80 挂片在油田产出水中的静态腐蚀行为进行研究，并分析氧含量对挂片腐蚀程度、腐蚀速率以及腐蚀产物的影响。

一、空气泡沫驱地面及井下腐蚀环节分析

空气泡沫驱的配注工艺过程为：空气、泡沫液均集中在空气泡沫注入站进行注入，在注入站内，起泡剂原液通过起泡剂卸车装置从罐车中卸入到起泡剂原液储存罐，储存罐中的起泡剂原液通过螺杆泵泵入到起泡剂稀释罐中，并向稀释罐中掺入一定量曝气处理后的低压污水，将起泡剂溶液直接配制成目标浓度泡沫液，在稀释罐内搅拌均匀，利用已配制好的起泡剂溶液将高浓度稳定剂母液稀释至目标浓度，并经高压注入泵升压；常压空气经螺杆机进行预增压，达到膜组分离的工作条件后，首先进入空气净化系统，除去空气中的油水和机械杂质等，然后经恒温加热器加热后，进入膜减氧装置，处理得到的减氧空气经增压机增压至所需压力；配制好的起泡剂和稳泡剂溶液与空气压缩机增压的高压空气分别计量后混合，混合后的泡沫液由各注入井注入管柱注入油藏目标地层。

1. 地面流程

1）地面注入设备

地面注入设备由于分别需要对起泡剂、稳泡剂溶液和空气进行处理及增压，在与所处理介质长时间接触的过程中会发生腐蚀现象。因此，地面注入设备在制造时就需要根据流体特性，选择使用耐腐蚀材料，避免腐蚀现象的发生。

2）地面管线

地面管线需要对起泡剂、稳泡剂溶液和空气进行输送，在与输送介质长时间接触的过程中会发生腐蚀现象。因此，地面需选择使用耐腐蚀材料，避免腐蚀现象的发生。

2. 井下管柱

1）注入管柱

空气泡沫驱实施过程中，由于井下注入管柱在高温、高压、高矿化度条件下长期与起泡剂、稳泡剂溶液和空气接触，在不采取防腐措施的情况下会发生极为严重的腐蚀。为了避免注入管柱的腐蚀，可采用在注入管柱内壁喷涂环氧粉末内衬涂层的方式减缓或避免腐蚀。

2）封隔器

井下封隔器与注入管柱一样处于十分恶劣的腐蚀环境中，为了避免腐蚀，可以选用耐高压气密封封隔器，使用耐腐胶筒，钢体采用不锈钢材料。

3）封隔器以上管柱

通常可以通过在油套环空添加环空保护液（从套管口加入一定量的保护液）的方式，减少封隔器以上套管内壁和油管外壁的腐蚀，从而保护油套环空，避免封隔器以上套管承受高压和腐蚀，如图 3−11 所示。

4）封隔器以下管柱

对于封隔器以下套管内壁和油管外壁的保护，可采取定期加入缓释剂浸泡的方式。

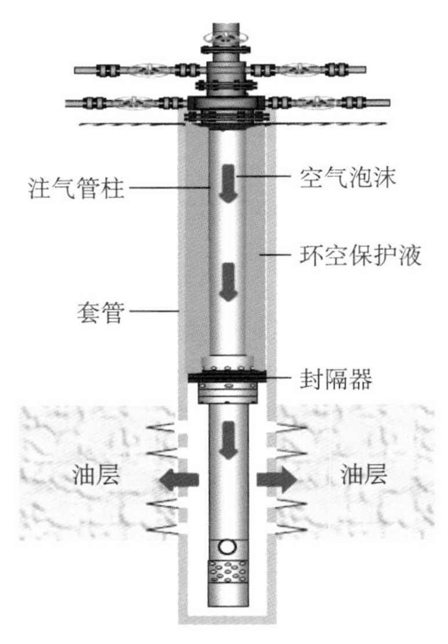

图 3-11　空气泡沫驱管柱腐蚀示意图

二、标准 N80 钢挂片腐蚀评价

在研究油田产出水对油套管腐蚀行为的影响时，主要考虑了不同氧含量空气（包括氧气含量为 21%、10%、6%、2%）对材质为 N80 钢的标准挂片的腐蚀速率、腐蚀产物和形貌的影响，并将实验测得的腐蚀速率结果与国内石油行业针对腐蚀规定的控制标准 0.076mm/a 进行对比。

腐蚀评价实验主要采用 Hastelloy C276 高温高压釜，高温高压多相流动态循环流动腐蚀实验装置，Quanta200 扫描电子显微镜和能谱仪，XRD-6100X 射线衍射仪，VG Multilab 2000X 射线光电子能谱仪进行。

实验材料包括规格为 50mm × 30mm × 10mm 的 N80 挂片，除铁外其他化学成分的含量见表 3-2；实验用水为油田地层水，地层水成分见表 3-3，稳泡剂为 JH-1，主要成分为生物聚合物，有效含量 88%，起泡剂型号为 JBT-Y，主要成分为烷基甜菜碱，有效含量 40%。

表 3-2　N80 钢的化学成分

成分	C	Si	Mn	P	S	Cr	Mo	Ni	Nb	V	Cu
质量分数（%）	0.240	0.220	0.119	0.013	0.004	0.036	0.021	0.028	0.006	0.017	0.019

表 3-3　地层水成分分析

离子名称	K^+ 和 Na^+	Mg^{2+}	Ca^{2+}	Cl^-	SO_4^{2-}	HCO_3^-	TDS
浓度（mg/L）	8366	77	481	13632	30	807	23393

失重实验计算腐蚀速率采用式（3–3）：

$$v = 87600\frac{\Delta m}{\rho A \Delta t} \tag{3-3}$$

式中 v——腐蚀速率，mm/a；

Δm——损失的质量，g；

ρ——材料的密度，g/cm^3；

A——试样表面积，cm^2；

Δt——腐蚀时间，h。

为了定量表征缓蚀剂的缓蚀效果，采用 v_0 表示未加缓蚀剂时金属挂片的腐蚀速率，v_1 表示加入缓蚀剂后金属挂片的腐蚀速率，则缓蚀剂的缓蚀效果（E）可用式（3–4）表示：

$$E = \left(v_0 - v_1\right) / v_0 \tag{3-4}$$

1. 腐蚀速率

不同氧含量条件下 N80 标准挂片的腐蚀速率见表 3–4，对实验结果进行分析可得出以下结论：

（1）氧含量的影响：相同温度、压力条件下，随着氧含量降低，腐蚀速率也降低；温度为 120℃、压力为 40MPa 时，氧含量由 21% 降至 2% 时，腐蚀速率由 5.846mm/a 降至 1.343mm/a。氧含量降低，腐蚀环境中氧气总量降低，导致腐蚀的阴极反应速率降低，进而导致腐蚀速率显著降低。

（2）温度的影响：相同氧含量、压力条件下，随着温度降低，腐蚀速率降低；氧含量为 10%、压力为 40MPa 时，温度由 120℃降低至 70℃，腐蚀速率由 3.799mm/a 降至 2.685mm/a。这是由于温度降低，整个化学反应速率降低，造成腐蚀速率降低。

（3）压力的影响：相同氧含量、温度条件下，随着压力降低，腐蚀速率下降；氧含量为 10%、温度为 120℃时，随着压力由 50MPa 降低至 30MPa，腐蚀速率由 4.053mm/a 降至 3.490mm/a。压力降低，腐蚀环境中氧气总量降低，导致腐蚀阴极反应速率降低，进而导致腐蚀速率显著降低。

表 3–4 不同氧含量条件下挂片腐蚀实验结果

氧含量（%）	温度（℃）	压力（MPa）	样品 1 腐蚀速率（mm/a）	样品 2 腐蚀速率（mm/a）	样品 3 腐蚀速率（mm/a）	平均腐蚀速率（mm/a）
21	120	50	5.523	5.978	6.036	5.846
	90	40	4.435	4.509	4.791	4.578
10	120	50	3.969	4.053	4.138	4.053
		40	3.662	3.710	4.024	3.799
		30	3.498	3.687	3.284	3.490
	90	40	3.099	3.186	3.185	3.156
		30	2.984	2.801	2.781	2.855

续表

氧含量（%）	温度（℃）	压力（MPa）	样品1腐蚀速率（mm/a）	样品2腐蚀速率（mm/a）	样品3腐蚀速率（mm/a）	平均腐蚀速率（mm/a）
10	90	20	2.307	2.510	2.346	2.388
	70	40	2.476	2.785	2.793	2.685
		30	2.087	2.301	2.208	2.199
		20	1.901	1.843	2.064	1.936
6	120	50	3.109	3.108	3.888	3.368
	90	40	2.513	2.708	2.511	2.578
	70	30	1.427	1.675	1.591	1.564
2	120	50	1.309	1.289	1.430	1.343
	90	40	0.890	1.125	1.219	1.078
	70	30	0.497	0.701	0.602	0.600

2. 腐蚀形貌

本研究对不同条件下腐蚀后的挂片及去除腐蚀产物后的挂片拍摄了光学照片（图3−12），同时采用扫描电子显微镜对部分条件下形成的腐蚀产物的微观形貌进行了表征（图3−13）。

由图3−12可见，在高温高压高盐的油藏环境下，腐蚀产物呈红褐色，腐蚀特征主要为局部腐蚀；去除腐蚀产物后，N80钢标准挂片样品表面腐蚀区域的轮廓呈圆形，这是由于泡沫与水滴同时附着在样品表面，水滴与样品接触的部分腐蚀严重，而被泡沫覆盖的部分，腐蚀程度较轻，因此呈现出局部腐蚀特征。

（a）氧含量10%、120℃、50MPa 去除腐蚀产物前

（b）氧含量10%、90℃、40MPa 去除腐蚀产物前

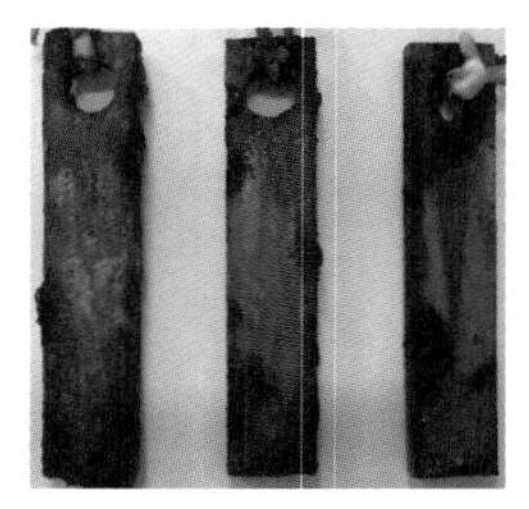

（c）氧含量6%、120℃、50MPa 去除腐蚀产物前

（d）氧含量10%、120℃、50MPa 去除腐蚀产物后

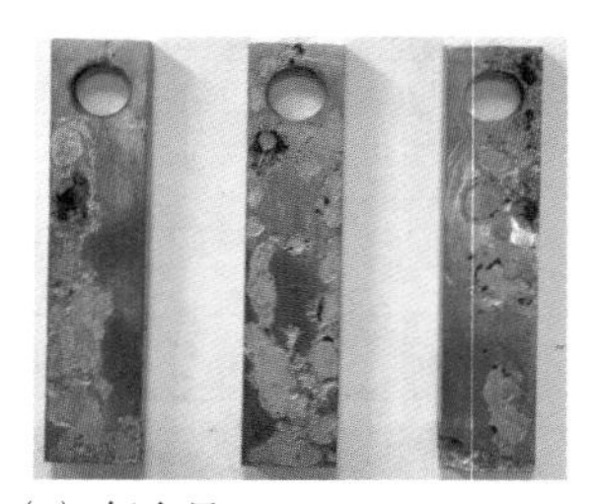

（e）氧含量10%、90℃、40MPa 去除腐蚀产物后

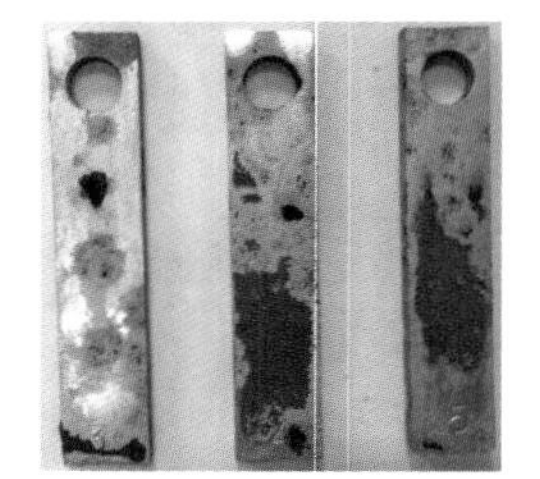

（f）氧含量6%、120℃、50MPa 去除腐蚀产物后

图3−12 N80钢标准挂片在不同条件下腐蚀后的光学照片

图 3–13 为不同氧含量、温度和压力下 N80 钢样品表面形成的腐蚀产物的微观形貌。由图 3–13 可知，样品表面腐蚀产物凹凸不平，裂纹明显可见，这意味着在此条件下腐蚀产物膜的保护性能较差。随着氧含量、温度和压力的变化，腐蚀产物的微观形貌并未发生显著改变。

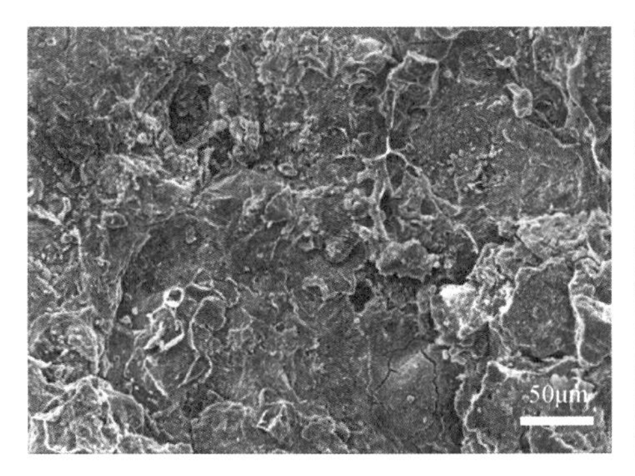

（a）氧含量 10%、120℃、50MPa

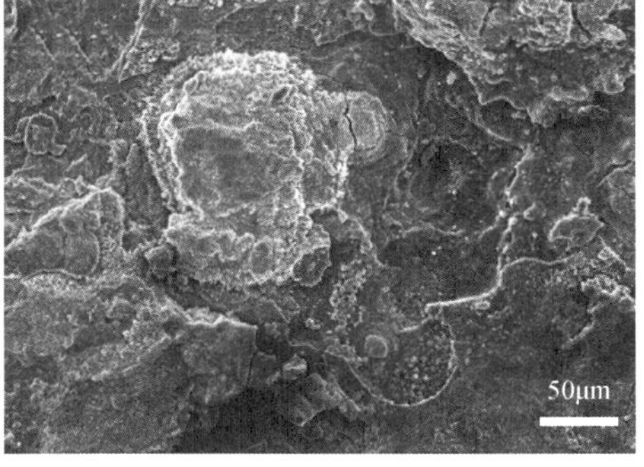

（b）氧含量 10%、90℃、40MPa

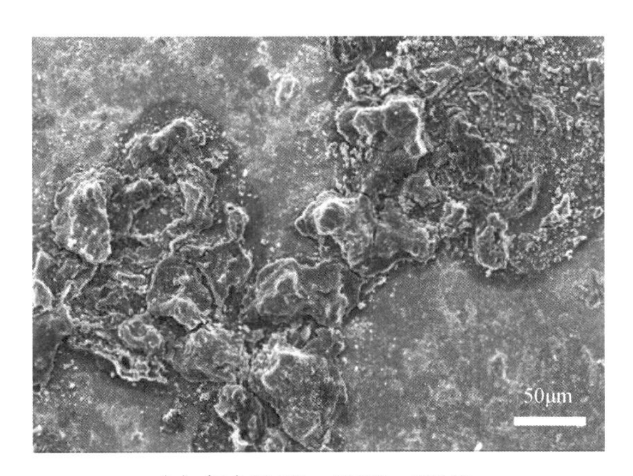

（c）氧含量 6%、120℃、50MPa

图 3–13　N80 钢标准挂片在不同条件下形成的腐蚀产物表面形貌

3. 腐蚀产物

图 3–14 为 N80 钢标准挂片浸泡 120h 后腐蚀产物的 EDS 能谱。由图 3–14 可知，腐蚀产物中含有 Fe、O、C、Cl、Na 等元素。Fe 元素来自腐蚀产物中铁的氧化物、氢氧化物或基体金属，O 元素应该是来自腐蚀产物，C 元素可能来自腐蚀产物，也有可能来自样品制备过程中的污染物，Cl 元素来源于地层水。元素的种类没有随着条件的改变而改变。

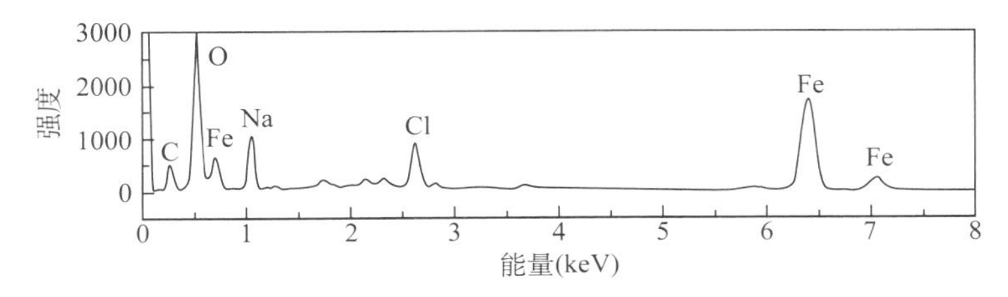

（a）氧含量 10%、120℃、50MPa

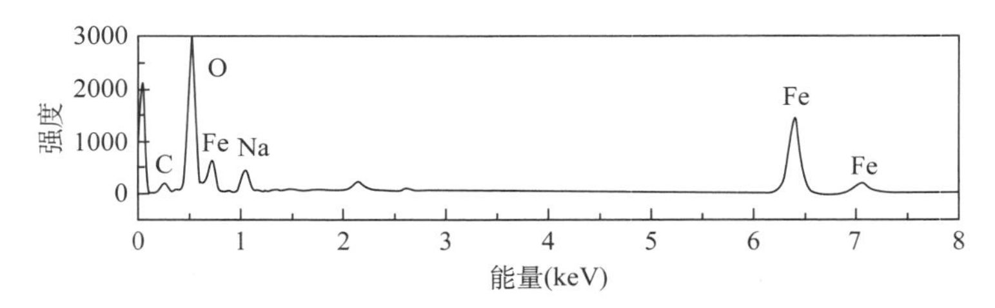

(b) 氧含量 10%、90℃、40MPa

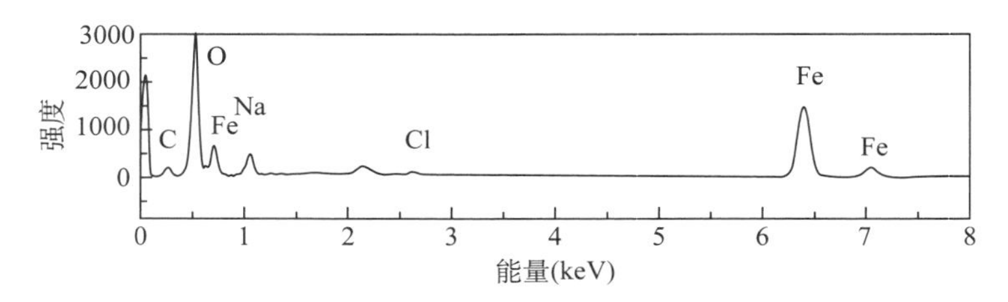

(c) 氧含量 6%、120℃、50MPa

图 3-14 腐蚀产物的能谱图

图 3-15 为 N80 钢标准挂片浸泡 120h 后样品表面的 X 衍射图谱。由图 3-15 可知，图谱中出现了 Fe_2O_3、FeOOH、Fe_3O_4 和 Fe 的衍射峰，表明腐蚀产物由 Fe_2O_3、FeOOH 和 Fe_3O_4 组成，且腐蚀产物的成分不随温度、压力的改变而改变。这一研究结果与之前的研究结果一致。例如，Wu 等发现在海洋大气环境下 E690 高强度钢表面的腐蚀产物主要为 Fe_2O_3、FeOOH 和 Fe_3O_4；Chen 等研究了 J55 套管钢在 25℃、12MPa 的空气泡沫驱环境下的腐蚀行为，他们发现 J55 钢表面铁的氧化物为 Fe_2O_3、FeOOH 和 Fe_3O_4。

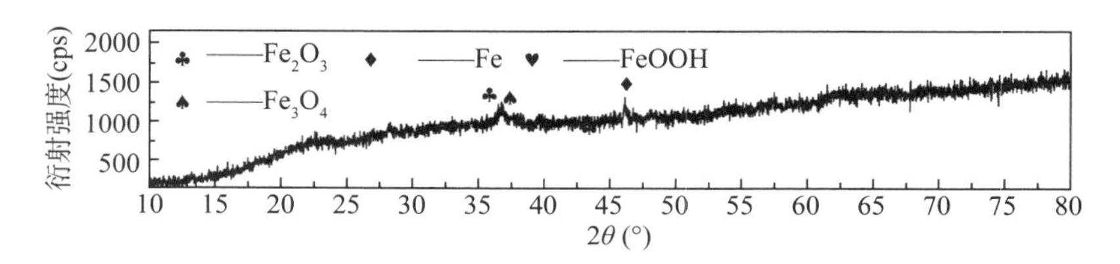

(a) 氧含量 10%、120℃、50MPa

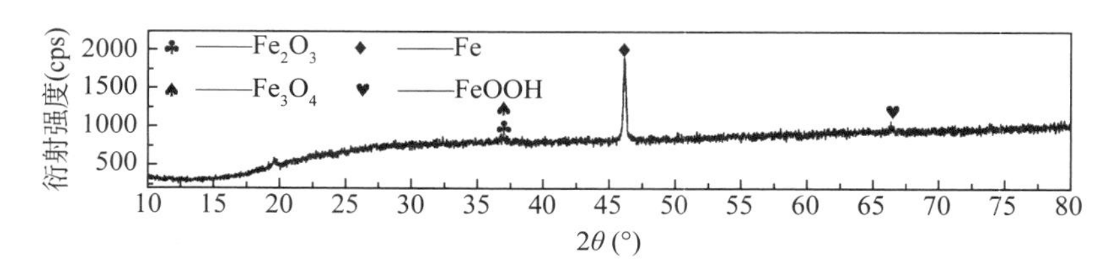

(b) 氧含量 10%、90℃、40MPa

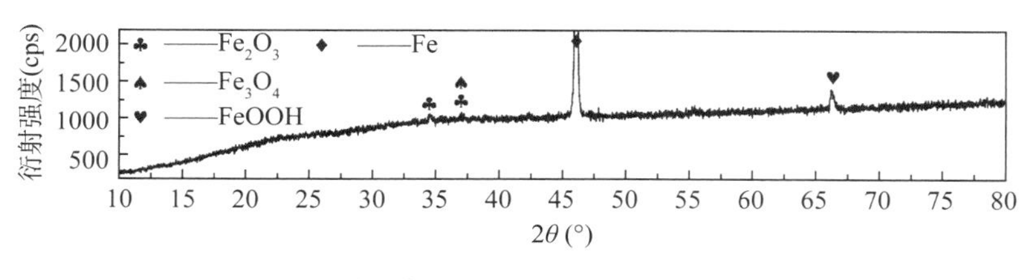

（c）氧含量 6%、120℃、50MPa

图 3-15　腐蚀产物 X 射线衍射图谱

第三节　空气泡沫驱腐蚀防控方法

空气泡沫驱应用过程中，井筒内高温高压的环境常常会造成井内油套管的严重腐蚀。通过文献调研可知，在众多的金属腐蚀防护方法中，采用环氧树脂喷涂油管和缓蚀剂进行金属腐蚀防护是目前应用最为广泛的两种方法。因此，为了更好地应用空气泡沫驱技术，基于注空气泡沫驱过程中油套管腐蚀机理的研究成果，针对现场试验的腐蚀问题，进行油套管腐蚀防护技术的研究具有重要意义。

一、环氧粉末内衬防腐处理方法

在空气泡沫驱试验的过程中，空气的注入、采出与集输过程中均涉及空气引起的腐蚀问题，针对环氧粉末涂料具有气体透过率低的特点，对地面和井下使用的管线采用环氧粉末内衬防腐处理的效果进行了评价研究。

实验过程中随机抽取一根环氧粉末涂层标准油管（涂膜厚度：60 ~ 80μm），沿轴向切割制得 6 片样片，对其中 3 片进行腐蚀实验，另外 3 片不进行实验，作为参比试片。利用油田采出水配制起泡剂浓度为 0.4%、稳泡剂浓度为 0.1% 的溶液。

依据标准 ASTM D3985—05，采用常温等压法对环氧粉末涂层进行了薄膜透氧率检测，实验结果如图 3-16 所示。环氧粉末涂层的氧气透过率为 14.03mL/（m^2 · d），远低于聚乙烯 PE ［185 ~ 500mL/（m^2 · d）］和聚丙烯 PP ［150 ~ 240mL/（m^2 · d）］等热塑性材料。

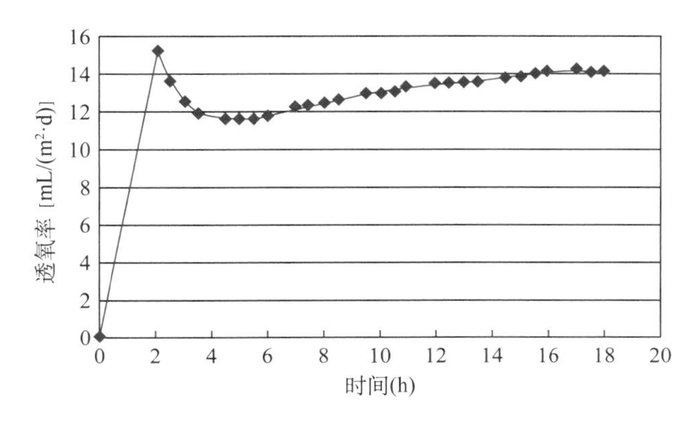

图 3-16　内衬环氧粉末油管透氧率曲线

将环氧粉末涂层油管试片放入装有实验水样的高温高压腐蚀反应釜内，在温度为130℃、总压力为50MPa、氧气分压为5MPa的条件下，向釜内连续通入168h氧气，进行内衬环氧粉末油管的腐蚀实验。在高温高压条件下的腐蚀实验完成后，取出试片，经蒸馏水冲洗、滤纸擦干后立即进行外观检查。待试片冷却至室温后进行环氧粉末涂层的附着力测试，测试方法为：以锋利的刀尖在涂层上平行切割两道间距2mm的切痕，并用刀尖从切痕部位挑起涂层，检查切痕周围涂层与金属的附着力。检测结果见表3–5。经过168h高温高压釜腐蚀实验后，有环氧粉末涂层的油管未见明显变化，而没有涂层覆盖的钢铁基材锈蚀严重；另外，实验前后涂层附着力没有明显变化，环氧粉末涂层在高温高压和高浓度氧气条件下仍然表现出很好的耐介质腐蚀能力。

表3–5 环氧粉末涂层外观及附着力的变化

项目	实验结果	参考标准
外观	无起泡、不变软、光泽无明显变化	SY/T 6717—2008
附着力	实验前后附着力无明显变化，均为A级	

二、缓蚀剂防腐处理方法

在泡沫驱油过程中，需要将缓蚀剂注入高温井筒内，要求其在高温高压的环境中依然具有很好的缓蚀防腐作用，并且在高温下具有很好的分子稳定性，与泡沫具有很好的配伍性等。通过调研和分析现有的各种较为高效的缓蚀剂发现，这些缓蚀剂大多是含有氨基、醛基、羧基、羟基、巯基的化合物，这些基团一般能与金属形成较好的化学吸附，缓蚀效果最好。结合目前常见的有机分子结构，设计的缓蚀剂P–2分子结构如图3–17所示。该分子中含有多个磷酸基和氨基极性基团，氨基能在金属表面形成化学吸附，多个磷酸基既能在金属表面发生化学吸附，又能通过阳极产生的金属离子生成沉淀，形成稳定的配合物，并沉积在金属表面形成附着力良好的沉淀膜；非极性基团在金属表面覆盖，生成的致密疏水膜能抑制腐蚀粒子和氧气的迁移接触，从而起到很好的缓蚀效果。

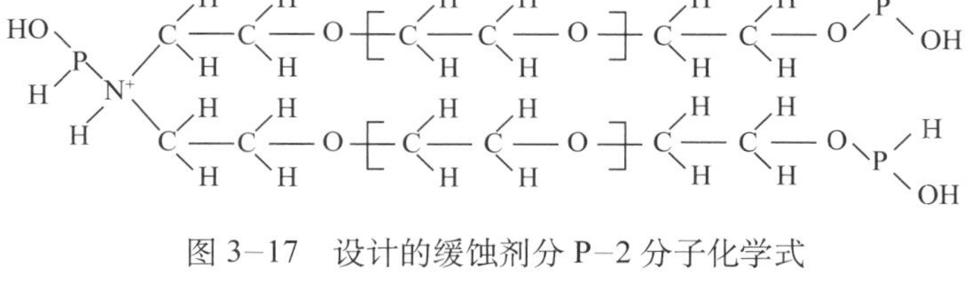

图3–17 设计的缓蚀剂分P–2分子化学式

在泡沫驱油过程中使用的缓蚀剂不仅需要具有较好的缓蚀剂防腐性、与泡沫的配伍性，而且为了节约成本，也需要具有较好的持久性。下面将从配伍性、缓蚀防腐性以及持效性3个方面进行缓蚀剂的性能评价。

1. 配伍性评价

缓蚀剂的配伍性是指一定量的缓蚀剂加入泡沫液中时不会对泡沫的物理化学性质造成

很大的改变，由于起泡性和稳泡性是评价泡沫性质的两个主要参数，本次缓蚀剂配伍性实验主要对不同pH值不同缓蚀剂浓度条件下泡沫的起泡性和稳泡性进行评价。

泡沫起泡性与析液半衰期测定：(1) 用油田地层水配制浓度为0.1%的稳泡剂溶液200mL；(2) 加入新型缓蚀剂P−2，浓度分别为0mg/L、500mg/L、1500mg/L、3000mg/L；(3) 用10%的氢氧化钠溶液调节pH值等于7.5～8、8.5～9、9～9.5；(4) 封口后放置于89℃烘箱中恒温2h；(5) 将0.4%起泡剂加入上述溶液中，以6000r/min的速率搅拌60s，迅速将泡沫倒入量筒中，并用塑料薄膜封口，读取起泡体积后迅速放回烘箱；(6) 当量筒中的液体析出20mL时，记录经过的时间即为泡沫的析液半衰期。

新型缓蚀剂P−2的配伍性评价结果如图3−18和图3−19所示，对实验数据进行分析可知：

(1) 不加新型缓蚀剂P−2时，随着泡沫体系pH值的升高，泡沫体系的起泡性在pH值为7.5～9的范围内不会发生变化，均为425mL；

(2) pH值为10时，起泡体积显著减少，为315mL，当泡沫体系的pH值为7.5～10时，随着泡沫体系pH值的升高，析液半衰期逐渐减小后保持稳定，最大降幅为0.5min；

(3) 泡沫体系pH值相同时，随新型缓蚀剂P−2在泡沫溶液中加量增加，泡沫的起泡体积变化很小，最大变化量10mL，析液半衰期逐渐降低，但减小幅度很小，最大降幅量0.5min；

(4) 缓蚀剂加量相同时，在pH值为7.5～9.5范围内，随着泡沫体系pH值升高，泡沫的起泡性和析液半衰期变化较小，起泡体积最大变化量10mL，析液半衰期最大降幅0.6min，泡沫体系稳定。

由此可以得出结论，新型缓蚀剂P−2不会显著影响起泡剂和稳泡剂的性能。

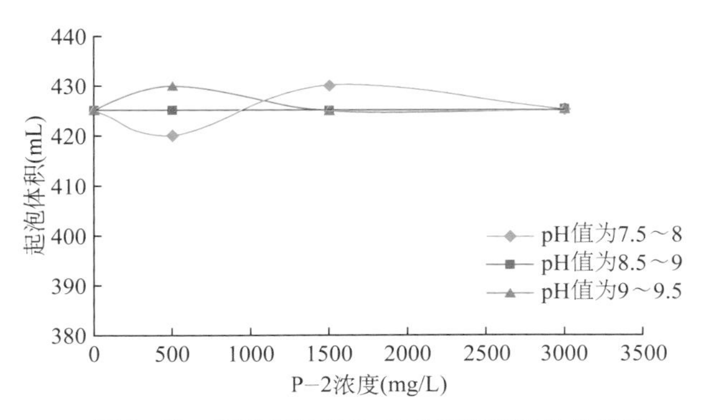

图3−18 新型缓蚀剂P−2对泡沫起泡性的影响

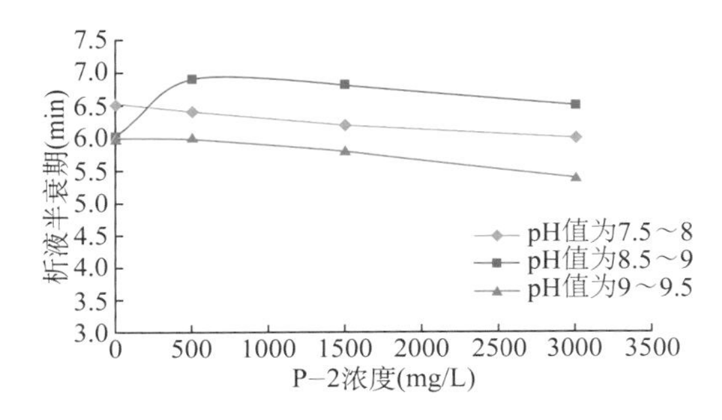

图3−19 新型缓蚀剂P−2对泡沫析液半衰期的影响

2. 缓蚀性评价

为了能够较为准确地评价缓蚀剂在空气泡沫驱应用过程中的缓蚀效果，需要对现场工况进行严格的模拟，模拟的条件包括水质、起泡剂和稳泡剂、气液比、温度、氧含量等。

吸附沉淀膜型缓蚀剂的缓蚀机理主要是通过吸附和沉淀在金属表面生成一层致密的膜，这层膜能够阻挡氧气与金属的接触。为了能够在金属表面生成较致密厚实的膜，实验前首先对 N80 挂片和套管进行预膜处理，通过长时间高浓度的缓蚀剂溶液吸附，使 N80 挂片和套管表面吸附、沉淀饱和缓蚀剂分子。

由于泡沫驱实施过程中井筒内处于高温高压的环境，为了更真实地模拟腐蚀环境，运用高温高压动态腐蚀测定仪设计了高温高压泡沫腐蚀评价缓蚀剂的方法。

首先用油田地层水配制起泡剂浓度为 0.4%、稳泡剂浓度为 0.1% 的溶液 500mL，然后将泡沫液倒入高温高压动态腐蚀仪中，并将挂片悬挂在腐蚀仪中，设定仪器温度为 90℃，利用减氧空气将系统压力升至 4.5MPa，实验过程中以 400r/min 的转速搅拌泡沫液使泡沫持续生成，腐蚀实验进行 48h 后测定腐蚀速率。新型缓蚀剂 P–2 预膜后的套管对高温高压泡沫腐蚀的缓蚀效果见表 3–6。

从表 3–6 可以明显地看出，套管经 3000mg/L 新型缓蚀剂 P–2 溶液预膜后，在高温高压泡沫中的腐蚀速率明显降低。未预膜套管的腐蚀速率为 25.232mm/a；预膜套管的腐蚀速率则可降低为 11.594mm/a，3000mg/L 新型缓蚀剂 P–2 溶液的缓蚀率为 54.05%。

表 3–6　P–2 预膜套管在高温高压泡沫中的腐蚀速率和缓蚀率

编号	面积（cm^2）	质量（g）		时间（h）	密度（g/cm^3）	腐蚀速率（mm/a）	平均腐蚀速率（mm/a）	缓蚀率（%）
		腐蚀前	腐蚀后					
1–1	5.173	6.419	5.859	48	7.85	25.308	25.232	—
1–2	5.752	7.041	6.424			25.115		
1–3	6.469	7.762	7.068			25.092		
1–4	6.164	7.533	6.864			25.413		
2–1	5.375	6.329	6.068			11.373	11.594	54.05
2–2	5.843	7.136	6.861			11.029		
2–3	6.419	7.745	7.415			12.014		
2–4	6.231	7.443	7.124			11.960		

注：1–1、1–2、1–3 和 1–4 为未预膜套管的高温高压泡沫腐蚀实验；2–1、2–2、2–3 和 2–4 为 P–2 溶液预膜套管的高温高压泡沫腐蚀实验。

3. 不同类型缓蚀剂性能对比

将新型缓蚀剂 P–2 和目前常用的缓蚀剂进行了缓蚀性能的对比，选择的常规缓蚀剂包括无机缓蚀剂中性能较好的亚硝酸二环已胺和六次甲基四胺，油田现场常用的康贝尔公司的 KBei–212 全有机碱性缓蚀阻垢剂和佳士得（商业成品），有机缓蚀剂中较好的二甲基十二烷基苄基氯化铵和二甲基 –6– 乙基苯胺，吸附沉淀膜中较好的缓蚀剂 P–1 和缓蚀剂 –N。

首先，用现场采出水分别配制 1500mg/L 新型缓蚀剂 P–2、缓蚀剂 N+、KBei–212 全有机碱性缓蚀阻垢剂、缓蚀剂 P−1、亚硝酸二环己胺、六次甲基四胺、缓蚀剂 −N、二甲基十二烷基苄基氯化铵的缓蚀剂溶液；然后，将预处理过的 N80 挂片放入配制的缓蚀剂溶液中，在常压 90℃条件下用空气向水中鼓泡 25h；记录挂片表面腐蚀现象，计算腐蚀速率和缓蚀率。

新型缓蚀剂 P−2 和 N+ 与目前常用缓蚀剂的缓蚀性能实验结果见表 3−7。在持续供氧的地层水溶液中，新型缓蚀剂 P−2 对 N80 挂片的缓蚀性明显高于其他缓蚀剂。持续供氧条件下 N80 挂片在无缓蚀剂地层水中的腐蚀速率为 0.56mm/a，在加入缓蚀剂 P−2 的地层水中的腐蚀速率为 0.038mm/a，缓蚀率为 93.2%。实验所研究的 9 种缓蚀剂的缓蚀性从高到低依次为新型缓蚀剂 P−2、新型缓蚀剂 N+、KBei−212 全有机碱性缓蚀阻垢剂、缓蚀剂 P−1、亚硝酸二环己胺、六次甲基四胺、缓蚀剂 −N、二甲基十二烷基苄基氯化铵、二甲基 −6− 乙基苯胺，即新型缓蚀剂 P−2 的缓蚀效果最好。

表 3−7　不同类型缓蚀剂的性能结果对比

名　称	腐蚀速率（mm/a）	缓蚀率（%）	挂片腐蚀后的表观形貌
空白	0.560		整个挂片表面腐蚀严重
亚硝酸二环己胺	0.397	29.1	挂片表面局部腐蚀
六次甲基四胺	0.418	25.4	挂片表面局部腐蚀
缓蚀剂 P−1	0.318	43.2	挂片表面局部腐蚀
二甲基十二烷基苄基氯化铵	0.502	9.80	整个挂片表面腐蚀严重
缓蚀剂 −N	0.432	22.6	挂片表面局部腐蚀
KBei−212 全机碱性缓蚀阻垢剂	0.207	63.0	挂片表面局部腐蚀
二甲基 −6− 乙基苯胺	0.538	3.92	整个挂片表面腐蚀严重
缓蚀剂 N+	0.072	87.1	挂片表面局部腐蚀
缓蚀剂 P−2	0.038	93.2	表面光滑而有金属光泽

第四节　腐蚀防控工艺

空气中的氧气随着泡沫经由地面管线进入井底，会对地面管线和井下管柱造成一定的腐蚀，常常会造成点蚀、结垢，有时还会造成管壁穿孔、断裂等现象，从而缩短管线和管柱的使用寿命，影响泡沫驱的注入能力以及注入能耗，最终会影响油田的正常生产。因此，空气泡沫驱试验中，管线和管柱的防腐以及腐蚀监测工作就变得尤为重要。从腐蚀对策以及腐蚀监测两个方面提出了合理有效的防治措施，从而达到延长油套管的使用寿命和降低试验过程中腐蚀事故发生的目的，从而保证油田开发的高效运转。

由于地面注入管线及井下管柱长期受到氧腐蚀，如果不采用防腐油管，只采用普通金属管柱，会因氧腐蚀造成大量脱落而堵塞地层，有时还会出现管壁断裂、点蚀或穿孔等现象。对于采油井和注入井，可以通过挂片和电化学方法以及分析水样品中铁的含量等来检测腐蚀情况。空气泡沫驱试验中，必须采取一定的措施来减缓腐蚀的程度，延长油套管的使用寿命。针对腐蚀因素和机理不同采取以下措施。

一、腐蚀防护措施

1. 注采系统

1）空气减氧增压一体机

整套空气减氧增压一体机在制造时，根据各节点通过的流体特性，选择使用了相应耐腐蚀材料，在日常使用中，整体设备的防腐需按照出厂说明进行定期检查与维护。

2）起泡剂储罐

起泡剂原液储存及溶液稀释罐，因其不接触空气，仅考虑起泡剂的特性，采取内涂防腐层措施。

3）地面工艺流程控制阀门及单流阀

在地面工艺流程中，需安装符合耐压等级的抗腐蚀阀门、单流阀、气体流量自动调节阀；在注入泵和空气压缩机出口、井口各串联安装两个耐腐蚀的气体单流阀。

4）采油井口

（1）井口选择：选择耐腐蚀的采油树井口。

（2）井口配套标准光杆，并安装防喷盒。

5）注入井口

参照标准 SY/T 5127—2002《井口装置和采油树规范》关于井口压力等级的划分标准，按照注入液及注入气体中氧含量，选择合适的材质，再根据井口最大注入压力等级的要求，从保证安全和降低成本考虑，再附加一定的安全系数，可以选用非标准的采气井口。

2. 地面管线与井下油管

在空气泡沫驱试验的过程中，空气的注入、采出与集输过程中均涉及空气引起的腐蚀问题，对地面和井下使用的管线采用环氧粉末内衬防腐处理。

3. 其他井下工具的腐蚀防护

1）封隔器

在油层上部下一个保护性注气封隔器，该封隔器能耐高压气密封，使用耐腐胶筒，钢体采用适用的不锈钢材料，封隔器上部连接水力锚，双向锚定。

2）注入井油套环形空间

油套环空添加环空保护液（从套管口加入一定量的保护液），减少套管内壁和油管外壁的腐蚀，保护油套环空，避免封隔器以上套管承受高压和腐蚀。

二、腐蚀监测方法

（1）在地面工艺流程、注入井、采油井地面管线和井筒上选择有代表性的部位安装腐蚀挂片或腐蚀环，可定期监测地面管线腐蚀情况，通过注入井作业可检测井内油管腐蚀情况。

（2）注入井开展空气泡沫驱前，要对井径、井斜和套管腐蚀情况进行详细监测与评价，为分析防腐效果打好基础。

第四章　空气泡沫驱安全防控技术

由国内外空气驱的现场试验经验可知，现场实施空气驱时并未发生较大的安全事故，说明现场实施空气驱是可行且有效的。然而制约中国空气或空气泡沫驱技术试验应用的一个重要因素仍然是安全问题。

从安全的角度来讲，在现场实施空气驱采油工艺技术的过程中，应当高度重视可燃性气体的爆炸问题。一般来讲，可燃性混合气体的燃爆特性受初始温度和初始压力的影响较大，随着初始温度和初始压力的升高，可燃性混合气体的爆炸极限变宽，增加了燃爆发生的可能性和危险性。因此，需要针对不同的工况条件，对可能形成的可燃性混合气体进行燃爆特性的专项试验研究。通过室内物理模拟实验，结合相应的实验结果进一步评价并划分空气泡沫驱油过程中存在的风险等级，并制订相应的预防控制措施，从而降低风险发生的概率。

第一节　可燃性气体爆炸理论

爆炸是物质在较短的时间和较小的空间内发生的一种非常急剧的物理、化学变化，在此过程中瞬间释放出大量能量并伴有巨大声响。在爆炸过程中，爆炸物质所含有的能量快速释放，并迅速转变为爆炸物质本身、爆炸产物及周围介质的压缩能或运动能。物质发生爆炸时，由于大量能量在极短的时间和有限体积内突然聚积并释放，造成整个系统温度和压力的急剧升高，从而导致邻近介质积聚的压力发生突变并引起随后的复杂运动。在高压作用下，爆炸介质表现出不寻常的运动或机械破坏效应，以及受振动而产生的音响效应。

从物质运动的表现形式来看，爆炸就是物质剧烈运动的一种表现。在此过程中，物质运动急剧增速，由一种状态迅速转变成另一种状态，并在极短的时间内释放出大量的能量。

一般说来，爆炸现象具有以下特征：

（1）爆炸过程进行得很快；

（2）爆炸点附近压力急剧升高；

（3）发出或大或小的响声；

（4）周围介质发生震动或临近物质遭到破坏。

一般地说，可以将整个爆炸过程划分为两个阶段：第一阶段，物质的能量以一定的形式（定容、绝热）转变为强压缩能；第二阶段，强压缩能急剧绝热膨胀对外做功，导致被作用介质的变形、移动和破坏。

可燃性气体与助燃性气体混合并达到爆炸极限便可能会引起爆炸的发生。例如，在一定范围内将可燃性气体和空气预混合后，遇火就可以引起燃烧，它是由着火源产生的火焰在混合气体中向前传播所导致的，即所谓的“火焰传播”现象，这时，在已燃气体和未燃气体的界面将有火焰产生，并伴有高温和强光。因为燃烧气体能够自由膨胀，所以当火焰传播速度较慢，即每秒只传播几米或更小时，几乎不会产生压力波和爆炸声响，只有当火焰传播速度很快时，才有可能产生压力波和爆炸声响。而当火焰传播速度进一步加快，达到每秒传播数百米甚至上千米时，那么燃烧就有可能向爆炸转变，并伴有强大的冲击波生成，从而给周围环境造成巨大的破坏。

当以液体蒸气形式存在的可燃性气体与空气均匀混合形成预混合气时，若混合气的浓度在爆炸极限范围内，则当预混气被一点火源点燃时，就会立即形成一个小火球，并成为中心点火源，随着燃烧波以球面波的形式向周围传播，火焰亦随之向四周蔓延，中心点火源外层的预混气也随之被点燃，并成为一个较大的火球，即形成一个新的燃烧波面，接着新形成的燃烧波面又继续向外蔓延，球壳形的反应区随之逐层增大。由此可知，火球以一层层同心球面波的形式向各个方向蔓延和扩展，最终将形成的所有预混气点燃，如果燃烧过程发生在密闭的容器中，则由于气体燃烧过程释放出大量热量，使得密闭容器内温度上升，并放出大量气体，导致容器内压力急剧增加，此时就会形成爆炸，并造成极大的破坏作用。

一、可燃气体爆炸极限

可燃气体（液体蒸气）发生燃烧和爆炸所需要的3个基本物质要素分别为可燃气体（液体蒸气）、氧气和点火能量。而燃烧和爆炸的发生，不仅需要可燃气体和氧气的存在，还需要满足一个重要的条件，就是保证可燃气体和氧气的配比适当，即可燃气体与氧气组成的混合气体中可燃气体的浓度必须高于爆炸下限而且低于爆炸上限，相应的氧含量必须达到临界氧含量以上。只要同时具备这两个条件，当遇到足够大的点火能量时就会发生燃烧或爆炸。燃烧与爆炸是可燃性气体（液体蒸气）固有的两个紧密相关的特性，爆炸反应的实质就是瞬间的剧烈燃烧反应。在密闭空间内，如果燃烧产生的高温气体能够导致系统的压力急剧增加，则平稳的燃烧反应就会转变为剧烈的爆炸，而且这个过程往往在瞬间发生并完成。

当可燃性气体（液体蒸气）与空气（或氧气）在一定浓度范围内混合，遇到点火源就会发生爆炸，这个浓度范围即为其爆炸极限。因此，称能使可燃性混合气体发生爆炸所必需的最低可燃气体浓度为爆炸下限；把能使可燃性混合气体发生爆炸所必需的最高可燃气体浓度称为爆炸上限。可燃气体的浓度在下限以下或上限以上时是不会发生着火或爆炸的。这是因为可燃气体的浓度在下限以下时，体系内含有过量的空气，空气的冷却作用会阻止火焰的蔓延，此时活化中心的销毁数大于产生数。同样，当可燃气体的浓度在上限以上时，由于混合气体中含有过量的可燃性物质，从而导致空气（氧气）供给不足，火焰也不能传播，但此时若供给空气，则仍具有发生火灾或爆炸的危险，故上限以上的可燃气—空气混合气不能认为是安全的。研究结果表明，可燃性气体的爆炸极限没有一个固定的范围，影响爆炸极限的因素很多，主要有以下几个方面。

1. 初始温度

爆炸性气体混合物的初始温度越高，则爆炸极限范围越大，即爆炸下限降低而爆炸上限增高。这主要是因为系统的温度升高，则其分子的内能增加，从而使更多的气体分子处于激发态，进而导致原来不可燃的混合气体成为可燃、可爆的系统，所以温度升高使爆炸的危险性增大。

2. 系统初始压力

混合物的初始压力对爆炸极限有很大的影响，压力增大，爆炸极限范围也扩大，爆炸下限变化不大，但爆炸上限显著提高。当混合物的初始压力减小时，爆炸范围缩小；待压力降低至某一数值时，其爆炸下限和上限会汇聚成一点；当压力再继续降低，混合物就变为不可爆的系统。因此，我们把爆炸极限范围缩小为零的压力，称为爆炸的临界压力。

3. 氧含量

对比可燃性气体在空气和纯氧气中的爆炸极限范围（表 4–1）可知，随着混合物中含氧量的增加，可燃性气体的爆炸极限范围扩大，尤其是爆炸上限大幅度提高。

表 4–1　可燃气体在空气和纯氧中的爆炸极限范围

物质名称	在空气中的爆炸极限（%）	范围（%）	在纯氧中的爆炸极限（%）	范围（%）
甲烷	5.00 ~ 15.00	10.00	4.9 ~ 61.0	56.1
乙烷	3.00 ~ 15.00	12.00	3.0 ~ 66.0	63.0
丙烷	2.10 ~ 9.50	7.40	2.3 ~ 55.0	52.7
丁烷	1.50 ~ 8.50	7.00	1.8 ~ 49.0	47.2
乙烯	2.75 ~ 34.00	31.25	3.0 ~ 80.0	77.0
乙炔	1.53 ~ 34.00	32.47	2.8 ~ 93.0	90.2
氢	4.00 ~ 75.00	71.00	4.0 ~ 95.0	91.0
氨	15.00 ~ 28.00	13.0	13.5 ~ 79.0	65.5
一氧化碳	12.00 ~ 74.50	62.50	15.5 ~ 94.0	78.5

4. 惰性气体

如果在爆炸混合物中掺入不燃烧的惰性气体（如氮、二氧化碳、水蒸气、氩以及氦等），随着混合物中惰性气体所占体积分数的增加，可燃性气体的爆炸极限范围缩小，当惰性气体的浓度增加到某一值，则可使混合物不能发生爆炸。一般情况下，与爆炸下限相比，惰性气体对爆炸混合物爆炸上限的影响明显更显著。这主要是因为混合物中惰性气体的浓度增大，氧气的浓度就会相对减小，而在上限附近氧气的浓度本来已经很小，因此，即使惰性气体的浓度只增加了一点，仍会产生很大影响，使爆炸上限值明显降低。

5. 可燃性气体（液体蒸气）的种类及化学性质

可燃性气体的分子结构和反应能力影响其爆炸极限，对于碳氢化合物来说，具有 C – C 型单键的碳氢化合物，由于单键结合地比较牢固，分子不易受到破坏，相应地其发生化学反应的能力就较差，因而其爆炸上下限的范围小；而具有 C ≡ C 型三键的碳氢化合物，由于碳键结合地比较脆弱，分子很容易遭到破坏，相应地其发生化学反应的能力就较强，因而其爆炸上下限的范围就较大；而具有 C = C 型双键的碳氢化合物，其爆炸范围则介于具有单键和三键的碳氢化合物之间。对于同一烃类同系物来讲，随碳原子个数的增加，其爆炸极限范围逐渐变小。此外，爆炸极限还与导热系数（导温系数）相关，导热系数越大，导热越快，则爆炸极限范围越大。除上面列出的几个主要影响因素外，影响可燃性气体爆炸极限的因素还有可燃气体与空气混合的均匀程度、点火源的形式、能量和点火位置，以及爆炸容器的几何形状和尺寸等。由此可见，虽然当混合物中可燃性气体（液体蒸气）的浓度处于爆炸下限以下或上限以上时，可燃性混合物是不会发生爆炸的，但这是相对一定条件而说的，如果条件改变，爆炸上下限就会发生变化，那么原本处于爆炸极限范围外不会发生爆炸的体系也会因爆炸范围的扩大而具有发生爆炸的危险。因此，爆炸极限并不是一成不变的，它会因各种因素和条件的变化而变化。

二、可燃气体爆炸极限的理论计算方法

单组分气体混合物（如甲烷与空气混合）爆炸极限的计算公式见式（4–1）和式（4–2）。

$$C_{\mathrm{L}}=\frac{100}{4.76(N-1)+1} \tag{4–1}$$

$$C_{\mathrm{U}}=\frac{400}{4.76N+4} \tag{4–2}$$

式中 C_{L}——单组分可燃性气体的爆炸下限，%；

C_{U}——单组分可燃性气体的爆炸上限，%；

N——混合物完全燃烧所需氧原子数。

对多组分气体（如天然气）来说，其爆炸极限介于各单组分气体的极限值之间，可用式（4–3）进行估算。

$$C_{\min}=\frac{100}{\frac{V_1}{C_1}+\frac{V_2}{C_2}+\cdots+\frac{V_n}{C_n}} \tag{4–3}$$

式中 $C_{\min}$——多组分可燃性混合物的爆炸极限，%；

V_1，V_2，V_3，…，V_n——单组分气体在混合气体中所占的体积百分数，%；

C_1，C_2，C_3，…，C_n——单组分气体的爆炸极限，%。

由于影响气体爆炸的因素很多，因此，特定条件下可燃气体的爆炸极限应通过实验测得。

三、可燃气体爆炸临界氧含量和安全氧含量

临界氧含量是指当给以足够的点火能量时，能使某一浓度的可燃气体刚好不发生燃烧爆炸的临界最高氧气浓度，即为爆炸与不爆炸的临界点。若氧含量高于此浓度，便会发生燃烧或爆炸；但当氧含量低于此浓度时，便不会发生燃烧或爆炸。安全氧含量是指在密闭空间内形成爆炸性气体的混合气体（液体蒸气）中氧含量的安全值，即以氮气、二氧化碳等惰性气体置换装在储罐或管道中的可燃气体，当给以足够高的点火能量都不能使任意浓度的可燃性气体或液体蒸气发生爆炸的最低氧气浓度，而当混合物中氧气含量高于此浓度时，某一浓度的可燃性气体可能会发生燃烧或爆炸，但是若混合物中氧气含量低于此浓度时，则无论混合物中可燃性气体的浓度如何变化均不会有燃烧或爆炸现象的发生。通常最低临界氧含量即为

安全氧含量。

1. 爆炸临界氧含量计算方法

可燃性气体（液体蒸气）与氧气发生完全燃烧时，化学反应式如式（4–4）所示。

$$C_nH_mO_\lambda+\left(n+\frac{m-2\lambda}{4}\right)O_2 \rightleftharpoons nCO_2+\frac{m}{2}H_2O \tag{4–4}$$

式中　n——碳原子的个数；

m——氢原子的个数；

λ——氧原子的个数。

当混合物中可燃性气体（液体蒸气）的体积分数为爆炸下限 L 时，此时的反应属于富氧状态，则可计算理论的临界氧含量（也叫理论最小氧体积分数），其相应的计算公式见式（4–5）。

$$C(O_2)=L\left(n+\frac{m-2\lambda}{4}\right)=LN \tag{4–5}$$

式中　C（O_2）——可燃性气体（液体蒸气）的理论临界氧含量，%；

L——可燃性气体（液体蒸气）的爆炸下限，同时也是其体积分数，%；

N——每摩尔可燃性气体（液体蒸气）完全燃烧时所需要的氧分子的个数。

比如对甲烷分子来说，其完全燃烧时需 2 个氧气分子，所以，如果甲烷的爆炸下限为 5%，则其对应的临界氧含量就应该为 10%。但是由于目前关于井下高温高压条件下氧的安全限值还没有相关试验研究，因此，需要进一步研究压力、温度、惰性气体等对临界氧含量的影响。

根据式（4–5）中公式可以计算出当烷烃浓度为爆炸下限时所需要的理论临界氧含量，计算结果见表 4–2。

常温常压下，理论的临界氧含量等于可燃物的浓度为爆炸下限时，可燃性气体刚好完全反应所需要的氧含量。而当可燃性气体浓度为爆炸上限时，其相应的临界氧含量应等于混合气体中氧气的实际含量。因此，在没有实际实验数据作为支撑的情况下，可以利用可燃性气体的浓度为爆炸下限，且达到完全燃烧时所需要的氧分子的个数（即最小氧体积分数）来估算其临界氧含量。从表 4–2 中还可以看出，在烷烃同系物中，甲烷的理论临界氧含量要低于其他烷烃类化合物。因此，对大多数石油产物而言，常温常压下，其理论临界氧含量为 10% 左右，当氧含量低于这个值时，即使遇明火也不会发生爆炸。

表 4–2　烷烃浓度为爆炸下限时的理论临界氧含量

成分	甲烷	乙烷	丙烷	丁烷	戊烷	己烷	庚烷	辛烷	壬烷	癸烷
L_{25}（%）	5.00	3.00	2.10	1.80	1.40	1.20	1.05	0.95	0.85	0.75
N	2.0	3.5	5.0	6.5	8.0	9.5	11.0	12.5	14.0	15.5
C（O_2）（%）	10.0	10.5	10.5	11.7	11.2	11.4	11.6	11.9	11.9	11.9

注：L_{25} 为 25℃时烷烃的爆炸下限。

2. 作图法估算产出气的临界氧含量

利用作图法来估算产出气的临界氧含量的理论依据主要为图 4–1 所示的甲烷、氧气和氮气的爆炸三角线图，其中甲烷的临界氧含量约为 12%。用三角线图来表示爆炸范围非常简单、快捷，L_1 和 U_1 分别表示可燃性气体在空气中的爆炸下限和爆炸上限；L_2，U_2 分别为可燃性气体在氧气中的爆炸下限和爆炸上限。由图 4–1 可以看出，L_1、L_2 以及临界氧含量和 U_1、U_2 所围成的近似三角区为可燃性气体的爆炸范围，通过爆炸范围与顶点 C 的连线为空气组分线，O_2 含量为 20.95% 所对应的点即为空气组分线在 O—N 的起点。对某一组成的混合气体 M_1 来讲，当加入甲烷时，其组成沿着 M_1 与 C 的连线变化至 M_2，接着向混合体系 M_2 中加入氧气，则其组成又沿着 M_2 与 O_2 的连线变化至 M_3。由此可见，当混合物 M_1 中某一组分的含量发生变化时，则 M_1 将朝着该组分的方向发生正负变化。此外，从图 4–1 中还可以看出，当增加 M_1 中氧气的含量或降低其中甲烷的含量时，M_1 则朝着进入爆炸范围的方向变化，而当混合体系中氮气的含量发生正负变化时，则对 M_1 的爆炸性能影响不大。

图 4–1 中三角线图的顶点 C 与 N 的连线称为氧含量零线。当某一组成的混合体系处于 C、N 连线的平行线上时，则表示该混合体系中氧气的含量为一定值，与该边平行，且与爆炸三角区顶点相切的那条线，即为所要求的氧含量的安全限值，即图 4–1 中所示的临界氧含量。

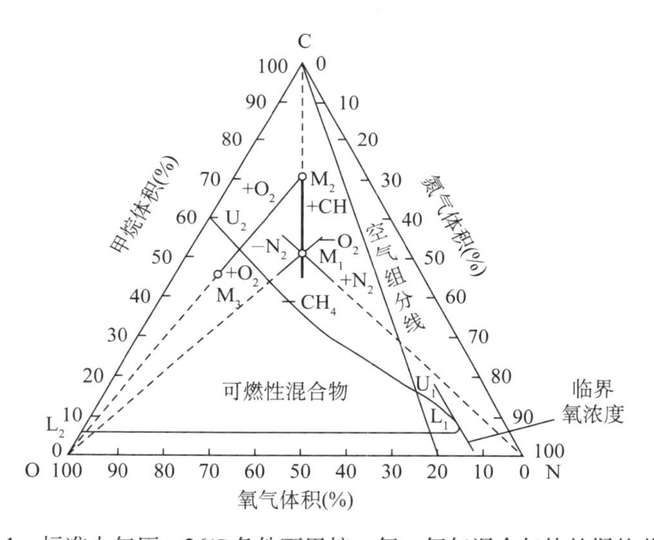

图 4–1　标准大气压、26℃条件下甲烷—氧—氮气混合气体的爆炸范围

爆炸范围三角线图对研究可燃性气体发生火灾与爆炸的危险性具有非常重要的作用，其制作过程如下。

首先，画出等边三角形，其顶点 F、O、N 分别表示可燃性气体、氧气和氮气。然后，画出空气线 F—A，并在线 F—A 和 F—O 上分别取可燃性气体在空气和氧气中的爆炸上限 U_1 和 U_2 以及爆炸下限 L_1 和 L_2，连接 U_1 和 U_2 以及 L_1 和 L_2，并延长两线段至二者相交于 L，过两线段交点作 F—N 的平行线，则该平行线所对应的氧含量即为混合体系的临界氧含量（图 4–2）。

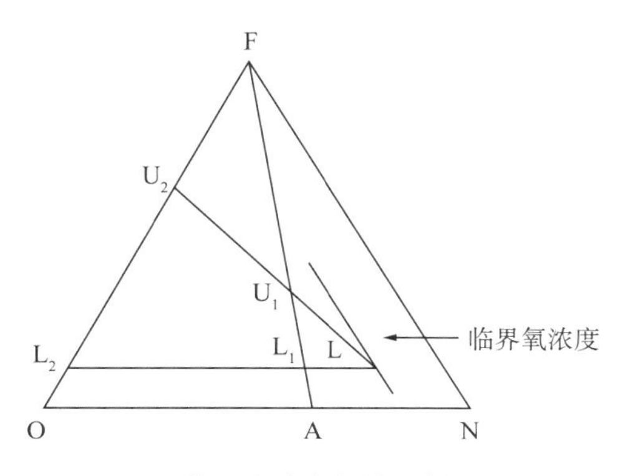

图 4–2　作图法确定的简易爆炸范围

第二节　井下油气燃爆特性

注空气过程中的各个环节均存在着可燃性混合物爆炸的危险，当空气注入油层后，空气中的氧气和原油可在油藏中发生氧化反应，消耗部分氧气，但在氧化反应不完全的情况下，地层中的轻烃组分就会和氧气形成混合性爆炸气体，当混合气体的浓度达到爆炸极限范围时，在一定条件下就会发生爆炸事故。因此，本节主要通过室内实验研究井下可燃气体的燃爆特性，进而确定井下可燃性气体的爆炸极限并制订相应的氧含量安全标准。由于产出气和天然气成分比较复杂，且各个油井产出气的气体成分及含量也不一样，因此可选用甲烷代替可燃气体进行燃爆特性实验。

由于大港油田港东二区五断块地层温度 65℃，且产出气中甲烷含量为 92.07%，乙烷含量为 5.06%，该区块的实际状况与本实验条件具有一定的一致性。

一、甲烷爆炸极限的影响因素

1. 实验程序

在 20 ～ 90℃和 0.2 ～ 1.2MPa 的实验温度和压力条件下，采用图 4–3（a）和图 4–3（b）所示的混合气体爆炸实验装置模拟井下可燃气体的燃爆特性。从图 4–3 中可以看出，整个实验装置主要有爆炸容器、配气装置、控温控压、点火和安全控制系统 5 部分组成。爆炸室作为整个系统的核心部件，其形状和大小将直接影响气体爆炸特性参数测试结果的准确性，而且其设计的好坏也直接关系到整个实验过程的工作质量和安全。从原理上讲，球形容器比较省材料，也易于将点火位置控制在整个容器的中心，但是球形容器加工制作比较困难，成本也高，因而具有一定局限性。在实验误差范围内，等高圆柱形容器与球形容器的测试结果很接近，而且圆柱形容器省材，易于加工、装卸和支撑，密封问题也容易解决，并且在实际生产中注气井和生产井的井筒也多为圆柱形管道。因此，采用圆柱形容器与实际情况更接近，所以爆炸室采用了近似等高圆柱体的形状，以确保实验结果更接近于实际情况。设计爆炸室容积为 20L，并放置于加热功率为 6kW 的恒温箱内。为了确保整个实验过程的安全，在爆炸室上部安装一个安全阀，并在下部安装两个防爆片，以实现当压力达到 20MPa 时自动泄压。

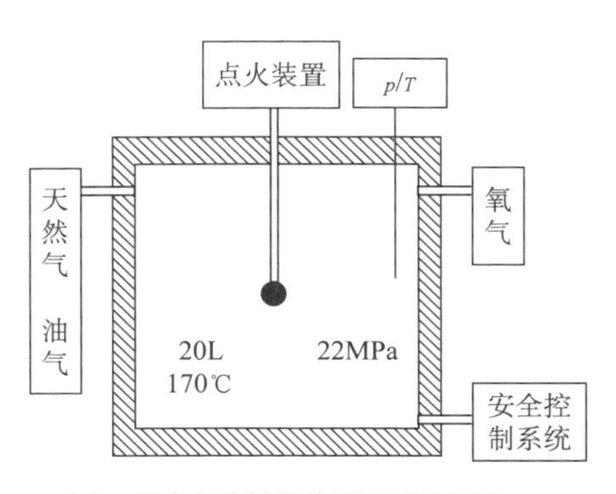

(a) 混合气体爆炸装置原理示意图

(b) 混合气体爆炸装置实物图

图 4–3 混合气体爆炸装置

计算混合气体中氧气和甲烷浓度的相关计算公式分别见式（4–6）和式（4–7）。混合气样配置完后，可分别采用色谱分析仪和氧气测试仪对其进行气样分析测试，实验结果表明误差在可接受的范围内时才可进行下一步实验。

$$p = \sum p_i \tag{4–6}$$

$$p_i = p\Phi_i \tag{4–7}$$

式中 p——混合气体的绝对压力，MPa；

p_i——混合气体中 i 组分的绝对分压力，MPa；

Φ_i——混合气体中 i 组分的体积百分数，%。

测爆炸下限时样品增加量每次不大于 10%，测爆炸上限时样品减少量每次不小于 2%，确保在实验条件下实验数据的准确性和可靠性。

判定方法：从爆炸的特征来看，爆炸发生时温度和压力都会发生很大的变化，因此，一般情况下，通过这两个因素来判定是否发生爆炸。

当对某一浓度的气体进行高压放电点火实验时，可以根据压力表和温度传感器的示数变化来确定此次实验过程中气体是否被点燃。发生爆炸时，从压力表和压力传感器可以看到压力瞬间迅速上升（在 2s 以内），最大可达初始压力的 5 ～ 9 倍；从温度传感器可以看出温度的急剧上升，瞬时温度最高可达 400℃。同时，爆炸发生时会发生响声，在爆炸上下限附近声音低而沉闷，在爆炸浓度范围中间部分爆炸声音清脆响亮。一般来说，在爆炸上下限附近发生的爆炸不是特别剧烈，温度和压力发生的变化也远远没有其他浓度发生爆炸时变化大。

本实验主要测试了甲烷的爆炸上、下限值及其对应的氧含量和加入惰性气体（氮气）后的爆炸极限及临界氧含量的变化趋势，并据此制订了氧含量的安全标准。

2. 温度、压力对甲烷爆炸下限的影响

表 4–3 为实验测定的甲烷的爆炸下限及其对应的氧含量随实验温度和压力的变化关系表。由表 4–3 可以看出，甲烷的爆炸下限随温度和压力的增大而逐渐减小，但是减小的幅度不大。

而且从表 4–3 还可以看出，当甲烷的爆炸下限降低至一定程度后，其变化基本趋于稳定，甚至能达到实验设备目前所能测试的极限。也就是说实验设备目前所能测得的爆炸下限最低值为 4.76%，此时对应的氧含量为 20%。在只有可燃气体和空气的混合体系中，可燃气体的爆炸下限和体系中的氧含量是此消彼长的关系，即爆炸下限降低，氧含量必定升高，即在爆炸下限附近，体系中的氧必是过量的。此外，由表 4–3 还可以得出，90℃时，不同压力下的甲烷爆炸下限基本不受氧含量的影响，即当温度升高到 90℃时，不同压力下的曲线交于一点，此点所对应的爆炸下限就是甲烷的最低爆炸下限，而氧含量则为最高值 20%，此时的体系中的氧必定是过量的，所以爆炸下限所对应的氧含量对制订氧含量的安全标准影响不大。

表 4–3 甲烷的爆炸下限和对应的氧含量随温度和压力变化关系表

系统初始压力（MPa）	0.4			0.8		
系统初始温度（℃）	20	50	90	20	50	90
甲烷爆炸下限（%）	5.21	4.99	4.76	5.00	4.87	4.76
氧含量（%）	19.91	19.95	20.00	19.95	19.98	20.00

3. 温度、压力对甲烷爆炸上限的影响

根据表 4–3 中分析结果可知，在实验中，需要重点分析研究甲烷的爆炸上限及其所对应的氧含量和不同配比下惰性气体对甲烷的爆炸极限及其所对应的临界氧含量的影响，其实验结果见表 4–4。

根据表 4–4 中的数据，可以看出甲烷的爆炸上限随着温度和压力的增大而逐渐升高，而所对应的氧含量则是逐渐降低的，原因在于在甲烷爆炸上限附近，体系中的氧气含量不足，且随着温度和压力的升高，分子间距变小，分子的活化能增大，分子运动加剧，活化分子碰撞的次数增多。因此，燃烧反应就更容易进行，所需要的氧也就有所减少，相应地爆炸极限的范围就有所变宽，爆炸的危险性也有所增大。从表 4–4 中数据还可以看出，随着温度和压力的升高，爆炸极限的变化趋势相对缓慢。目前，在现有的实验室条件下可测得甲烷的爆炸极限范围为 4.76% ~ 16.95%，虽然实验室条件与现场工况条件还有一定的差距，但是对实际应用仍可起到一定的参考和指导作用。

表 4–4 甲烷的爆炸上限和对应的氧含量随温度和压力变化表

系统初始压力（MPa）	0.3	0.5	0.7	1.0	1.2
20℃甲烷爆炸上限（%）	14.29	14.81	15.79	16.00	16.39
20℃氧含量（%）	18.00	17.89	17.68	17.64	17.56
50℃甲烷爆炸上限（%）	14.81	15.38	16.22	16.67	16.81
50℃氧含量（%）	17.89	17.77	17.59	17.50	17.47
90℃甲烷爆炸上限（%）	15.38	16.00	16.44	16.84	16.95
90℃氧含量（%）	17.77	17.64	17.55	17.46	17.44

4. 惰性气体对甲烷爆炸极限的影响

由于空气中氧气含量是一个定值，因此，只有通过在可燃气体和空气所组成的混合物中添加一定量的惰性气体，才能改变混合气体中氧气的含量，进而可确定可燃气体爆炸的临界点和临界氧含量。惰性气体的种类不同，其惰化效率也不同，对临界氧含量值的测定所产生的影响也不同。在本实验中出于安全和实用性的考虑，选用氮气作为惰性气体。产出气中的二氧化碳、水蒸气和氮气等均具有一定程度的惰化作用，其中氮气的惰化作用比较好，因此，实验中选用氮气作为惰性气体来进行实验可增大实验的安全系数。

在可燃性混合气体（液体蒸气）中，加入惰性气体后，混合气体中的氧气含量相对减小，爆炸极限的范围有效缩小，爆炸下限少量上移，而爆炸上限却大幅度下移。爆炸极限的范围最终会汇聚为一点，此点即为爆炸临界点，而其所对应的氧含量即为最低临界氧含量。如果加入的惰性气体能使可燃性气体（液体蒸气）中的氧气浓度控制在最低临界氧含量以下，那么无论可燃性气体（液体蒸气）与惰性气体的含量如何变化，都不会发生爆炸。要控制爆炸的发生，可将可燃气体的浓度控制在爆炸极限范围以外，或者采用最安全的方法，即控制体系中氧含量的值低于临界氧含量的最低值即安全氧含量。从经济、作业因素的具体条件而论，无法将可燃气体的浓度控制在爆炸极限范围以外，所以只能将体系中氧含量的值控制在安全氧含量以下，并适当附加一定的安全余量。表 4–5 至表 4–7 为不同温度条件下惰性气体的含量对甲烷的爆炸极限及所对应的氧含量的影响结果。

根据表 4–5 至表 4–7 中数据，可以直观地看出，随着体系中氮气含量的增加，氧气的含量逐渐下降，爆炸极限的范围亦迅速缩小，其中下限值的升高幅度不大，而上限值却急剧下降；当氮气的含量增加到一定比重时，甲烷爆炸极限的范围会汇聚为一点，超过此点则混合气体的浓度即超出爆炸极限范围，因此，称此点为爆炸临界点；对应的氧含量值也集中到了一点，即为最低临界氧含量。因此，增加氮气含量的作用除了氮气的惰化作用，最主要的还是氮气的加入降低了混合气体中的氧含量，最终导致甲烷的爆炸极限发生变化。当氮气 / 甲烷的值大于 6 时，混合气体处于安全范围内，此时的最低临界氧含量的最小值为 12.35%，高于理论的最低临界氧含量值。

表 4–5　20℃时不同惰性气体 / 甲烷配比下甲烷的爆炸极限及相应的氧含量

氮气 / 甲烷	0	1	2	3	4	5	6
0.5MPa 甲烷爆炸上限（%）	14.29	8.33	8.00	6.90	5.88	5.56	5.26
0.5MPa 上限对应的氧含量（%）	18.00	17.50	15.96	15.21	14.82	14.00	13.26
1MPa 甲烷爆炸上限（%）	14.81	10.53	9.76	8.00	7.02	6.06	5.71
1MPa 上限对应的氧含量（%）	17.89	16.58	14.85	14.18	13.26	13.36	12.60
0.8MPa 甲烷爆炸下限（%）	5.00	5.30	5.26	5.26	5.26	5.26	5.26
0.8MPa 下限对应氧含量（%）	19.95	18.85	17.68	16.58	15.47	14.37	13.26

表 4–6　50°C 时不同惰性气体 / 甲烷配比下甲烷的爆炸极限及相应的氧含量

氮气 / 甲烷	0	1	2	3	4	5	6
0.5MPa 甲烷爆炸上限（%）	14.81	11.11	9.52	7.69	7.14	6.45	5.71
0.5MPa 上限对应的氧含量（%）	17.89	16.33	15.00	14.54	13.50	12.87	12.60
1MPa 甲烷爆炸上限（%）	15.38	11.76	9.76	8.33	7.41	6.15	5.80
1MPa 上限对应的氧含量（%）	17.77	16.06	14.85	14.00	13.22	13.25	12.48
0.8MPa 甲烷爆炸下限（%）	4.87	5.00	5.13	5.26	5.56	5.56	5.71
0.8MPa 下限对应氧含量（%）	19.98	18.90	17.77	16.58	15.17	14.00	12.60

表 4–7　90°C 时不同惰性气体 / 甲烷配比下甲烷的爆炸极限及相应的氧含量

氮气 / 甲烷	0	1	2	3	4	5	6
0.5MPa 甲烷爆炸上限（%）	14.89	10.53	9.09	8.00	7.14	6.45	5.80
0.5MPa 上限对应的氧含量（%）	17.77	16.58	15.27	14.28	13.50	12.87	12.48
1MPa 甲烷爆炸上限（%）	16.00	12.50	10.00	7.69	6.78	6.25	5.88
1MPa 上限对应的氧含量（%）	17.64	15.75	14.70	14.54	13.88	13.25	12.35
0.8MPa 甲烷爆炸下限（%）	4.76	4.88	5.00	5.26	5.41	5.56	5.88
0.8MPa 下限对应氧含量（%）	20.00	18.95	17.85	16.58	15.32	14.00	12.35

从表 4–5 至表 4–7 可以明显看出，在整个爆炸极限范围内，氧含量的多少对爆炸下限的影响较小，而对上限的影响却很大。随着氮气比例的增大，下限附近氧含量值的下降幅度要较上限附近的快，而甲烷爆炸上限快速下降，下限却变化不大。分析原因，在下限附近，氧气始终处于过剩状态，爆炸与否主要取决于混合气体中可燃气体的含量，由于过量空气或其他气体的冷却作用，阻止了火焰的蔓延和反应的进一步发生，因此即使增加或减少氧气的含量，下限也不会有明显的变化；而在上限附近，可燃性混合气体发生爆炸时，上限所对应的氧含量值即为其所需的最小氧含量值，增加或减少氧气含量都将会对上限产生极大的影响。而由于临界氧含量与爆炸极限之间成正比关系，因此，若氧含量的值低于爆炸上限对应的临界氧含量，则爆炸上限就会迅速降至临界可燃浓度；反之，若增大氧气的比例至纯氧环境，则爆炸上限亦会随之继续增大，直至纯氧环境下的爆炸上限。例如，甲烷在纯氧环境中的爆炸极限范围为 4.9% ~ 61%。

由于氮气的惰化和分压作用，随着混合气体中氮气与甲烷所占体积之比的增加，爆炸极限的范围不断缩小，当缩小到一定值时，爆炸上限与爆炸下限汇聚为一个点，汇聚点所对应的横坐标即为氮气与甲烷的临界可燃浓度比，此时的甲烷浓度称为临界可燃浓度。由实验结果可知，氮气作为惰性气体时，甲烷的临界可燃浓度在 5.26% ~ 5.88% 之间，临界可燃浓度比为 6 ∶ 1。由于甲烷的爆炸极限范围会随系统初始温度和压力的上升而变宽，因此，甲烷的临界可燃浓度比亦会随之增大。

5. 甲烷—空气的爆炸区域范围

选取 150 组有代表性的实验数据作图，可得到甲烷—空气的爆炸极限及爆炸区域范围图，如图 4–4 所示。图 4–4 中采用黑线圈闭表示实验测得的甲烷和空气混合物的爆炸区域的范围，红色点表示实测的爆炸点，蓝色点则表示不发生爆炸的实验点。实验过程中还发现，在爆炸区域范围内，如果氧气和甲烷的配比不合适则不会发生爆炸，而且在爆炸区域外的所有点均不会发生爆炸。在实验室条件下测得，甲烷的爆炸极限为 4.76% ~ 16.95%，最低临界氧含量为 12.35%。但值得注意的是，在纯氧条件下，即氧气含量超过 21%后，甲烷的爆炸区域范围会随氧含量值的增加而变宽。

由图 4–4 还可以看出，温度变化对甲烷的爆炸上、下限和相应的氧含量值影响不大，甲烷的爆炸上限为 14.81% ~ 15.38%，对应的氧含量值为 17.76% ~ 17.88%；下限为 4.76% ~ 5.44%，而对应的氧含量值为 19.86% ~ 20%。

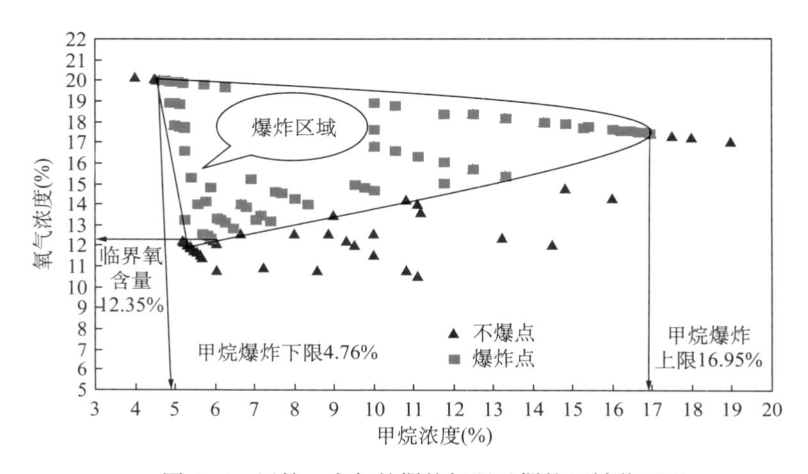

图 4–4 甲烷—空气的爆炸极限及爆炸区域范围图

在爆炸区域范围内，每一个可燃气体浓度都对应着唯一的临界氧浓度，因此可选取部分实验数据，运用数值分析的原理拟合并得出相应的规律。选取最接近工况条件的一组实验数据（表 4–8），利用计算机可拟合出临界氧浓度与甲烷浓度间的 4 次函数关系式，见式（4–8）。

表 4–8 初始压力 1MPa、初始温度 90℃时甲烷浓度对应的临界氧浓度

甲烷浓度（%）	5.88	6.25	6.78	7.69	10.00	12.50	16.00
临界氧浓度（%）	12.35	13.13	13.88	14.54	14.70	15.75	17.64

$$Y = -0.0058X^4 + 0.262X^3 - 4.2756X^2 + 30.207X - 63.77 \tag{4–8}$$

式中 Y——临界氧浓度，%；

X——甲烷浓度，%。

据此可以绘出相应的模型图，则可以从理论上简单快捷地估算出可燃物在爆炸范围内的浓度及所对应的临界氧浓度。

二、氧含量安全标准的制订

天然气的主要成分是甲烷，几乎所有油气田的天然气和注空气采油过程中的产出气中甲烷的含量均在80%以上。此外，还含有一些乙烷、丙烷、丁烷及戊烷以上的烃类组分，以及少量的二氧化碳、氮气、硫化氢、氢气等非烃类组分。甲烷的爆炸极限在常温常压下为5%～15%，其值的大小除了受温度和压力的影响外，还会受点火能量、点火位置以及爆炸容器形状及大小等因素的影响。随着温度和压力的升高，甲烷的爆炸极限的范围逐渐增大，本书在20～90℃，0.2～1.2MPa的条件下测得甲烷的爆炸极限为4.76%～16.95%。由于大多数油田产出的天然气中甲烷的含量都非常高，因此，天然气的爆炸极限范围应与甲烷的爆炸极限范围接近。与其他同类的烃类化合物相比，甲烷的耗氧量最小，导热系数最大，爆炸极限的范围最大，且其临界氧含量理论上也低于其他同类的烃类化合物。因此，只要能测定出甲烷的临界氧含量的安全值，那么就可以将研究结果保守地用于天然气或其他石油产物。所以在实验室中，完全可以采用甲烷来替代天然气进行实验，而且也可以将取得的实验成果安全地运用到生产实际中去。但是若将实验室测得的数据直接用作现场生产的标准，则这种做法既不够科学也存在一定的风险。因此，从安全的角度出发，在将实验室测定的数据推广到实际矿场时，还应该考虑一些因特殊情况或意外而造成的危险有害因素，在综合分析确定主要危险有害因素的影响后，基于实验测定的数据并选取合适的安全系数，才可以将理论研究成果推广到实际生产中去。

根据前面的实验分析结果可知，当可燃气体的浓度在爆炸下限以下、上限以上时，是不会发生爆炸的，但是该结论成立是具有一定的附加条件的，相应的实验测得的安全氧含量的最大值也仅限于某一特定条件。如果条件改变，则可燃气体的爆炸上、下限就会发生变化，安全氧含量的值也会发生相应的变化，可能会使原本处于爆炸浓度范围之外不会发生爆炸的区域因爆炸范围和氧含量的增大而变成易于发生爆炸的危险区域；相反，原本处于爆炸范围之内的区域，也可能会因为爆炸范围的缩小，而不再具有发生爆炸的危险。由此可见，爆炸极限并不是一成不变的，相应的安全氧含量的值也不是一个定值，它们会随着各种因素和条件的改变而发生相应的变化。因此在制订氧含量的安全标准时，选取最接近现场工况条件的实验数据，并根据不同的影响因素，选用相应的安全系数，这样得到的安全氧含量的标准才能确保现场施工的安全。

安全控制过程中设定的所谓的“安全系数”，是基于防患于未然的原则，根据事态发展的规律和经验，人为设置一个安全预警范围，从而可以确保在事故发生的前期，就能够给人们留下充足的动作时间和空间，进而达到控制和避免事故发生的目的。对注空气采油工艺技术来说，虽然实验分析和理论研究都表明油气爆炸的最低临界氧含量为12%，但在实际矿场应用中，不但要考虑到实验研究和理论计算中未涉及的因素的影响，而且更重要的是要考虑到油井内气体混合物中氧气含量的动态变化，即氧气的含量由小变大这样一个必然的过程。例如，当注气生产达到稳定后，如若某一阶段的油井产出气中氧气的含量逐渐升高到5%，则表明注入空气的低温氧化机理在某种条件下发生了失效，从而导致混合气中氧气的含量逐渐升高，甚至有可能达到其爆炸极限。此时，工程人员就需分析工艺过程动态，密切监视氧气的含量和其他影响安全的因素的变化，做好防爆的准备，并且考虑生产过程的连续性，及时作出是否需要关井和停注的决定。

1. 可燃气体（液体蒸气）的种类及化学性质的影响

实验测得的安全氧含量的最大值是基于纯甲烷作为反应介质而得到的，但是在实际生产过程中，由于产出气的成分非常复杂，虽然甲烷占到了80%左右，但是仍然不能排除其他比甲烷危险程度更大的可燃性气体的影响。例如烯烃、炔烃、硫化氢、氢气和一氧化碳等能改变体系的爆炸性质的气体的影响。此外，考虑到实验测试过程中存在的误差，认为可以取0.95作为此方面影响因素的安全系数。

2. 井下可燃介质与注入介质接触程度的影响

当注入介质从注入井经油藏运移至生产井，最终由环空或油管排出的过程中，储层中的有些区域由于注入介质根本没有波及，或者氧化反应进行得比较彻底，从而使这些区域内的可燃性混合气体的浓度不在爆炸极限范围内，则发生爆炸危险的概率就小；而有些区域由于氧化反应不完全或者氧气突破等，从而导致这些区域内的混合气体中的氧气含量较高，并且处在爆炸极限范围内，因此，就很容易发生燃烧爆炸的危险。基于此考虑，把此因素的安全系数定为0.95。

3. 点火源的形式、能量和点火位置的影响

在实验过程中发现，点火源的形式、能量及点火的位置对可燃气体的爆炸极限范围和临界氧含量的值均有较大的影响，且点火源的能量强度越高，加热面积越大，作用时间越长，点火的位置越靠近混合气体的中心，则爆炸发生的危险程度就越大。在生产过程中，点火能量的存在是不可避免的，比如砂子和管壁的摩擦起火、铁屑撞击点火以及油在流动时与管壁产生的静电等，这些都可能是潜在的点火源，而且其能量和位置都不确定。所以，考虑到这些类型的点火能量的存在以及其对整体安全程度的影响，把点火能量的安全系数定为0.95。

4. 温度的影响

基于前文实验数据的分析结果，可以明显得出温度对爆炸极限以及临界氧含量的影响规律，即温度越高，爆炸极限的范围就越大，临界氧含量的值也就越小。虽然目前大部分生产井和注入井的温度都在90℃左右，但是不能不考虑局部高温，或者井筒异常高温的情况，所以把温度对安全的影响系数定为0.9。

5. 压力的影响

实验过程中发现压力的升高会导致发生爆炸的危险程度大大增加，由于实际生产过程中会出现某些环节的压力远远高于实验室模拟工况条件的情况，所以把压力的安全系数定为0.9。

6. 其他因素的影响

除上述主要因素会对油气爆炸极限的范围和相应的安全氧含量的大小产生不同程度的影响外，其他因素对实验测试结果影响较小，目前还没有发现的因素的影响亦不可被忽视。因此，统称这些因素为其他因素，并取其安全系数为0.95。

本实验测得甲烷气中安全氧含量的极限值为12.35%，而国外现场试验中所采用的安全氧气含量的极限值为5%。因此，在室内实验和文献调研的基础上，考虑了上述诸因素对安全氧含量的影响，结合前文实验和理论分析结果，建议取最接近工况条件的实验数据乘以

总的安全系数即可得出油井中安全氧含量的值为8%，即在考虑其他方面及现场实际应用的情况下，确定氧含量的安全标准为8%。据此，可以制订油井中氧含量的安全参考范围为5% ~ 8%，即当监测到生产井内氧气浓度超过5%时应启动安全预警措施，当氧气浓度达到8%时，油井关井，注入井停注。关井一段时间后，连续取样监测产出气中氧气的含量，当氧气的浓度低于5%时，油井恢复生产；当氧气的浓度低于3%时，注入井恢复注入空气、空气泡沫或注水等措施。而国内大部分油田在实际矿场应用上，则预留更多的安全余量，确定安全氧含量的极限值的标准为3%，即当矿场试验过程中监测到的生产井内氧气浓度达到或超过3%时，应启动安全预警措施。

第三节 空气驱主要安全隐患及防护措施

整个注空气过程中，从地面流程到井下管柱均存在或大或小的安全隐患和风险，本节主要从空气压缩机、注气管线以及注气井和生产井井筒4方面找出了其存在的主要风险和有害因素，并制订出了相关的防护与控制措施。

一、空气压缩机的风险与预防措施

1. 空气压缩机的风险

注空气采油过程中空气压缩机存在的风险最多，发生事故的概率也最大，这主要是因为空气压缩机的结构复杂、零部件多、运行速度快、内部摩擦多，且长期连续工作在高温、高压、强气流冲击、振动等恶劣的工况条件下，因此，使得压缩机的故障频繁发生。

空气压缩机存在的风险主要包括：空气压缩机的爆炸、排气压力不足、排气量波动和噪声影响等4大类。

1）空气压缩机爆炸

根据对事故现场的情况进行分析判断可知，空气压缩机爆炸主要是由高温运行、积炭和供油不当等3种原因引起的。

（1）高温运行。

空气压缩机运行温度高的主要原因是冷却的效果不好。导致冷却效果差的原因主要有两种，一是冷却系统的结构存在着设计制造上的缺陷；二是冷却水的水质差、硬度高且含有杂质，容易造成冷却系统结垢堵塞，从而使通道面积减小、导热差，进而影响冷却效果。空气压缩机零部件的质量低劣，尤其是进气阀、排气阀的质量不过关，使用寿命短，漏气严重，也是造成空气压缩机运行温度过高的重要原因。而且设备长期高温运行又大大加速了积炭的生成。

（2）积炭。

积炭的形成与润滑油的供给量有着密切联系。供油过少，气缸润滑不良，容易造成烧缸；而供油过多，则易形成积炭。以L515−40/8型空气压缩机为例，国家规定的耗油量标准为不大于105g/h，但在实际运行中，注油量往往偏大，通常可达到标准值的几倍。

而且空气压缩机在高温运行状况下，润滑油的蒸发速度大大提高，一些分子量较小的碳氢化合物经蒸发后进入压缩的空气中，而余下的一些分子量较重的固态分子则沉积下来成为积炭的一部分。供油量过大常常会导致压缩的空气中的含油量过大，而多余的润滑油经高温氧化后与空气中的杂质混合后常会形成易于吸附润滑油的多孔性积炭。此外，空气压缩机在运行过程中产生的污水、污油等常常沉积在后冷却器及储气罐底等部位，若不及时排放，则沉积的污油经高温蒸发后也易形成积炭。

据实验证明，排气阀上生成积炭的放热反应主要发生在 150 ～ 250℃的温度范围内。生成积炭的主要过程为，在高温高压条件下，尤其是在有金属接触的条件下，雾状或粘在金属表面上的润滑油，经空气快速氧化后，生成胶质油泥等氧化聚合物，沉积在金属表面上，在持续的热作用下，经过热解脱氢反应形成积炭。当积炭厚度达到 3mm 以上时，就会有自燃的危险。另外，积炭会影响空气压缩机的散热效率，从而导致热量蓄积，当热量积累到一定程度后，刚生成的积炭就会形成着火源，则黏附在积炭上的一部分润滑油，就会被蒸发和分解，进而产生裂化的轻质碳化氢和游离碳，与高温高压空气混合后，当浓度达到爆炸极限时就会发生爆炸。积炭生成量的大小与润滑油的氧化安定性、加油量和润滑油的质量及检修状况有关。严禁空气压缩机采用开口的储油方式，防止润滑油杂质超标而堵塞注油器。

由于上述原因，空气压缩机长时间运行时，易生成大量积炭，使活塞环卡死在槽内，气阀不能正常启闭，气流通道面积减少，阻力增加并形成射流，从而使温度进一步上升，润滑油蒸发加剧。因此，气缸内的压缩气体实际上是空气和可燃油蒸气的混合物，与内燃机气缸内的情形极为相似。

积炭本身也属于易燃易爆物品，这时如遇积炭自燃，就会导致油质劣化、闪点迅速降低，排气管、气缸等部件由于温度过高或受机械冲击，气流中的硬质颗粒在运动过程中冲击、碰撞以及静电积聚等都能引起积炭燃烧进而引起着火爆炸。

（3）供油不当。

造成空气压缩机供油不当的原因主要有以下两种。

①注油量偏高。操作工的意识存在偏差，认为注油量大的设备不至于烧缸，所以在操作上比较保守；或者在设备运行时，由于振动等原因，使注油器的螺母松动，因而导致其注油量比原来锁定时的要大。

②由于检修不及时或备件的质量问题，容易造成机身与气缸间密封不严，油池内的油大量窜入到气缸内。

2）排气压力异常

排气压力异常主要是指空气压缩机的排气压力不足。空气压缩机事故的统计结果表明，造成空气压缩机排气异常的主要原因是气阀故障与空气滤芯故障。另外密封填料漏气、气阀组件与压缩机座接触面密封不严、活塞环磨损与泄漏、排气管道泄漏、弹簧疲劳断裂、阀片磨损或断裂等都会造成排气压力的不足。

3）排气量不足

造成排气量不足的主要原因包括以下 5 种：（1）排气压力损失；（2）管道阻力、吸气阀门阻力以及过滤器阻力的增大；（3）吸气阀弹簧弹力过大，吸气阀片提前关闭；（4）吸气温度高造成的气体体积膨胀；（5）密封不严，密封填料磨损等造成的泄漏都会造成进气量的减少。

4）机械故障

空气压缩机常常出现气阀故障、活塞杆断裂和轴烧瓦等机械事故，这主要是因为空气压缩机长期连续工作在高温、高压、强气流冲击及振动等恶劣的工况环境下，同时由于注空气采油过程中的排气压力常常高达十几甚至几十个兆帕，排气温度也常高于100℃，而且注空气采油过程中所采用的空气压缩机也没有经过专门的设计，在交变载荷的作用下，机械强度难以满足要求。因此，就容易引发机械事故。

5）噪声危害

压缩机噪声主要由进气口、出气口辐射的空气动力性噪声、结构件的机械噪声以及驱动机的机械和电磁噪声等组成。空气压缩机噪声具有声压级高、低频突出、传播距离远、污染范围大等特点，特别是某些频率噪声与人的内脏器官的固有频率相接近，易发生共振，并使人出现头晕、恶心、心跳过速、高血压等症状，因而严重影响工作人员的工作质量和生活质量，易引发安全事故。

2. 空气压缩机防护措施

1）压缩机的设计、选型要合理

在选择空气压缩机的规格、型号和数量时，必须根据开发区层位的地质特征（包括埋藏深度、储层岩石物性、油层厚度、油层压力、温度及原油物性等）、开发年限以及最大注气量等因素来合理选择。

2）防止积炭产生

积炭是导致空压机爆炸的三大因素之一，因此，保证空气压缩机的清洁，防止积炭产生或沉积就可以从根本上消除空气压缩机爆炸的隐患。防止积炭产生的措施主要有以下几方面：

（1）改善机房周围的环境，保持空气干净清洁，防止过多的杂质进入空气压缩机系统；

（2）为了控制积炭的生成速度，应选用基础油好、残炭值小、黏度适宜（ISOVG68–100）、抗氧化安定性良好（康式残炭值 <3%）、燃点高的润滑油，如合成的双酯型润滑剂，并建立完善的空气压缩机专用润滑油的采购、检验和验收的管理制度；

（3）确定合适的供油量，气缸供油量不能太大，最大不超过 50g/m^3，以防止油气量增大和结焦积炭增多，若润滑油供给过多，则易形成积炭（国家标准≤ 105g/h，具体标准分别为：L515–40/8 型号Ⅰ级缸每分钟供给 15 ～ 20 滴，Ⅱ级缸每分钟供给 15 ～ 18 滴）；

（4）严格控制排气温度，确保压缩机设计有足够的级数及级间冷却，且将排气温度控制在 150℃以下，可防止积炭的生成；

（5）建立以检查和清除积炭为主的小修周期。

3）空气压缩机安装地点要求

（1）适当避开有安静、防震要求的场所。

（2）避开有爆炸性、腐蚀性及其他有害气体和粉尘的场所。

（3）供水、供电方便，场地清洁。

（4）冬季环境温度不宜低于 5℃。

（5）夏季环境气温宜保持在 35℃以下。

（6）露天使用时必须装有防雨雪、防曝晒措施。

4）通道要求

（1）空气压缩机与墙、柱的距离应不小于 0.8m。

（2）空气压缩机与其他辅助设备之间的距离应不小于 1m。

5）水冷系统注意事项

（1）避免冷却系统结垢，加强冷却水水质的监控与管理，并定期对空气压缩机进行清洗(除垢)，确保水冷系统畅通，不得有内泄外漏现象发生。

（2）冷却水阀后入口处的给水压力不宜大于 2×10^5Pa 或小于 0.7×10^5Pa；冷却水的进口温度不宜高于 30℃，排水温度不应高于 60℃。

（3）空气压缩机用冷却水水质的一般要求：pH 值在 6.5 ～ 9.5 之间；硬度不大于 4.3×10^{-3}mol/L；悬浮物含量不大于 100mg/L；含油量不大于 5mg/L；有机物含量不大于 25mg/L。

（4）冷却器上部应装有完好的安全膜，以防止冷却水系统堵塞或空气冷却管束破损，而使水腔压力过高，进而导致事故的发生。

（5）冷却器安装时应加有橡皮垫、石棉板等减振、防松措施。

（6）空气压缩机周围的地沟应铺设盖板。

（7）空气压缩机停机后，应放尽冷却水；冬季停机后，必须放尽气缸和水套内的余水，以免冻裂。

（8）加强水冷却过程，当水冷不能满足要求时，须采用风冷与水冷相结合的方式。

（9）对冷却器进行技术改造，翅片型冷却器芯由于其质量大或在运行过程中长时间振动等，均容易造成翅片与冷却管接触不实而导致散热面积减少，进而影响冷却效果，因而采用铜制波纹管式冷却器芯，冷却效果非常明显。

6）润滑系统

（1）合理使用润滑油，润滑油的油质应符合要求，确保润滑油的质量及供给量，保持清洁，并确保油路无内泄外漏现象，根据油田现场经验一般选用高温合成的双脂型润滑剂。

（2）曲轴箱内的润滑油的油量应保持在油标线内。

（3）空气压缩机的工作场所宜装设废油回收装置，废油、废水的排放应符合国家的“三废”排放标准。

7）气路系统

（1）气体管路系统应保持畅通且无泄漏现象发生。

（2）须安装安全阀，安全阀应确保启闭灵敏、可靠。当排气压力超过额定值的 10% ～ 15% 时，应能自动开启；下降到额定值的 95% 时，应能自动关闭。安全阀应严密，若有泄漏，应及时停车、卸压修复。安全阀应按说明书的规定，定期进行检测。

（3）装设压力表。一、二级气缸排气管路上均应安装压力表，且应避免受高温的影响，并应保证压力表的完好、灵敏、准确，一般选用的精度为 2.5 级。此外，压力表应半年校验一次，经校验合格的压力表应有铅封和校验合格证。其量程应为额定工作压力的 1.5 ～ 3 倍，且表盘直径不应小于 100mm，刻度应清晰可见。如遇指针失灵、刻度不清、表盘玻璃破裂以及泄压后指针不回零位或铅封损坏等情况，均应立即更换。

（4）安装空气过滤器。空气过滤器应保持结构完整，并保证进入空气压缩机的空气清洁。每工作 100h 后，应检查清洗一次，晾干后再用。

（5）吸气和排气管道。应尽量避免或减少对建筑物的影响，排气管道还应装有热补偿装置。

（6）压缩空气的管道应采用法兰与设备和阀门连接，而其他部位则宜采用焊接的方式进行连接，且接头部位应保持严密，严禁在管路系统带压的状况下拧紧连接件。

（7）根据环境的不同要求，空气压缩机的吸气系统应采取相应的降低噪声的措施。

8）加强操作管理

加强管理，严格组织纪律，加强职工的责任心。定期巡检，及时调整，制订严格的操作规程及检查制度，要求操作人员能够对一般空气压缩机的故障进行判定和处理，及时调整风压，避免空气压缩机空负荷运转，定时进行排污、清垢等操作。

二、注气管线爆炸的原因与预防措施

1. 爆炸原因

（1）管线内的铁锈及其他固体微粒随空气高速流动时生成的摩擦热和碰撞（尤其在管道拐弯处），是注气管线着火爆炸的一个原因。

（2）空气流的作用使管线与空气压缩机之间的阀门沾有油脂。

（3）管线漏气，在管线外围形成爆炸性气体滞留的空间，遇明火发生着火和爆炸。

（4）空气压缩机着火导致注气管线着火爆炸。

2. 预防措施

（1）对注气管线进行内部涂层，防止内部生锈，减少锈皮与高速流动的空气间摩擦热的生成。

（2）尽量减小注气管线拐弯的数量，管道间应采用焊接的方式进行连接，但管道与设备、阀门和附件之间可采用法兰或螺纹等进行连接。

（3）防止将明火倒入管道内部。

（4）进行气密性和泄漏性实验，防止管线泄漏。

三、注入井井筒爆炸的原因与预防措施

1. 爆炸原因

注入井的爆炸主要是因为空气注入压力太低，从而导致油气回流进入注气井中，与井底的注入空气混合，进而发生燃烧爆炸反应。造成注气压力低的原因主要有以下 4 种。

（1）注气停止。包括空气压缩机正常停注和因空气压缩机故障而停注两个因素。空气压缩机停注导致注入井压力突然降为零，在没有采取井下回压控制措施的情况下将会发生油气回流。

（2）空气压缩机的重新启动。在重新启动空气压缩机的初始阶段，井口压力也会低于设计压力，而且空气压缩机停注期间也会引起地层压力升高，这些因素都会导致油气回流。

（3）注气管线泄漏导致注气量和压力不足，这主要是由管线腐蚀穿孔引起的。

（4）空气压缩机排气量异常，注气压力不稳定。

2. 防护措施

（1）加强对注入井的压力、温度及注入量的检测，防止注入井井底压力低于油藏压力。还可以通过在井下安装封隔器和回流控制阀等装置减少油气进入注气井。

（2）做好安全预防工作。在注入井井底保持正的空气压力是防止油气回流的安全操作的基本要求。还可以在井口安装两个及以上空气压缩机。在早期的空气驱矿场试验阶段，就有国外公司作出规定，当空气压缩机的停机时间超过30min时，就必须采用一套净化压井系统，向井内泵入氮气、水或2%的氯化钾水溶液，将井筒内剩余的空气顶替入地层，以防止油气回流。此外，还可对注气井内的气体成分进行监测，根据油气成分来估算其爆炸极限，并预测是否有爆炸倾向，进而采取相应的防范措施。

四、生产井井筒爆炸的原因与预防措施

1. 爆炸原因

生产井爆炸主要是生产井中因气窜或不完全氧化而造成的过剩的氧气，与井下轻烃组分混合后形成混合性爆炸气体，当浓度达到爆炸极限范围时，遇有足够的点火能量而发生的爆炸。氧气突破是注空气过程中最受关注的一种不安全因素。造成氧气突破的原因主要有以下几方面。

（1）油藏温度过低，导致氧化反应速度变慢，甚至会导致氧化过程停止，因而使耗氧量降低，造成氧气过剩。

（2）注入井与生产井井间的井距过小，易导致氧气过早突破。

（3）注入的空气通过油藏中的高渗透层直接到生产井。

（4）缺乏对气体的监测或预警。

2. 预防措施

（1）在工程开始之前，应先筛选并确定适合注空气的目标油藏，深入研究油藏动态，进行室内氧化实验研究，进而评估注空气低温氧化工艺的技术可行性。

（2）生产过程中应进行气体的监测分析和注入区域内空气限量的评价。由于气体的排量表征了油藏内气体流动的方向性，因此，需要重点监测与注气井连通性极强的生产井中的气体排量，并对气体的组分进行检测。由于气体中的氮气和二氧化碳组分是解释氧气带温度表征的关键，因此，进行产出气中组分检测至少应包括氧气、甲烷、氮气和二氧化碳四种组分。

（3）通过对油井气体含量和成分的监测分析，进一步研究油藏内的氧化反应状态和气体的流动途径，改进工艺，优化注采井的位置和注气量，进而达到提高低温氧化效率和原油采收率的目的。

第四节　注空气工艺安全评价

根据前面的风险分析和国内外现场应用的实际经验可知，注空气采油技术存在的风险较大，容易发生生产井爆炸、注入井爆炸和空气压缩机爆炸以及腐蚀等事故，特别是在中国，注空气采油工艺技术无论是实验研究还是现场应用都处于初级阶段，各项配套技术还不完善。为

避免危险事故的发生，应采取有效的风险分析和评价方法，及时发现存在的安全隐患，从而将事故控制在可接受的范围内。因此，本节主要针对注空气过程中存在的风险和隐患，选取有效的风险评估方法，并建立相应的三级评价模型，在此基础上，得到了事故树分析的评价结果。

一、评估方法选择

受实际条件所限，目前只能根据注空气采油工艺技术的特点，对该项技术进行定性分析，但若有现场数据亦可对其进行适当的定量分析。本节主要采用事故树（谱）分析法对注空气采油工艺技术实施过程中存在的风险进行评价。

1. 事故树简介

事故树分析法（Fault-Tree Analysis），又称故障树分析法，是一种图形演绎方法，是故障事件在一定条件下的逻辑推理方法，其理论基础是集合论、概率论、图论及数理统计。该方法把系统不希望出现的事件作为事故树的顶事件，用规定的逻辑符号自上而下分析导致该项事件发生的所有可能的直接因素及其相互间的逻辑关系，并由此逐步深入分析，直到找出事故发生的根本原因，即找出事故树的基本事件为止。事故树评价的最终目的是为了找出系统的薄弱环节，从而提高系统的安全性和可靠性。

2. 选择的理由

（1）事故树分析法的灵活性强，适用范围广。

（2）通过事故树分析可以确定造成事故的基本事件，容易制订出预防事故发生的控制措施。

（3）事故树分析法可以用于定量分析，并可通过求取最小割集来找出系统存在的主要风险，该方法可适用于注空气采油这种缺乏基础数据的新技术。

二、事故树模型建立

通过前面的风险分析可知，注空气采油过程存在多种安全隐患。因此，针对注空气工艺过程，利用事故树分析法，建造了三级事故树评价模型。

1. 建立一级评价模型

一级评价模型主要是通过将系统存在的事故进行分类，总结出主要的事故类型，列出评价模型。注空气采油过程的一级评价模型是根据工艺过程来划分事故类别的。注空气工艺的一级事故树评价模型如图 4–5 所示。

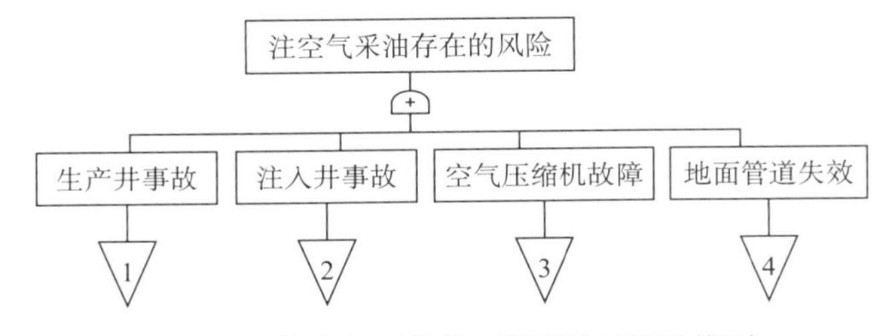

图 4–5 注空气工艺的一级事故树评价模型

2. 建立二级评价模型

二级评价模型是在一级评价模型的基础上对各类事故进行细化的过程，通过将各工艺过程存在的风险进行进一步分析，建立二级评价模型，分别是：生产井事故的评价模型；注入井事故的评价模型；空气压缩机事故的评价模型以及地面管线失效的评价模型。

1）生产井事故的二级评价模型

由风险分析可知生产井主要包含两类事故，即生产井爆炸和采油管线的失效。生产井事故的评价模型如图 4–6 所示。

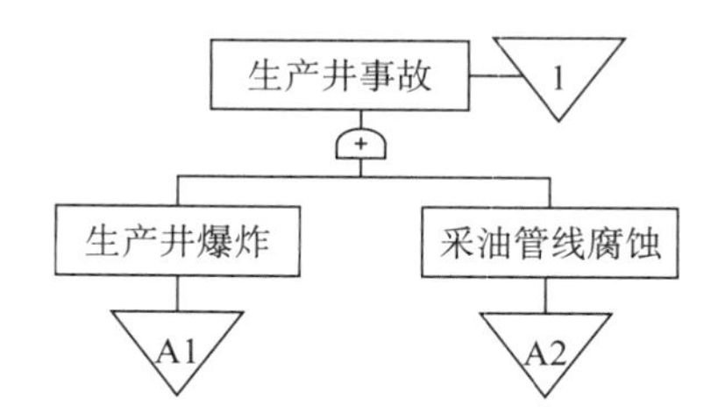

图 4–6　生产井事故的二级评价模型

2）注入井事故的二级评价模型

通过前面的风险分析可知，注入井事故主要有两类，分别是注入井爆炸和注气管线的失效。注入井事故的二级评价模型如图 4–7 所示。

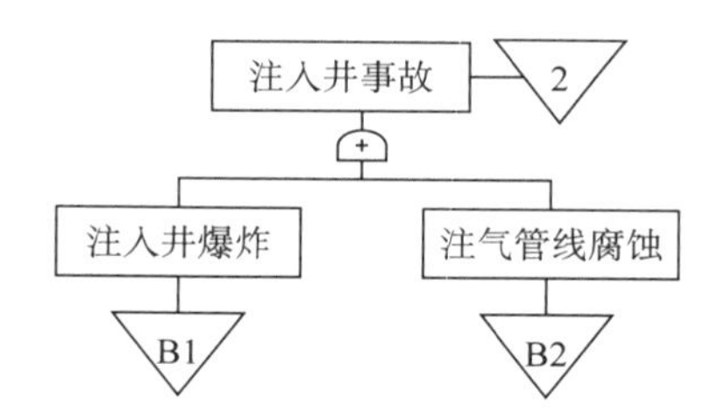

图 4–7　注入井事故的二级评价模型

3）空气压缩机故障的二级评价模型

空气压缩机是注空气采油工艺中的危险设备，存在的事故类别比较多，通过前面的风险分析可知，根据空气压缩机的主要事故类别，建立的二级评价模型如图 4–8 所示。

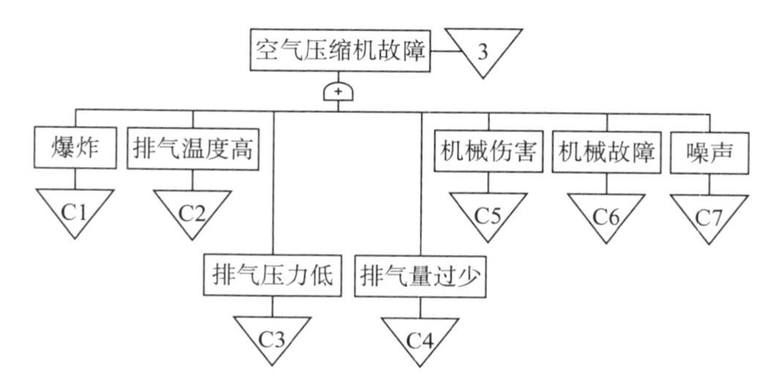

图 4–8　空气压缩机事故的二级评价模型

4）地面管线失效的二级评价模型

管线是在油田生产过程中用得最多的生产部件，由于生产现场条件复杂恶劣，使得管线容易发生泄露和断裂失效，根据地面管线失效的类型建立二级评价模型，如图 4-9 所示。

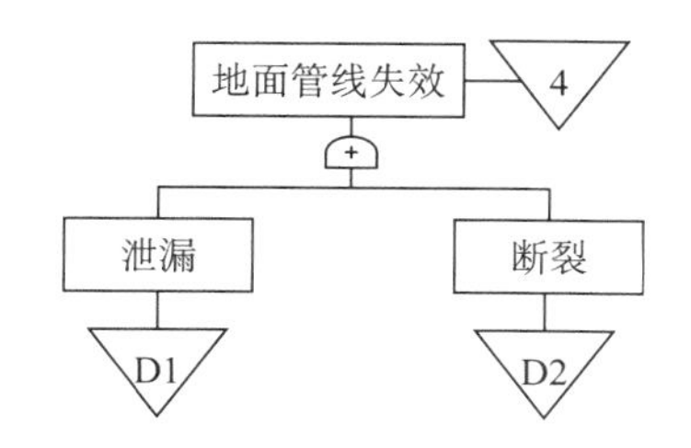

图 4-9　地面管线事故的二级评价模型

3. 建立三级评价模型

三级评价模型是注空气采油工艺过程中事故树评价的基本评价模型，具体分析每一类事故发生的原因，通过对三级评价模型的分析，可以找出事件发生的最小割集，也就是找出事故的基本事件和主要事件，以便找到控制事故发生的根本途径，将事故风险降到最低，这也正是事故树评价的主要目的。

各基本事故的三级评价模型如下。

1）生产井爆炸的评价模型

对注空气采油工艺过程中导致生产井爆炸的原因进行分析，建立三级评价模型如图 4-10 所示。

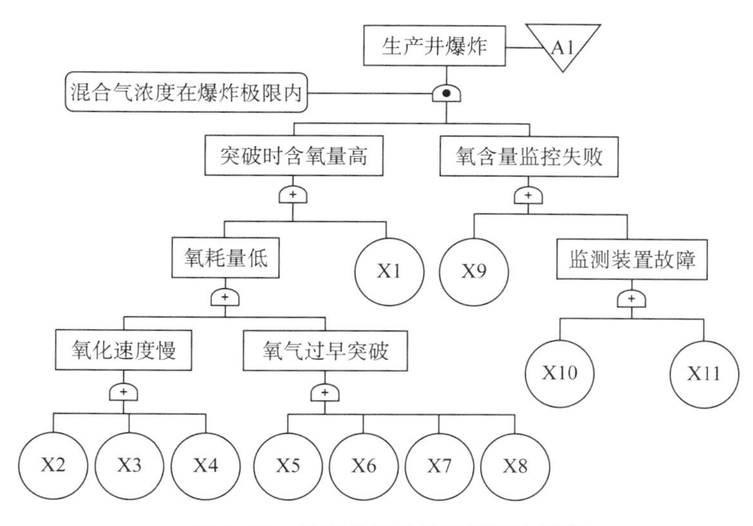

图 4-10　生产井爆炸的三级评价模型

2）采油管线腐蚀的评价模型

对注空气采油工艺过程中造成采油管线腐蚀的原因进行分析，建立三级评价模型如图 4-11 所示。

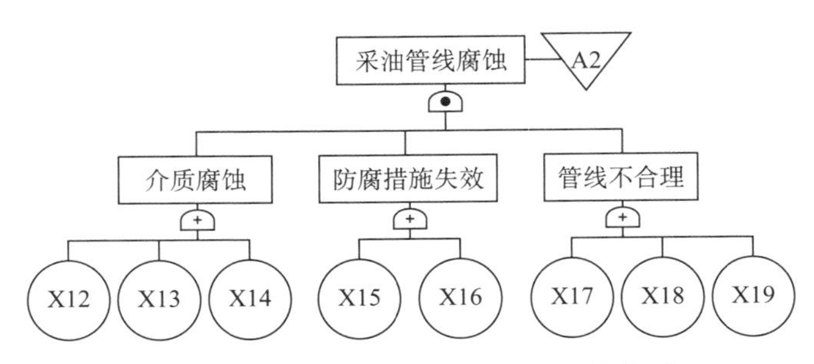

图 4-11　采油管线腐蚀的三级评价模型

3）注入井爆炸评价模型

对注空气采油工艺过程中导致注入井爆炸的原因进行分析，建立三级评价模型如图 4-12 所示。

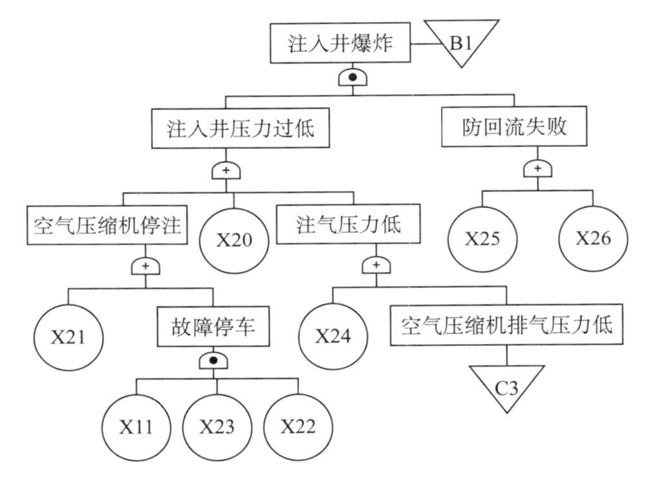

图 4-12　注入井爆炸的三级评价模型

4）注气管线腐蚀

对注空气采油工艺过程中导致注气管线腐蚀的原因进行分析，建立三级评价模型如图 4-13 所示。

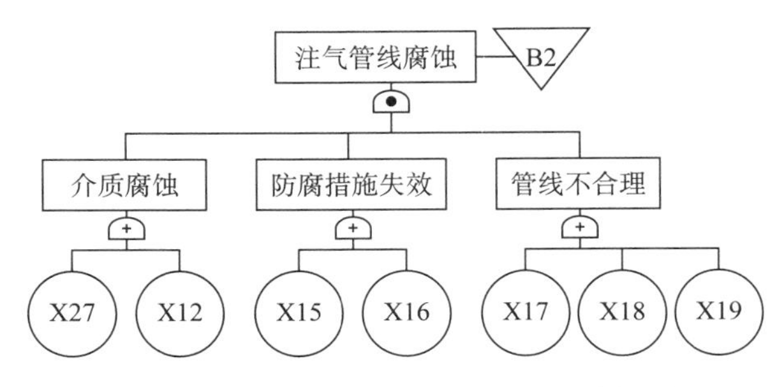

图 4-13　注气管线腐蚀的三级评价模型

5）空气压缩机爆炸事故树模型

对注空气采油工艺过程中导致空气压缩机爆炸的原因进行分析，建立三级评价模型如图 4–14 所示。

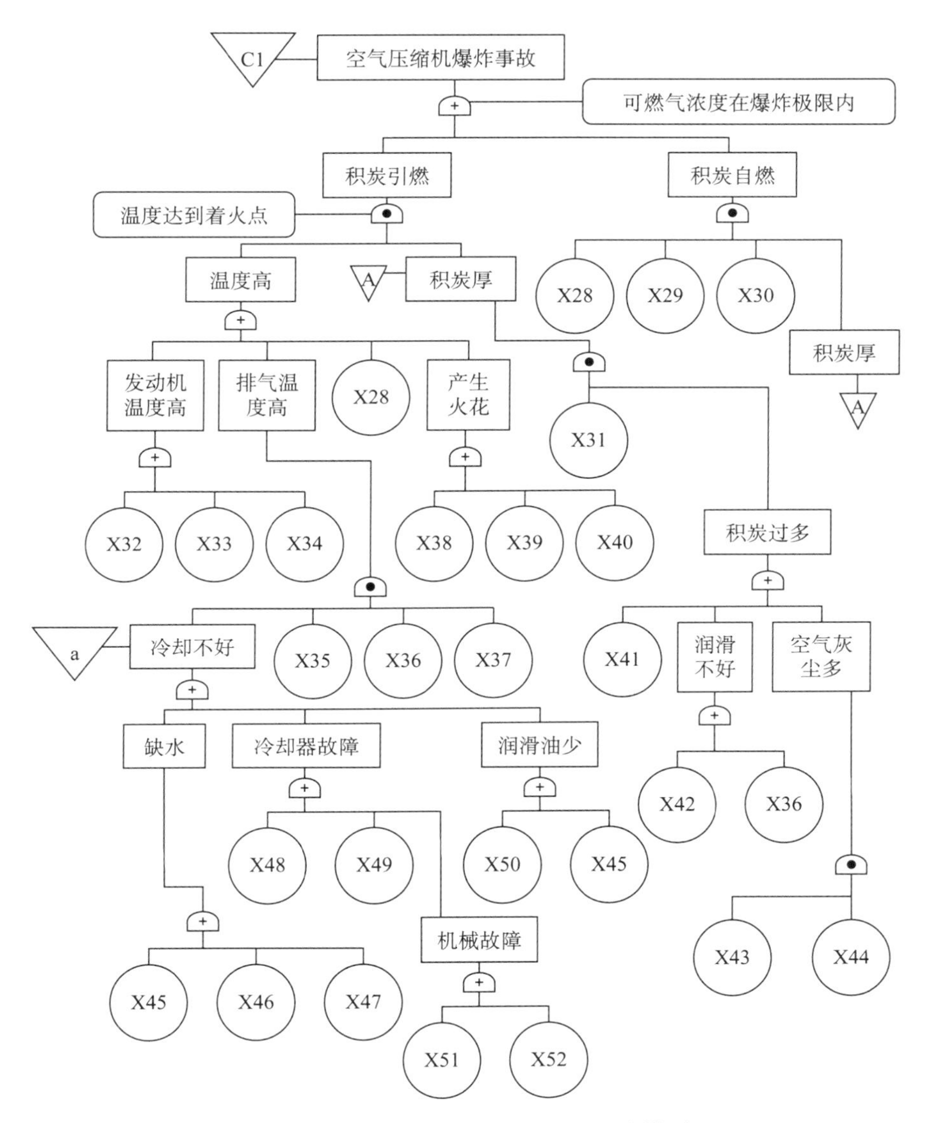

图 4–14　空气压缩机爆炸的三级评价模型

6）空气压缩机排气温度高模型

对注空气采油工艺过程中造成空气压缩机排气温度过高的原因进行分析，建立三级评价模型如图 4–15 所示。

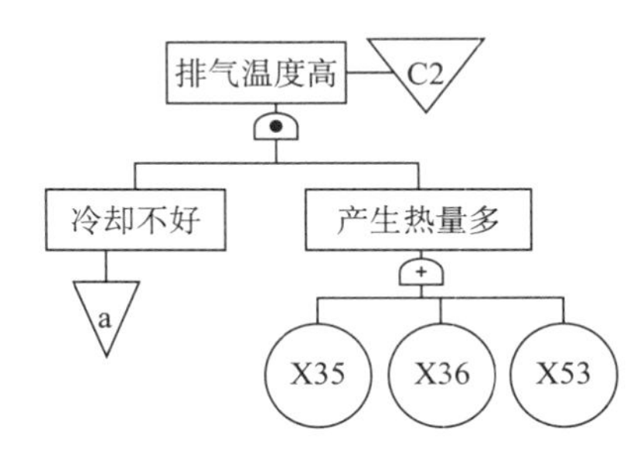

图 4-15　空气压缩机排气温度高的三级评价模型

7）空气压缩机排气压力低模型

对注空气采油工艺过程中造成空气压缩机排气压力过低的原因进行分析，建立三级评价模型如图 4-16 所示。

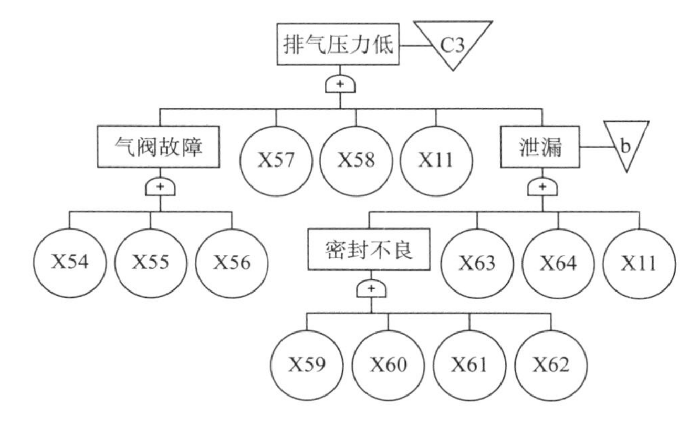

图 4-16　空气压缩机排气压力低的三级评价模型

8）空气压缩机排气量过少评价模型

对注空气采油工艺过程中造成空气压缩机排气量过少的原因进行分析，建立三级评价模型如图 4-17 所示。

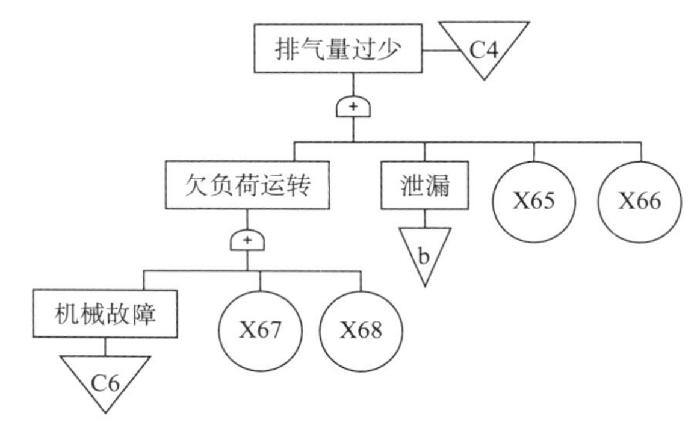

图 4-17　空气压缩机排气量过少的三级评价模型

9）空气压缩机机械伤害的评价模型

对注空气采油工艺过程中造成空气压缩机机械伤害的原因进行分析，建立三级评价模型如图 4–18 所示。

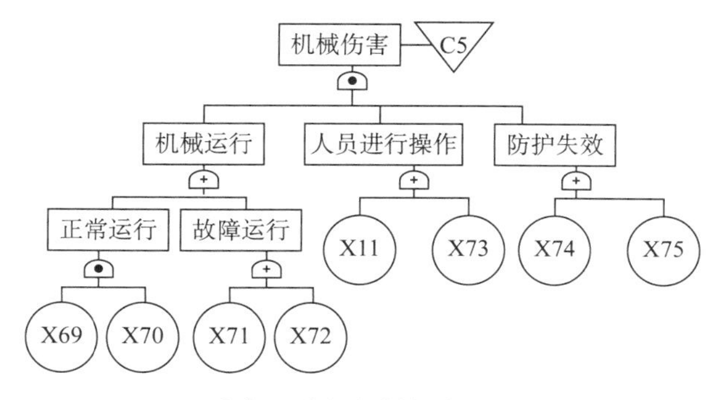

图 4–18 空气压缩机机械伤害的三级评价模型

10）空气压缩机机械故障模型

对注空气采油工艺过程中造成空气压缩机机械故障的原因进行分析，建立三级评价模型如图 4–19 所示。

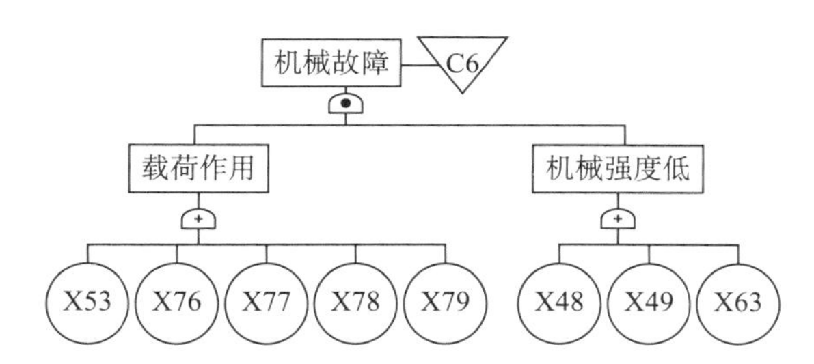

图 4–19 空气压缩机机械故障的三级评价模型

11）空气压缩机噪声危害模型

对注空气采油工艺过程中导致空气压缩机产生噪声危害的原因进行分析，建立三级评价模型如图 4–20 所示。

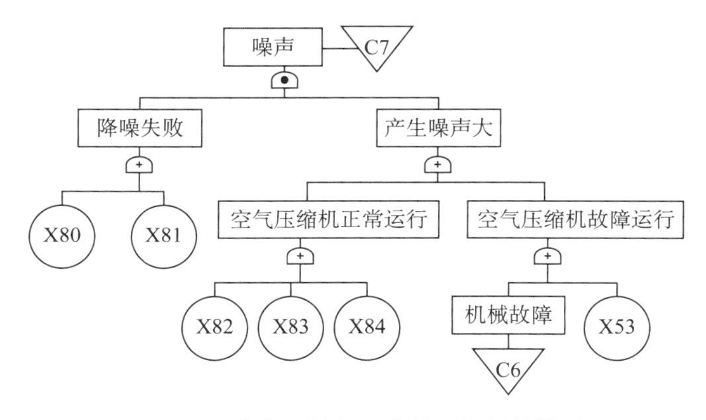

图 4–20 空气压缩机噪声的三级评价模型

12）地面管线泄漏的事故模型

对注空气采油工艺过程中造成地面管线泄漏的原因进行分析，建立三级评价模型如图4–21所示。

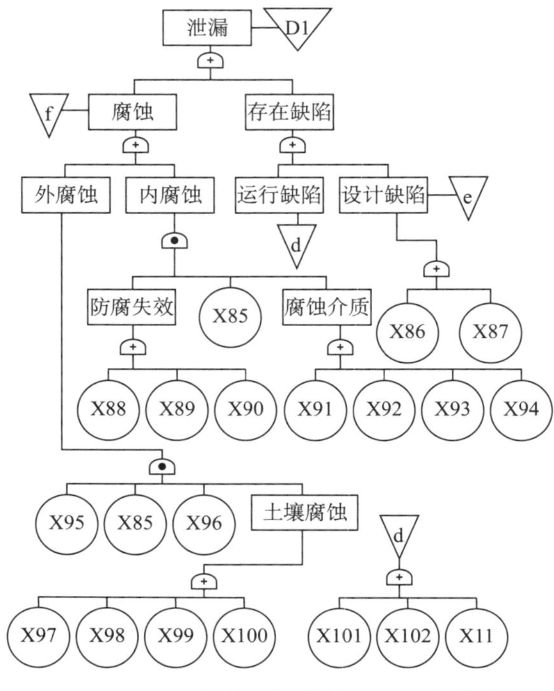

图4–21 地面管线泄漏的三级评价模型

13）地面管线断裂的事故模型

对注空气采油工艺过程中造成地面管线断裂的原因进行分析，建立三级评价模型如图4–22所示。

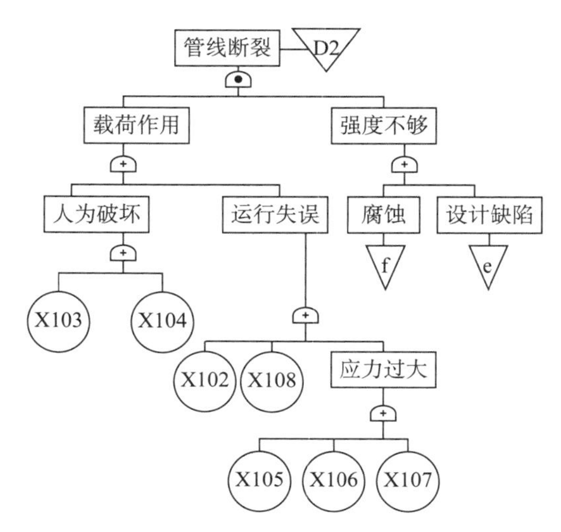

图4–22 地面管线断裂的三级评价模型

三、事故树分析评价

通过建立注空气采油的三级事故树评价模型，对事故隐患发生的风险性及危险性进行了定性分析及初步的定量分析，可以得出以下评价结果。

（1）注空气采油工艺技术存在多种危险隐患，通过对已发生的各种事故进行定性分析可知，该工艺技术存在的主要危险就是注气井的爆炸、生产井的爆炸、空气压缩机爆炸以及管线的腐蚀和断裂。其中，空气压缩机发生爆炸的概率大，风险大；注气井发生爆炸的可能性较高，风险最大；生产井爆炸的可能性较低，但风险等级较高，事故损失大；氧和 CO_2 腐蚀后引起泄漏后的安全隐患亦很多。

（2）由于注空气采油工艺过程中各种风险因素之间存在着紧密的联系和相关性，一个事件的发生可能会导致一连串事故的发生，比如空气压缩机压力的降低就可能会导致注气井由于注入压力低于井底压力而发生油气回流，进而可能会引发爆炸事故，因此注空气采油工艺技术的安全制度要随着生产的进行不断地完善。

（3）以工艺单元为划分单位，将整个工艺技术在实施过程中所有可能发生的危险事故进行综合分析和评判，就可以获得该工艺技术的二级事故的风险评价结果。在二级评判中，空气压缩机存在的安全隐患最多，存在空气压缩机爆炸、排气压力下降、排气温度升高、机械故障以及噪声危害等多种事故隐患，属于主要危险源。因此，可以将空气压缩机看作是重大危险源来处理，在日常管理及操作中应加强注意。

（4）若有现场数据作支撑，则可对事故树进行定量分析，进而得出顶事件发生的概率和各基本事件的重要程度以及其对顶事件的影响程度，并根据事件的轻重缓急而采取相应的措施，从而达到控制事故发生的目的。

第五节　地面配套工程过程安全分析方法

针对港东二区五断块空气泡沫驱工程，委托西门子（中国）有限公司对地面配套工程开展了过程安全分析，分析的内容包括过程安全信息审核（PSI，Process Safety Information）、机械完整性分析（MI，Mechanical Integrity）及其过程危险分析（PHA，Process Hazard Analysis），其中 PHA 包含危险与可操作性（HAZOP）分析、设施选址（Facility Siting）分析和人为因素（Human Factor）分析。

一、分析方法

过程安全分析工作分为 3 部分内容：过程安全信息、机械完整性分析和过程危险分析。分别简述如下：

1. 过程安全信息（PSI）

过程安全信息是过程安全管理最重要的要素之一。过程安全信息审核工作按照职业安全与健康管理局（OSHA）过程安全管理标准（29CFR 1910.119）展开。通过对过程安全信息的质量、完整性及可用性等进行现状分析，辨识出差距进而提出改进建议。审核以独立的视角展开，范围包括过程安全相关项如工艺数据、设备数据表、分析结果、报告和图纸等。

2. 机械完整性（MI）

机械完整性分析是利用 UltraPIPE 软件对港东二区五断块空气泡沫驱地面配套工程进行研究，研究内容包括：

（1）管线回路划分，回路划分的目的是将具有相近腐蚀环境和近似设计条件（包括建造材质）的多条管线合并成一个统一的回路，以便提高现场检验的效率；

（2）制订管线和设备检验图纸，提供 AutoCAD 版和纸版图纸，图纸标注壁厚监测点（TML）信息；

（3）基于收集到的资料，将数据导入至 UltraPIPE 软件并生成执行数据库，在此执行数据库基础上，可自行导入新的检验数据以便安排设备和管线的未来检验计划；

（4）提交最终报告，详述相关设备管线的检验计划等信息，同时在报告中说明项目分析基础和前提假设等。

3. 过程危险分析（PHA）

PHA 分析的目的是辨识可能导致有毒、易燃和爆炸性化学物质泄漏等装置运行参数偏离，分析其产生的相应后果，评价安全措施是否足够，进而提出相应建议。过程危险分析包括 3 个阶段：资料收集和准备、现场会议和报告编制。PHA 的具体内容包括：

（1）设施选址分析，针对设施选址中潜在危害的检查表审核；

（2）人为因素分析，针对工作环境的人为因素审核；

（3）HAZOP 分析，针对工艺装置基于节点的分析。

其中，设施选址和人为因素分析依据职业安全与健康管理局（OSHA）过程安全管理标准（29CFR1910.119）展开。

HAZOP 分析采用目前应用最广泛的基于引导词的危险与可操作性方法。HAZOP 分析方法是通过一组引导词（比如无流量、多流量、少流量、高温、低温、高压、低压、高液位、低液位等）的使用，来全面和系统地识别装置设计中可能存在导致安全或操作问题的设计缺陷，评估是否需要进一步的安全措施。方法的本质就是通过系列的会议对工艺图纸和操作规程进行分析。在这个过程中，由各专业人员组成的分析组按照规定的方式系统地研究每一个单元（即分析节点），分析偏离设计工艺条件的偏差所导致的危害和可操作性问题。HAZOP 分析组分析每个工艺单元或操作步骤，识别出那些具有潜在危害的偏差，这些偏差通过引导词引出，辨识产生工艺偏差的原因，而这原因必源自所讨论的工艺节点里；评估潜在的后果影响，比如操作困难、工艺异常、生产关断、火灾爆炸安全事故等，辨识已有的安全防护措施，以防止工艺偏差原因的发生或减轻后果，同时提出应该采取的安全保护措施。

HAZOP 分析的进行首先需要成立一个有经验和有能力的小组，分析小组必须由不同专业组成的分析组来完成，专业组成包括设计、工艺、设备、操作、维护、仪表和电气、公用工程等。

基于工艺流程，HAZOP 分析共分为 7 个节点。具体工艺节点的划分参见表 4–9。

表 4–9　HAZOP 分析工艺节点

节点	节点描述	图纸
1	泡沫卸车流程，从槽车到泡沫罐	中控室显示屏工艺流程图
2	泡沫罐	中控室显示屏工艺流程图
3	泡沫罐至稀释罐流程	中控室显示屏工艺流程图
4	泡沫稀释罐	中控室显示屏工艺流程图
5	稀释罐经喂入泵到注入泵流程	中控室显示屏工艺流程图
6	注入泵到汇合三通（与压缩空气）流程	ZHU-T11003；中控室显示屏工艺流程图
7	空气压缩单元至汇合三通（与泡沫）流程	JIA-T11001；中控室显示屏工艺流程图

HAZOP 分析的详细工作流程图如图 4–23 所示。

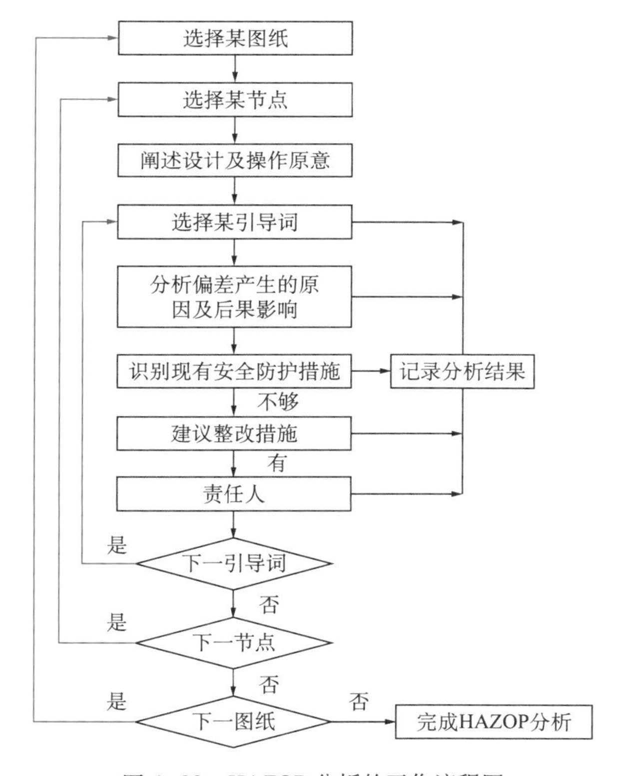

图 4–23　HAZOP 分析的工作流程图

二、分析结果

过程安全分析安全信息（PSI）、机械完整性分析（MI）和过程危险分析（PHA）的主要参考资料包含部分工艺管道和仪表流程图、布局图、施工图、设施说明书和工艺方案等。

1．过程安全信息分析结果

根据OSHA工艺安全管理框架14个要素，对港东二区五断块空气泡沫驱地面配套工程的资料文件进行了审核，主要内容包括：符合性问题、法规要求、审核原则、审核的对象文件、结论和发现、符合性程度和针对性建议。针对以上审核工作，得出了11条建议，具体内容如下。

（1）设计文件虽有部分的过程安全信息，但缺少所用介质的MSDS（化学品安全说明书），建议编制专用的MSDS数据表。

（2）泡沫注入阀组PFD图纸较完整，但泡沫盒空气注入单元无体现介质组分的PFD图纸，同时泡沫和空气注入单元仅有简单的方框图。建议编写单独的全套装置PFD图纸，此文件要比目前的方框图更详细。

（3）分析发现本装置不涉及危险性的化学品，同时文件中有化学品腐蚀性的简要介绍。尽管不涉及危险性的化学品，建议最好能在文件中将所用化学品的性质予以说明，这样可以消除将危险化学品忽略的疑虑。

（4）装置涉及相当数量的原油和天然气操作。建议列出其相应的操作安全上下限。

（5）空气压缩机操作说明中详细列出了安全操作范围。但其他单元缺少这些信息，如管线和压缩机最大操作压力、空气和泡沫单元的压力和温度范围尽管均已给出，但缺少相应单位。氧气安全含量上下限也没有明确。建议列出所有工艺和设备的运行条件和安全操作范围。

（6）已完成油气集输系统的初步危险分析。建议再编制其工艺过程偏离后果报告，后果要考虑到对员工安全和健康的影响。

（7）缺少电气设备防护等级划分图。建议编写电气设备防护等级划分图。由于本装置内没有使用易燃化学品，故此图不是原则性问题。

（8）井设计文件中规定了超压场景要配有泄压装置，并且压缩机操作说明也有此方面的描述。但发现泄压系统的设计基础资料不全。建议收集并整理出泄压系统的所有设计、维护等相关文件。

（9）作为火灾事故预防的措施，本装置配有通风与散热设备。但发现缺少该系统的设计和工程信息。建议对采暖通风与空调系统的设计工程信息进行审查，保证其一致性。

（10）分析发现该装置缺少物料平衡表。建议补充编写整个工艺的物料平衡表。

（11）本项目的设计和施工依据《石油天然气工程总图设计规范》（SY/T 0048—2009）和《中、高压往复式活塞空气压缩机》（JB/T 10683—2006）等标准规范。分析发现以下文件缺失：设备采购订单、工程工单、制造规范和质保记录（如完工图、水压和气压试验报告、原材料试验报告、焊接记录、测试与检验控制和见证节点记录、焊接件射线检验报告、NDT报告、应力消除报告等）、压力容器U−1A表格、泄压设备和系统的数据表或计算书、项目工程文件。

2．机械完整性分析结果

通过对接收到的数据进行分析，完成了以下机械完整性成果。

（1）建立设备和管线腐蚀检测信息，见表4−10。

（2）制订设备、安全阀和管线检验计划表，见表4−11。

（3）此次分析的UltraPIPE执行文件。

（4）设备和管线的检验图纸。

表 4–10　设备和管线描述

设备类型	主列表数	TML 监测点	检验计划	图纸
管线回路	74	136	1	3
冷凝器	3	0	1	0
换热器	15	0	1	0
分离器	15	0	1	0
容器	1	48	2	1
储罐	3	0	2	0
常压储罐	2	0	2	1
压缩机	3	0	1	0
电动机	3	0	1	0
泵	6	0	1	0
动力转向阀	1	0	2	0
合计	126	184	15	5

表 4–11　检验计划　单位：a

工作名称	基于剩余寿命	最大间隔年限	无腐蚀监测设备固定检验年限
可见的 –API 570 CL1 管线	2	5	5.0
可见的 –API 570 CL2 管线	2	5	5.0
可见的 –API 570 CL3 管线	2	10	10.0
可见的 –API 510 容器	2	5	5.0
可见的 –API 653 储罐	4	5	5.0
可见的 – 旋转部件	无	无	0.5
动力转向阀现场测试	无	无	1.0
动力转向阀台架测试	无	无	4.0
内部的 –API 510 容器	2	10	10.0
内部的 –API 653 储罐	2	10	10.0

针对机械完整性分析，提出了以下改进建议：

（1）查阅设计数据、报告等资料，将数据整合并导入进检验数据管理软件 UltraPIPE；

（2）基于设计数据，编制合理的在线及大修检验计划方案。

3. 过程危险分析结果

基于接收到的资料情况和现场会议，HAZOP 分析提出了两条建议；人为因素和设施选址分析提出了 12 条建议。具体建议见表 4–12 和表 4–13。

表 4–12　HAZOP 分析建议汇总

建议编号	可能的原因	后果	保护措施	建议
1	冬季作业	由于部分管线无保温和伴热，可能导致冻堵	没有发现	考虑对暴露部分（如压力表和流程控制阀）提供防护措施，以防止冻凝而造成管线堵塞
2	空气压缩机出口手动隔离阀故障关闭	造成出口管线超压破裂。可能导致人员伤亡（压缩机附近的值班人员）	压缩机出口有安全阀	建议审核安全阀设计文件，以确保相应安全阀和管线设计参数均满足技术要求（尤其是最严重超压场景）

表 4–13　人为因素与设施选址分析

建议编号	类别	问题	回答	建议
1	人为因素	在维护维修、清洗或攀爬等区域，是否有清晰的标识来提醒操作人员该区域潜在的特殊危害？	极少有	考虑针对特定危害，增设针对性标识
2	人为因素	需要时，能否找到想要工具？	部分可以，但需要完善	考虑提供更多工具，如梯子等
3	人为因素	噪声是否保持在可接受水平？	泵房和压缩机房噪声很大	限制人员暴露在高噪声区的时间
4	人为因素	在佩戴个人防护设备的情况下，操作人员是否能安全地执行日常和应急任务？	可以	建议考虑配备防护眼镜，使防护人员免受高压泡沫液和空气伤害
5	人为因素	装置区和控制室内的报警声音是否能免受环境噪声的干扰？	仅当压缩机运行时，不能确保能清晰听到报警声音	确认压缩机运行时，报警声音能被听到
6	人为因素	考虑到设备的布局及物理条件（如维修通道、旋转设备、高温设备、危险排放口等），操作和维护保养人员能否安全地完成所要求日常和紧急任务？	可以，但压缩机房的维修通道比较窄，作业较困难	建议承包商制订维护保养导则以减缓此问题
7	设施选址	装置停电会不会造成应急逃生设施故障？办公楼是否有不间断电源供应（UPS）？就地报警和通风系统（如果有）是否有不间断电源供应（UPS）？办公楼是否有窗户和应急灯？	控制室电脑配有UPS（不间断电源）	请确认断电情况下，报警系统有 UPS
8	设施选址	安全阀设计和尺寸计算文件是否保管好并能需要时查询到？	可以，但是需要整理	考虑将泄压系统资料整合成一个文件夹保存备用
9	设施选址	是否存在有以下原因导致的伤害？（1）厂区位置引起；（2）人员（非工作人员）引起。上述两个客观原因是否存在？	不适用。厂区位置处于偏远处，非人员聚集区	考虑完善安保措施，防止非法进入厂区
10	设施选址	是否存在与厂区所处位置及特定人员相关的危害？	不适用。厂区位置处于偏远处，非人员聚集区	考虑对厂区来访人员进行安全培训及安全检查

续表

建议编号	类别	问题	回答	建议
11	设施选址	是否存在由于应急响应或消防设施和系统而导致危害?	由于厂区远离市区，可能会延缓应急救援。厂区无消防栓	需应急救援时，厂区人员提前去迎接救援队伍，并为其提供厂区路线指导
12	设施选址	在应急情况下，是否配有通信设备以便于不同办公室的人员沟通?	备有固定电话，但无对讲机	厂区提议最好配备对讲机

根据地面配套工程过程安全分析结果，进一步完善与优化了设计与操作，对评价方提出的建议都采取了具体的措施予以落实，并对采纳建议的情况进行详细记录，为系统运行过程管理提供指导。

第六节 现场监测方案和安全控制措施

虽然国外的注空气工艺技术已应用多年，现场安全控制技术及配套措施也比较完善，但是该工艺在中国还处于起步阶段，油田实施少，没有形成产业化规模，理论和现场经验缺乏，尤其是安全控制的系统研究及现场经验几乎是空白，因此做好安全保障工作对进行油田注空气提高采收率技术的研究及其推广具有重要的意义。本节主要以港东二区五断块空气泡沫驱试验区为依托，通过对油井气样爆炸特性进行室内分析测试，结合实验研究成果、安全评价以及文献调研和现场实践经验，制订注空气泡沫驱油工艺过程的现场监测方案并提出相应的安全控制措施。

一、试验区油井气体取样测试

1. 现场气样的爆炸极限

通过气相色谱分析得到现场气样的气体组分，并进行爆炸上、下限及临界氧含量的理论计算，见表 4–14。表 4–14 中大港气样的爆炸上、下限及临界氧含量均为模型预测值，可根据式（4–1）和式（4–2）计算得到。

以港 2–55–2 井气样所测组分为例，甲烷的爆炸极限值计算如下。

爆炸下限：

$$C_{\mathrm{L}}=\frac{100}{4.76(N-1)+1}=\frac{100}{4.76\times(4-1)+1}=6.54\%$$

爆炸上限：

$$C_{\mathrm{U}}=\frac{400}{4.76N+4}=\frac{400}{4.76\times4+4}=17.36\%$$

同理求得其他可燃气体的理论爆炸极限，见表 4−14。

表 4−14　大港气样组分表　　单位：%

组分	港 2−55−2 井		港 2−54−1 井		港 2−57−3 井	
	2011−11−04	2012−02−11	2011−11−04	2012−02−21	2011−11−04	2012−02−21
N_2	0.453	0	0.295	0	1.132	2.050
O_2	0	0	0	0	0.201	0.270
CO_2	0	0.064	0	0.002	0	0.070
C_1	93.792	94.116	95.220	95.314	92.153	87.359
C_2	4.464	4.678	3.812	4.012	4.980	7.892
C_3	0.850	0.803	0.451	0.468	0.973	1.599
iC_4	0.219	0.189	0.121	0.122	0.249	0.395
nC_4	0.122	0.096	0.054	0.051	0.162	0.242
iC_5	0.067	0.004	0.032	0.004	0.091	0.007
nC_5	0.003	0.044	0	0.022	0.007	0.111
C_{6+}	0.030	0.007	0.015	0.005	0.052	0.003
H_2S	0	0	0	0	0	0
爆炸下限	4.78	4.77	4.83	4.82	4.79	4.68
爆炸上限	14.89	14.91	14.93	14.95	14.88	14.76
临界氧含量	12.08	12.07	12.06	12.05	12.10	12.14

注：表中各组分的数值均为摩尔分数。

从表 4−14 可以看出，气样中含有多种可燃气体及惰性气体，所以首先将气体分组，求出气样中由可燃气体和惰性气体分别组成的混合比，再从混合气体爆炸极限模型计算图版中查出每组气体的爆炸极限，然后将各组分的爆炸极限分别代入式（4−3），具体过程如下。

将 C_4 和 CO_2 组合为一组，则：

$$(0.189\%+0.096\%)C_4+0.064CO_2=0.349(C_4+CO_2)$$

其中，$\frac{CO_2}{C_4H_{10}}=\frac{0.064}{0.285}=0.225$。

从混合气体爆炸极限模型计算图版中可查出 C_L=1.5%，C_U=9%。再从表 4−15 中查出其他组分的爆炸上限、下限（一般使用经验值），根据式（4−3）可以求得该大港气样的爆炸下限：

$$C_{\min}=\frac{100}{\frac{V_1}{C_1}+\frac{V_2}{C_2}+\cdots+\frac{V_3}{C_n}}=\frac{100}{\frac{94.116}{5}+\frac{4.678}{3}+\frac{0.803}{2.1}+\frac{0.285}{1.5}+\frac{0.048}{1.4}+\frac{0.007}{1.2}}=4.77\%$$

同理求得气样的爆炸上限为 14.91%。

表 4-15　单组分的理论爆炸极限

物质名称	爆炸极限理论值（%）	爆炸极限经验值（%）
甲烷	6.54 ～ 17.36	5.00 ～ 15.00
乙烷	3.38 ～ 10.72	3.00 ～ 15.00
丙烷	2.28 ～ 7.75	2.10 ～ 9.50
丁烷	1.72 ～ 6.07	1.50 ～ 8.50
乙烯	4.03 ～ 12.29	2.75 ～ 34.00
乙炔	4.99 ～ 14.39	1.53 ～ 34.00
氢	4.16 ～ 75.72	4.00 ～ 75.00
氨	12.29 ～　25.16	15.00 ～ 28.00
一氧化碳	12.53 ～ 74.53	12.00 ～ 74.50

2. 临界氧含量

对于多种气体构成的混合气，假设混合气体完全燃烧时相当于同体积的 C_nH_m 碳氢化合物完全燃烧，可以求出相应的 n 和 m：

$$n=0.94116\times1+0.04678\times2+0.0803\times3+0.00285\times4+0.00048\times5+0.00007\times6=1.07303$$
$$m=0.94116\times4+0.04678\times6+0.0803\times8+0.00285\times10+0.00048\times12+0.00007\times14=4.1448$$

$$N=n+\frac{m}{4}=1.07303+\frac{4.1448}{4}=2.01923$$

则理论临界氧含量为：

$$C(O_2)=LN=4.77\%\times2.01923=10.0610271\%$$

则该现场气样的理论临界氧含量为 10.06%，实验所测临界氧含量值约为理论值的 1.2 倍，故港 2-55-2 井气样临界氧含量的模型预测值为 12.07%。

同理求得港 2-54-1 井、港 2-57-3 井气样的爆炸上、下限及临界氧含量的模型预测值。

二、试验区油井气样爆炸特性测试

从表 4-16 中容易看出，虽然模型计算值与实验实测值之间存在一定的误差，但这主要是由实验条件、人为操作误差等不可避免的原因造成的。而且气样临界氧含量模型预测值比实验值略小，两者之间误差也比较小。因此，完全可以通过模型计算值来定性地研究混合气体的爆炸极限变化规律，且能够满足油田安全生产的要求。

表 4-16　现场气样临界氧含量值　　单位：%

组别	港 2-55-2 井		港 2-54-1 井		港 2-57-3 井	
模型预测值	12.08	12.07	12.06	12.05	12.10	12.14
实验值	12.7		12.5		12.5	

与甲烷相比，由于现场气样存在其他烷烃，其爆炸上下限均低于甲烷的爆炸上下限，而其最低临界氧含量值 12.05% 要大于甲烷的实验与理论临界氧含量值。在安全生产过程中，爆炸上下限和点火源的客观存在是无法控制的，唯一可以控制的因素是氧气的含量。因此，在只考虑氧含量这一因素的情况下，该组分的爆炸风险是低于甲烷爆炸风险的。也就是说，只要生产井中的氧气含量不超过 12.05%，就不会发生爆炸。出于安全生产的考虑，在氧含量的监测与控制上，完全可以用甲烷的标准来要求油井的产出气体。

三、现场监测方案

结合室内实验研究、安全评价以及文献调研和现场实践经验，对空气或空气泡沫驱工艺技术的现场应用提出了以下几点建议。

（1）对生产井和注入井进行动态监测，包括注入井的压力、温度、注入量和生产井的压力、温度、采油量、采气量等。还可以进一步考虑试井的产量、压力是否稳定以及产出剖面的测试，如指示曲线、压降曲线、吸水剖面和产液剖面。

（2）实验证明可燃性气体的爆炸下限随温度压力的升高而减小，爆炸上限则随温度压力的升高而增大，爆炸极限的范围也随着温度压力的升高而增大，危险性也随之增大，因此要对井内出现的异常高温高压情况进行严密的监测，分析原因，及时调整注入方案并采取相应的控制措施。

（3）定期检查井内油管，及时排除事故隐患。注入井投注前，要对井径、井斜和套管腐蚀情况进行详细检测，以便分析防腐效果；并挂环监测生产井和注入井的井内腐蚀，定期分析腐蚀情况，为后期防腐措施和技术实施提供数据。

（4）采用便携式监测仪和气相色谱仪对产出气进行监测，并根据监测情况调整注入方案。

（5）注入井监测：对注气压力和温度实施动态监测，防止油藏压力大于井内压力；定期检查注气管线、气液混合器（三通）、井口设施和井下防回流装置的状态。

（6）空气压缩机的监测：监测空气压缩机每一级的出口温度和压力，防止出口空气温度过高；定期和及时检查压缩机的冷却和润滑状态，保证采用的润滑脂符合要求；定期检查和清除缸内和管壁上的积炭。

（7）工程前期确保各仪器和设备的安装达到设计的安全标准，加强对空气压缩机、注入管线等机械设备和电器设备的日常检查和维修。

（8）正确履行注入、观察、生产和监控程序，确保各个环节安全运行。

（9）制订严格的检修制度，定期对工艺设备进行检修、清理、除垢等工作，及时发现存在的安全隐患。

（10）建立、健全各项管理制度并认真实施，确保各项操作严格按照操作规程进行。

四、安全控制措施

在监测方案实施的同时，还需要提高安全生产施工意识，了解空气驱的爆炸理论和风险，清楚工艺实施过程中的各种爆炸源，制订切实可行的注空气安全防爆控制措施，并严格执行有关安全、环保及井控规定。

（1）安装安全防爆防漏监测系统，采用注入气体自动计量系统。

（2）加强对注入井的压力、温度和注入量的监测，防止注入井内压力低于油藏压力，可在井下安装封隔器和回流控制阀等装置以减少油气进入注气井，也可在注气井井口安装井口控制器，以防止回流和压力过高。

（3）为减轻内部生锈、腐蚀和结垢的程度，所有管道须经钝化处理，注入管线应采取加入高压润滑脂的防腐措施，而生产井的环空中须加入相应的缓蚀剂。

（4）空气压缩机采用特殊的高温润滑剂，以降低爆炸发生的风险，同时准备两台压缩机，留有余量，从而保证恒定的注气量。

（5）当监测到生产井内氧气的浓度超过 8% 时，油井关井，注入井停注；当生产井内氧气的浓度低于 5% 时，油井恢复生产；当生产井内氧气的浓度小于 3% 时，注入井恢复注入空气泡沫或注水等；当生产井内氧气的浓度小于 1% 时，注入井可重新恢复空气泡沫的交替注入。

（6）注空气前须实施环空管柱充氮气保护。当停注空气超过 30min 时，须用注入水将井筒内的空气顶替入地层。

（7）放空产出的气体，原油的集输采用单罐计量集输管理的方式。

（8）成立安全管理工作领导小组，执行有关安全、环保及井控的相关规定。

第五章　空气泡沫驱油藏工程研究

大港复杂断块油田已整体进入“双高”开发阶段，总体表现为含油砂体水淹程度高，单砂体内部的非均质强，剩余油分布高度分散，亟需针对以小微构造、储层内部构型单元为代表的地下体系进行重新认识。近年来，随着油藏地球物理技术的持续发展和多相带储层构型单元表征技术的不断进步，对低级序断层、薄储层及其内部构型单元等方面的研究有了很大程度的提高。本书通过应用油藏地球物理、储层构型表征等技术方法，提高小微构造和薄储层识别精度，提高不同类型沉积储层的构型单元刻画精度，提高油砂体层次界面控制的剩余油定量描述精度，创新层系井网重组和空气泡沫驱数值模拟方法，提高油藏工程方案的科学性、有效性和可操作性，为高含水油田量化剩余油分布、持续提高采收率提供技术支撑。

第一节　重构地下认识体系技术

一、油藏地球物理技术

随着开发程度的提高，老油田油藏综合含水率普遍达到 90% 以上，富油砂体尺度越来越小。低级序断层、小微尺度构造、薄储层等成为开发地质研究的主要对象，能否有效识别与精确描述上述地质目标，成为决定注采井网能否有效部署的关键。为了解决油藏开发中的问题，地球物理学家提出了油藏地球物理的概念，其内涵正在不断丰富和完善。孟尔盛认为，油藏地球物理包括开发与开采地球物理；凌云等人将其定义为，在已知地震、测井、地质和油田开发信息条件下，应用地球物理手段解决油田开发问题、预测剩余油气，并最终达到提高采收率的过程。现阶段，油藏地球物理技术主要包括：复杂断块地震资料处理技术、井震结合储层预测与精细描述技术、剩余油气预测技术等。

1. 复杂断块地震资料处理技术

复杂断块老油田构造解释和储层预测对地震资料的保幅保真性、纵横向分辨率、井震吻合程度要求非常高，如何准确地识别复杂断块老油田小断层及精细刻画断块内砂体形态是复杂断块老油田需要解决的关键技术难题。应用多井资料约束，进行井控反褶积、井控反 Q 滤波等新技术，对老资料开展井控叠前深度偏移处理、解释，确保做到在保真保幅的前提下合理有效地提高分辨率；应用深度—速度模型的迭代优化，选取准确的叠前深度偏移速度场，提高目标区复杂断裂带的成像精度，为后续构造精细解释及储层预测提供可靠的成果数据；依托高精度三维地震资料，采用多技术手段开展构造精细解释以及储层预测，实现认识小微构造以及薄储层的目的。

1）能量一致性处理

地震波在传播过程中，波前能量随着地震波传播距离的增加而衰减，造成纵向上能量差异。另外，由于表层介质的非均匀性，激发和接收条件的非一致性及地震波的传播能量损失，导致地震资料的横向能量不一致，表现为地震记录之间、地震道之间及区块间能量有较大的差异，处理过程中需要进行能量的一致性调整。

地表一致性振幅补偿是通过对所在测线所有地震记录，在一个时窗内分别统计每个共炮点、共检波点、共偏移距记录道的平均振幅值，根据统一规定的振幅校正标准计算每个共炮点、共检波点、共偏移距的振幅调整因子，并对各自的地震道进行调整，达到地表一致性的振幅均衡，并且能保持地震道的相对振幅关系。这种处理方法要取得较好的效果，首先要进行几何发散补偿，而且一定要在处理前消除非表层介质影响因素，即某些影响地表一致性振幅统计的因素，如强突发环境噪声，强面波干扰等。其次还采用了剩余振幅补偿，主要通过采用地表一致性统计方法的分时窗振幅调整处理。分时窗对地震记录统计振幅并分别按构造一致性、共炮点、共检波点、共偏移距等项进行振幅分解，求出各项的振幅水平，并确定最大振幅水平门槛和最小振幅水平门槛及振幅调整方式，最后分别对各项在时窗内进行调整。

处理中为了满足高分辨率处理要求，使用了更具有针对性的反 Q 滤波技术。将野外采集的原始地震数据时间域的全频地震信号通过数学方法分解为各个不同频率段的地震信号，对每个频率段的地震信号求取它的吸收衰减曲线，用计算出的吸收衰减曲线对相应频率段的地震信号进行补偿，对每个频率段进行大地吸收衰减补偿处理后，将所有补偿后的各个频率段的信号重建为时间域的全频信号。该技术补偿了地震波随时间和频率的吸收衰减影响，比常规方法更符合大地吸收衰减作用，可获得更高分辨率炮集数据，还可以回避干扰面波能量的影响，消除近地表引起的激发炮间能量差异，如图 5–1 所示。

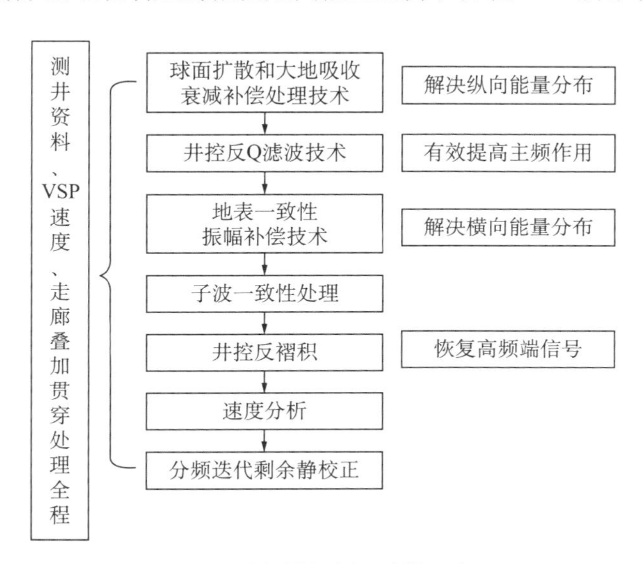

图 5–1 时频域振幅一致性示意图

2）井控反褶积技术

针对复杂断块油田地质特点，重点应用多井资料约束下井控反褶积等关键处理技术，改善资料成像精度，为有效识别低级序断层、小微尺度构造及薄储层提供高品质资料。

褶积模型假设每道地震记录是由地震子波与地下模型的反射函数之褶积所构成（不考虑噪声）。Robinson 的褶积模型为：$s(t) = r(t) \cdot w(t)$，可表示为线性方程组 $[W] \cdot [R] = [S]$。其中：$s(t)$ 为地震记录；$r(t)$ 为地震子波；$w(t)$ 为反射系数。

反褶积处理目的是去除地震子波的影响，恢复地层反射系数。具体方法是求取反子波，与地震数据进行反褶积处理，消除子波，得到宽频带反射系数：$r(t) = s(t) \cdot w^{-1}(t)$。宽频带反射系数序列经有限带宽的地震子波作用后，即形成宽频带的地震记录。

反褶积首先考虑波形一致性处理，即消除地表因素横向变化造成的地震子波波形畸变。然后考虑反射资料频宽和主频处理，即提高反射资料最佳的分辨率，地表一致性反褶积从多道地震记录中提取并压缩子波，改善子波波形一致性，即消除地表因素横向变化造成的地震子波波形畸变，然后考虑反射资料频宽和主频处理，提高反射资料最佳的分辨率。通过串联反褶积技术的应用，可以有效地实现高频端信号的可靠恢复，多道预测反褶积可以进一步压缩子波、展宽频带。

井控反褶积即在多道预测反褶积阶段，充分利用工区内的有利井资料信息作为参考，用不同反褶积参数的井旁道与 VSP 走廊叠加进行相关，根据相关系数的大小来确定合理的反褶积参数，通过地表一致性反褶积加多道预测反褶积的串联应用，可以有效地实现高频端信号的可靠恢复。解释人员利用井的合成记录来评价反褶积的效果，而处理人员是根据反褶积前后资料的好坏来确定反褶积的效果，最终达到提高地震资料分辨率的目的。

3）叠前深度偏移处理技术

叠前深度偏移能够消除由于速度横向变化影响所造成的构造假象，有效改善目的层地震资料品质，并得到逼近地下地质特征的速度场，可以使复杂地质结构成像更加清晰、准确，有效提高成像精度，从而能够提高构造成图的准确性。

叠前深度偏移的核心问题是深度域层速度模型的建立。该技术思路分为以下 3 步。（1）在前期叠前时间偏移成果数据体上，进行层位标定、划分和解释，建立初始构造模型，层位解释应以纵向上的明显速度界面为参考层、达到控制区内纵横向速度变化规律为目的［图 5–2（a）］。（2）利用拾取过的层位模型，与叠前时间偏移得到的均方根速度体结合，利用 CVI 约束反演、井约束速度反演等算法，生成时间域层速度模型［图 5–2（b）］。（3）对时间域层速度模型进行平滑、编辑及 VSP 速度约束等处理，然后进行时深转换，从而生成初始的深度域层速度模型；运用 Kirchhoff 积分法进行沿层速度分析，通过层析成像技术修改速度，形成新的层速度模型；再进行叠前深度偏移迭代处理，经过多次迭代，使速度控制测线的 CRP 道集的剩余延迟基本归零，最后建立合理准确的最终深度偏移速度场［图 5–2（c）］。

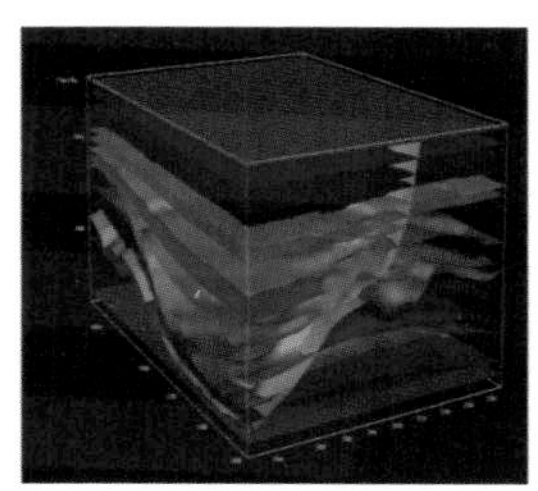
(a)时间域层位模型

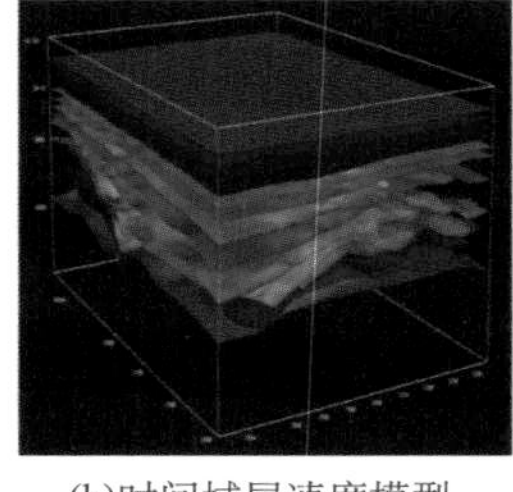
(b)时间域层速度模型

(c)深度域层速度模型

图 5–2　深度域层速度模型建立

4）高频拓展处理技术

俞寿朋认为，在零相位子波下，有效频带宽度和视主频是影响地震数据分辨率的关键因素。高频拓展处理通过加强有效反射波的高频成分，拓宽有效频带，从而提高分辨率。该方法避开了直接消除子波影响的难题，采用压缩子波的途径，将低频子波转换为高频子波，形成新的地震数据。

高频拓展方法可归结为求解如下问题：已知 $y(t)=r(t)\cdot w(t)$，$y(t)$ 为低频子波，但 $r(t)$，$w(t)$ 未知；求解 $h(t)=r(t)\cdot w(at)$，$h(t)$ 为高频子波，且已知 a 大于 1。

求解上述方程不需要已知子波，避免了子波求取的不确定性，保持了地震子波时变、空变的相对关系和地震数据的时频特性、波组特征。高频拓展处理技术要求原始地震资料的输入数据信号真实，要有一定频带宽度，一般使用叠前数据或叠后纯波数据。

频谱分析显示，原始地震资料主频为 30Hz，频带宽度为 10 ~ 45Hz，时间域分辨率为 25m；拓频处理后资料主频为 50Hz，频带宽度为 10 ~ 75Hz，时间域分辨率达到 15m，地震资料分辨率明显提高（图 5–3）。

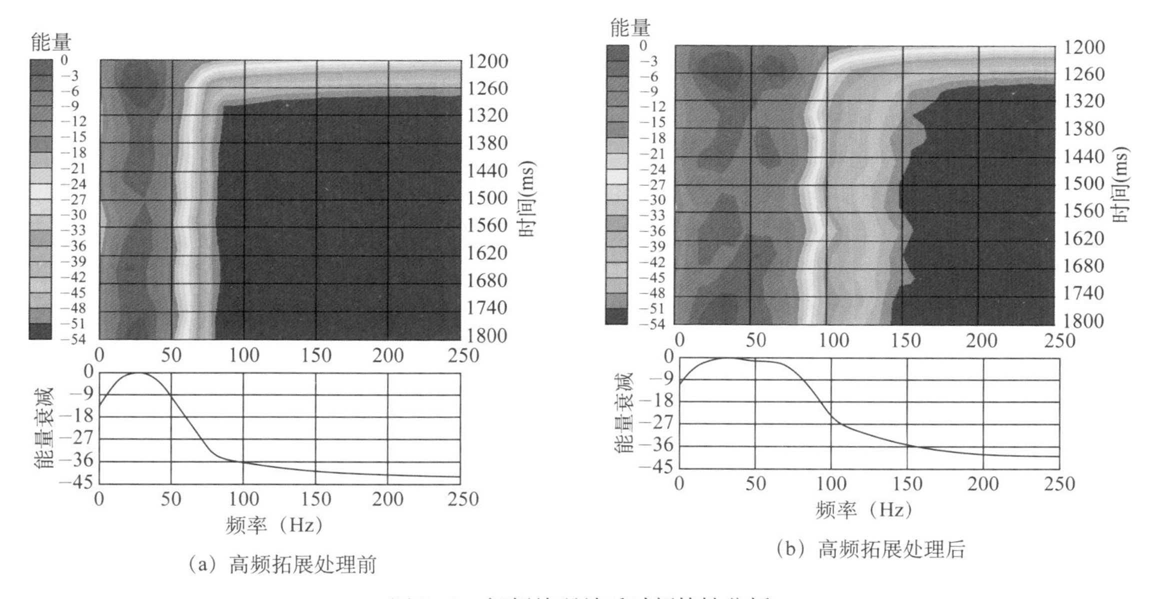

（a）高频拓展处理前

（b）高频拓展处理后

图 5–3　拓频处理前后时频特性分析

图 5–4 为拓频前后联井剖面对比。钻井资料显示，A1 井、A2 井、A3 井在 NmⅣ–8–3 均钻遇细砂—粉砂岩，而 A4 井钻遇泥质夹层。原始地震剖面分辨率较低，无法反映这一岩性变化。拓频后剖面层间反射细节丰富，清晰反映 A4 井与点坝内部 3 口井反射特征不一致。根据这一特征，识别出 A4 井和 A3 井之间的岩性边界，从而刻画出 NmⅣ–8–3 砂体形态。拓频资料解决了测井和地震之间的矛盾，同时也验证了拓频后地震反射细节的合理性，从而为井震联合地质研究提供高质量的基础数据。

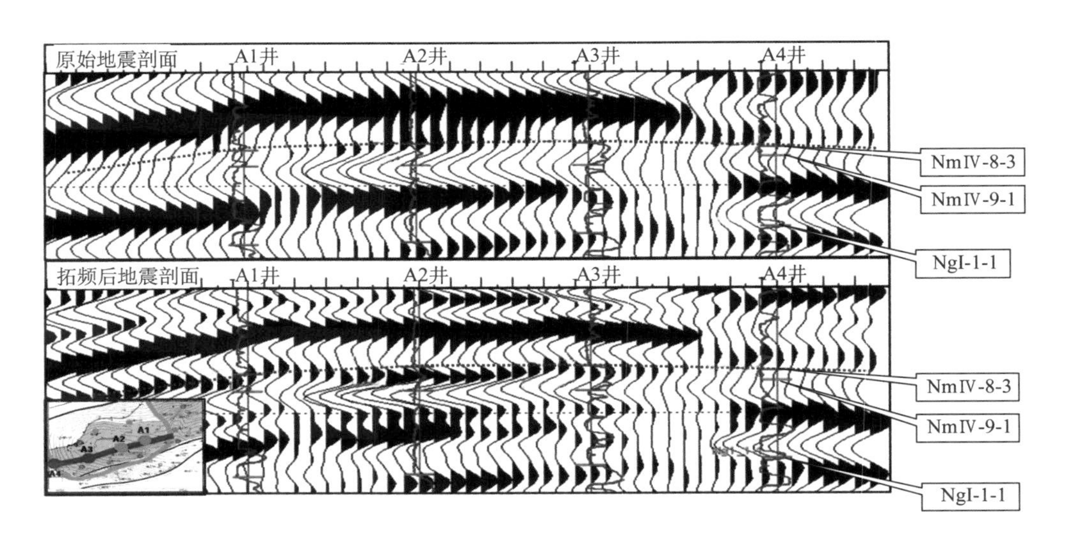

图 5–4 拓频前后联井地震剖面对比

2. 井震结合储层预测与精细描述技术

井震结合储层地震预测是油气勘探开发的核心技术。储层地震预测主要是通过分析岩性、储层物性和充填在其中的流体性质的空间变化所造成的地震反射波速度、振幅、相位、频率、波形等的相应变化来预测储集岩层的分布范围、储层特征等。储层地震预测是各类油气藏（如构造油气藏、岩性油气藏、构造—岩性复合油气藏等）精细描述的重要技术手段，它在小尺度砂体边界识别、砂体厚度预测以及剩余油气检测等方面的作用越来越重要。储层地震预测现有的主要技术有地震反演技术、地震属性分析技术以及烃类检测技术等；它的主要思路是以井震关系分析、地质统计分析结果为基础，建立地球物理参数与储层和流体的关系，运用地震属性、叠前叠后反演等多种地球物理手段，进行储层精细描述和预测。

1）变密度剖面追踪

大港油田明化镇组地层为曲流河沉积，属于中等复杂废弃型曲流带。在沉积过程中受河道迁移摆动、频繁改道影响，曲流河砂体多呈窄条带状分布，平面延续性差，砂体间泥岩发育范围广、体积大；在空间上表现为多期砂体叠置，岩性剖面呈现出“泥包砂”的特征。从现代沉积分析，曲流河砂体实质是多个点坝砂体的组合，这些点坝是由连续发育的末期河道和被取直形成的多个废弃河道控制形成的。曲流河沉积特征导致明化镇储层横向变化较快、井间对应性差，单纯依靠钻井资料难以确定砂体边界。

为了更好地应用地震资料识别储层特征，需要建立与沉积相对应的地震识别标志。下面以曲流河为例，通过建立地质模型来模拟曲流河砂体的地震响应特征。首先建立一个曲流河储层的理论地质模型［图 5–5（a)］，在模型中曲流带砂体由两个厚约 10m 的点坝组成，点坝之间发育宽度为 100m 的废弃河道，河道内泥岩充填，在该套储层上下为大套泥岩沉积。通过正演模拟，得到该地质模型相应的地震剖面［图 5–5（b)］。结果表明模型中点坝砂岩沉积对应一条强同相轴，废弃河道附近地震波振幅减小、波形变缓、反射界面模糊不清。

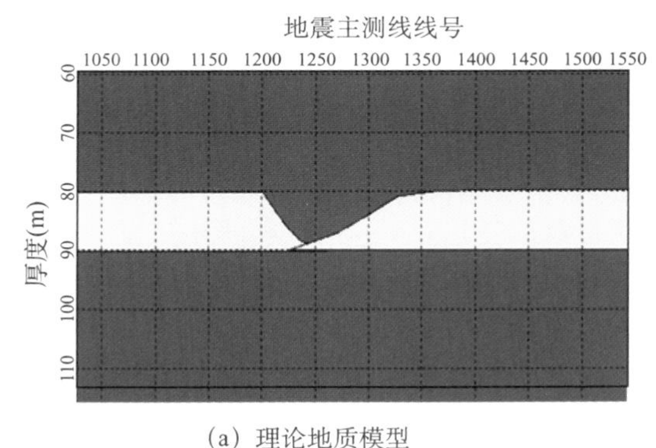

(a) 理论地质模型

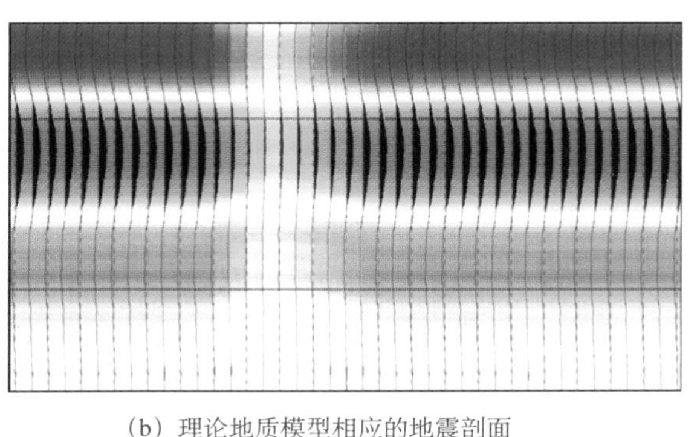

(b) 理论地质模型相应的地震剖面

图 5–5　沉积岩性变化导致地震响应

这种现象的出现是由于砂泥岩波阻抗存在差异。根据 Alistair R Brown 的研究，砂泥岩波阻抗具有以下关系：在浅层，泥岩波阻抗大于砂岩，在深层则相反。由于明化镇组地层埋藏浅，泥岩波阻抗大于砂岩，因此往往形成强反射同相轴；而受砂岩夹持的泥岩条带，其地震响应特征表现为强同相轴不连续、振幅值减小。

根据上述特征，在精细标定的基础上确定层位，可以在地震剖面上识别砂泥岩边界。从 A5 井至 A8 井联井变密度剖面看到，A6 井与 A7 井之间同相轴能量减弱、消失。钻井资料显示，A5 井、A6 井、A7 井、A8 井均钻遇砂岩，砂岩厚度分别为 8m、3.8m、2m、4.4m。根据曲流河地震响应特征，判断 A6 井向东 100m、A7 井向西 30m 存在岩性边界，如图 5–6 所示。

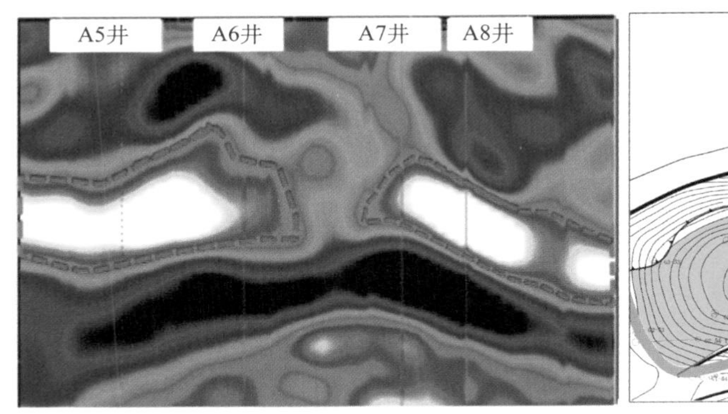

(a) ××油田二区五断块A5井至A8井变密度剖面显示

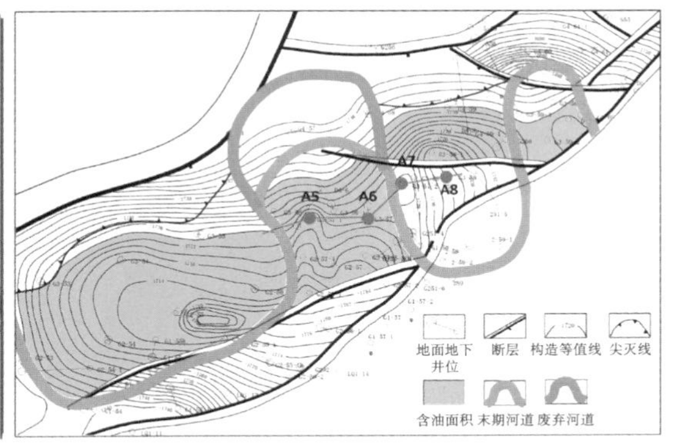

(b) ××油田二区五断块NmIV-8-3单砂层含油面积图

图 5–6　利用联井变密度剖面显示识别砂体边界

但是，单个地震剖面只能识别某一处的岩性变化点，不能把握砂体整体展布形态；多剖面浏览、追踪可以做到这一点，工作量又往往比较大。并且地震剖面分辨率受制于 1/4 主波长，很多薄储层细节无法分辨。相比之下，地震属性在反映砂体形态方面更加直观；同时，相关学者证实了地震属性分辨率可以突破 1/4 主波长极限。

2）地震属性分析

Chen and Sidney 认为，地震属性是利用叠前或叠后地震数据，经数学变换而得出的有关地震波的几何形态、运动学特征、动力学特征和统计学特征的特殊测量值。目前，从地震数据体中能够提取的地震属性主要分为以下五大类：（1）振幅特征统计类；（2）复地震道统计类；（3）功率谱特征属性；（4）傅里叶谱特征分析；（5）相关特征分析。

地震属性技术在油田开发领域应用的优点是反映地质现象客观，而不受人为影响。应用地震属性进行储层预测基于以下理论：（1）岩石物理学性质上的差异性；（2）相似性和可类比性原理；（3）地质体信息的综合和分解理论。随着油藏地球物理技术的发展，属性预测逐渐从单一属性向多元属性发展，形成了灰色关联技术、容量维属性分形法、属性降维技术、信息融合技术等多种技术。

地震属性分析流程一般可归纳为以下几点。

（1）层位精细标定：确定主力单元和目标体与地震资料的对应关系。

（2）地震属性提取：在层位追踪解释的基础上，确定时窗并运用多种算法（平均类、最大类、偏差类、瞬时类等）提取目标体的多种地震特征参数。

（3）地震属性优化：地震属性多信息海选和融合，优选与钻井资料相关度高的属性子集。

（4）地震属性分析：建立地震属性和地质体之间的统计关系，对井间油藏特性进行预测。

地震属性提取过程中，时窗选取尤为关键。通常期望时窗长度恰好反应储层信息，而不包含储层以外的信息。相关学者研究证实，不同地震属性受时窗影响程度不同。其中，能量类、振幅类属性较稳定，而频谱类属性受时窗影响严重。

本次研究以 ×× 油田二区五断块 NmⅣ−8−3 单砂体为例（砂体厚度 6 ~ 10m），来分析地震属性和地质体的关系。在单砂层精细解释的基础上，沿层提取了 NmⅣ−8−3 砂体振幅、频率、相位、能量等 20 余种地震属性。通过和钻井资料进行相关性分析，认为振幅类属性子集（均方根振幅、平均反射强度等）与钻井资料吻合较好，能够反映河道平面展布，如图 5−7 所示。

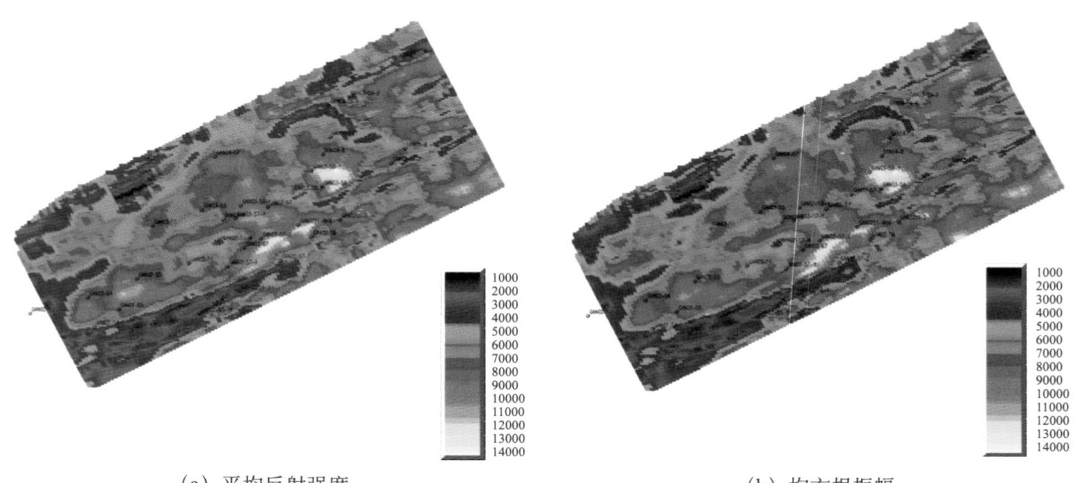

（a）平均反射强度　　（b）均方根振幅

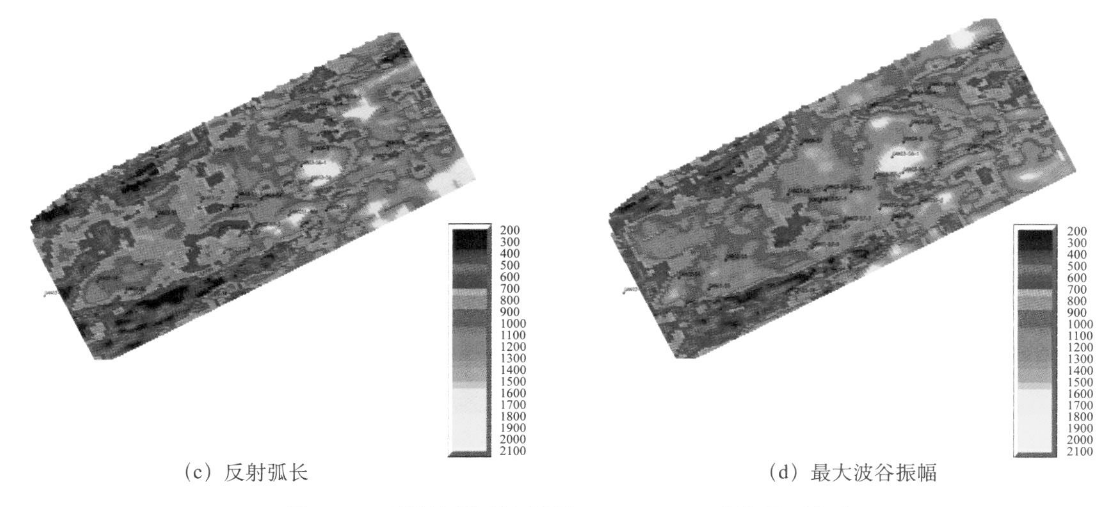

（c）反射弧长　　（d）最大波谷振幅

图 5–7　利用地震属性刻画 Nm Ⅳ –8–3 砂体平面分布

针对地震属性和储层厚度的相关性，前人已经进行了研究论证。Widess、Kallweit 等学者通过建立模型，证实了薄层厚度小于 1/4 波长时，振幅与厚度呈正相关。本次通过研究证明，可以利用地震属性的分布（尤其是振幅及能量），应用相关统计方法来预测砂岩厚度变化。

表 5–1 统计了研究区 10 个常用地震属性（振幅、频率、相位、能量半时等）和钻井资料揭示的目的层砂岩厚度（包括毛砂岩厚度、渗透砂岩厚度）。从表 5–1 中可以清楚地看到，最大反射强度、均方根振幅、能量半时、瞬时频率、频带宽等属性与砂岩厚度的相关系数较大，而平均振幅、波峰波谷比等属性与砂岩厚度关系不大，相关系数很小。

表 5–1　地震属性与砂岩厚度的相关系数表

地震属性	瞬时相位	最大反射强度	均方根振幅	平均振幅	平均反射强度	能量半时	瞬时频率	反射弧长	频带宽	波峰波谷比
砂岩厚度	0.16	0.88	0.92	0.39	0.56	0.75	0.72	0.52	0.70	0.21

根据以上统计分析结果，优选和砂岩厚度相关性较高的均方根振幅属性，依据振幅值大小生成等高线，如图 5–8 所示，并以此作为砂岩厚度变化的趋势面；再将单井砂岩厚度作为散点数据，就可以得到目标储层砂岩厚度。

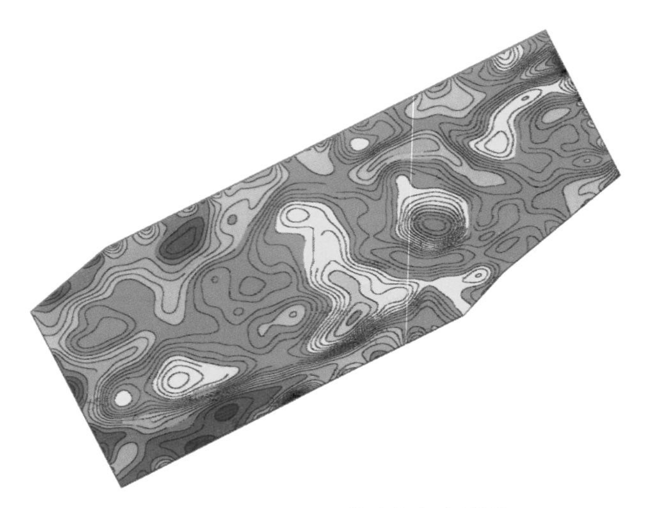

图 5-8　NmⅣ -8-3 均方根振幅等值图

3）叠后地震波阻抗反演

对于大港高含水油田而言，储层预测需要精细到单砂层内部（小尺度）才更具有实质意义，而地震属性技术还不能满足这一要求。随着地震解释方法的不断发展，地震反演技术在 20 世纪 80 年代应运而生，目前已经趋于成熟。地震反演技术将界面型地震剖面转换成岩层型地震剖面，在储层预测方面更加直观；并且它充分利用了测井资料的低频和高频信息，进一步提高了薄储层预测的精度。通常地震反演技术特指“叠后地震波阻抗反演”，其基本原理是估算一个逆—反子波，对地震道进行反褶积运算得到反射系数，再利用反射系数 R_i 与波阻抗 I 的关系，逐层递推计算出波阻抗。目前地震反演技术大致可分为 3 类：递推反演、测井约束反演和多参数岩性地震反演。

根据大港高含水油田特点，在储层特征曲线重构的基础上，优选测井约束反演方法开展薄储层地震反演预测，建立小尺度储层的精细模型。其技术思路可概括为如下 3 个层次。

（1）测井曲线标准化处理：由于测井曲线采集年度、仪器、井眼条件不同，需要对测井曲线进行标准化校正，以便使所有参与反演的测井曲线具有相同的对比参数。

（2）测井曲线的敏感性分析及曲线重构：由于不同测井曲线与砂泥岩敏感程度不同，因此，需要对测井曲线（如电阻率、自然电位等）与砂泥岩进行敏感性统计分析，优选一种或几种敏感曲线作为地震反演的基础曲线；然后，利用频率补偿等重构曲线的方法，构建一条新的测井曲线，该曲线能够直观反映储层地球物理特征，以此替代原始声波曲线，为下一步高分辨率的地震反演奠定基础。

（3）井震联合逐级反演：首先，在初始模型的基础上，利用原始声波及密度曲线求取波阻抗进行常规波阻抗反演；其次，利用概率统计分析，根据已有砂体展布规模（X、Y、Z），求取不同地层重构曲线的变差函数及直方分布，把常规波阻抗反演结果作为协数据，运用序贯高斯同位协同模拟方法模拟一种敏感属性体，用以识别砂体边界；最后，在敏感属性的基础上，开展岩性模拟，以此完成砂岩厚度的提取。

4）井震联合剩余油气预测

目前基于地球物理手段的剩余油气预测技术主要包括 AVO 技术、叠前属性分析（泊松比等）、谱分解、烃类检测技术等。这些技术的主要思路是，依托叠前地震资料，根据含油气层与非油气储层的地震波运动学和动力学特征的差异，提取多种地震属性，采用多元统计方法，预测含油气储层范围。

由于含气储层速度降低很显著，因此其地震响应表现为“二低一弱”特征，即低频、低阻抗和弱振幅。具体表现为，地震波形特征具有明显的“下拉”现象和 AVO 效应，谱分解后的调谐体中出现“低频阴影”现象。根据这些特征可以识别气层潜力点，界定气层范围。另外，由于含油气储层物性与其他储层的不同，可以利用泊松比、纵横波速度比等叠前地震属性来预测油气层的存在。

在油藏基本特征描述的基础上，依据目前面临的油藏开发问题，从钻井出发选择重点油层和目标区，锁定含油砂层，使用多属性体三维可视化技术，反演出伪测井曲线体、岩性体以及剩余油富集砂体。

二、储层构型表征技术

大港油田沉积类型多，含油井段长，储层类型多样，经过长期注水冲刷后，目前已进入特高含水开采阶段，储层中的剩余油呈现高度分散状态，矛盾诸多，既有层间的、层内的，又有平面上的，还有微观孔隙中的，挖潜难度愈来愈大。影响剩余油分布主要由内、外两大因素构成，即地质成因因素和开发成因因素。其中储层自身复杂非均质体系所造成的不同层次、不同规模的非均质性，是剩余油高度分散的主要地质因素。因此，必须系统研究储层的非均质体系，深入研究诸如储层砂体内部构型深层次的非均质问题。通过运用储层构型表征技术实现储层的定性和定量分析，对深化地质研究单元、量化剩余油分布、改善油田高含水期的开发效果具有举足轻重的作用。

1. 储层构型表征的理论与方法

1）大港断陷湖盆储层构型分级

依据大港断陷湖盆沉积特征，将沉积地质体的层次结构分为 12 级，见表 5–2。其中，1 ~ 6 级为层序构型，7 ~ 12 级为砂体构型。

1 ~ 6 级层序构型相当于经典层序地层学的 1 ~ 6 级层序单元，6 级构型为最小一级地层构型单元，即单砂体级别；7 ~ 9 级构型为相构型；10 ~ 12 级为层理构型。相构型反映沉积环境形成的沉积体的层次结构性；层理构型反映了沉积环境内沉积的层次结构性。

6 级单元：在地层划分时，大体对应于油层对比单元的单层。

7 级单元：在河流体系中，7 级构型单元大体相当于单一曲流带或辫流带沉积体；在三角洲体系内，相当于移动型分流河道形成的复合砂体、单一分流河道形成的朵叶复合体等沉积单元；冲积扇辫流带、障壁岛、陆棚砂脊、海底扇水道沉积体等亦为 7 级构型单元。

8 级单元：在河流体系内，8 级构型相当于单一微相，如点坝、天然堤、决口扇、决口水道、牛轭湖沉积等；在三角洲体系中，移动型分流河道中的单一点坝、固定型单一分流河道、单一河口坝（朵叶体）等亦为 8 级构型单元。

9 级单元：在河流体系中，点坝内部的侧积体、泥质侧积层、心滩坝内部的增生体、顶部的沟道充填体均为 9 级构型；在三角洲前缘，河口坝内部的前积层亦为 9 级构型。

10 级单元：为大型底形增生体内部的层系组。层系组由两个或两个以上岩性基本一致的相似层系或性质不同但成因上有联系的层系叠置而成，层系组界面指示了流向变化和流动条件变化，但没有明显的时间间断，界面上下具有不同的岩石相。

11 级单元：为层系组内部的一个层系。由许多在成分、结构、厚度和产状上近似的同类型纹层组合而成，它们形成于相同的沉积条件下，是一段时间内水动力条件相对稳定的水流条件下的产物。一般地，交错层理发育的岩层，可以根据一系列倾斜纹层而成的斜层系进行划分，而对于水平层理、平行层理或波状纹层的组合，由于缺乏明显的层系标志，划分层系比较困难。层系厚度差别也较大，大型层理的层系大于 10cm，中型层理的层系厚度为 3 ~ 10cm，小型层理的层系厚度小于 3cm。

12 级单元：为层系内的一个纹层，为组成层理的最基本单元，是在一定条件下，具有相同岩石性质的沉积物同时沉积的结果。纹层厚度较小，一般为毫米级。

表 5–2 碎屑沉积地质体构型界面分级简表（以河流相为例）

<table>
<tr><th colspan="2">构型类型</th><th>构型界面级别</th><th>Miall 界面分级</th><th>河流相构型单元</th><th>相</th><th>经典层序地层分级</th><th>油层对比单元分级</th></tr>
<tr><td rowspan="6">层序构型</td><td rowspan="5">—</td><td>1 级</td><td>—</td><td>叠合盆地充填复合体</td><td rowspan="5">—</td><td>巨层系</td><td rowspan="2">—</td></tr>
<tr><td>2 级</td><td>—</td><td>盆地充填复合体</td><td>超层系</td></tr>
<tr><td>3 级</td><td>8 级</td><td>盆地充填体</td><td>层序</td><td>含油层系</td></tr>
<tr><td>4 级</td><td>7 级</td><td>体系域</td><td>准层序组</td><td>油层组</td></tr>
<tr><td>5 级</td><td rowspan="2">6 级</td><td>叠置河流沉积体</td><td>准层序</td><td>砂组、小层</td></tr>
<tr><td rowspan="4">砂体构型</td><td>6 级</td><td>河流沉积体</td><td>单砂层微相组合</td><td>层组</td><td>单层</td></tr>
<tr><td rowspan="6">—</td><td>7 级</td><td>5 级</td><td>单一曲流带、辫流带</td><td>微相复合体</td><td></td><td rowspan="6">—</td></tr>
<tr><td>8 级</td><td>4 级</td><td>单一点坝、心滩坝</td><td>单一微相</td><td>层</td></tr>
<tr><td>9 级</td><td>3 级</td><td>增生体</td><td>微相内部</td><td></td></tr>
<tr><td rowspan="3">层理构型</td><td>10 级</td><td>2 级</td><td colspan="2">层系组</td><td rowspan="2">纹层组</td></tr>
<tr><td>11 级</td><td>1 级</td><td colspan="2">层系</td></tr>
<tr><td>12 级</td><td>0 级</td><td colspan="2">纹层</td><td>纹层</td></tr>
</table>

2）大港断陷湖盆储层构型研究方法

针对油田开发中后期地下储层构型预测的特点，确定了以“垂向分期、侧向划界”为主的地下储层构型表征的基本思路与方法。在对复合砂体垂向分期的基础上，对同一期次砂体按照“层次分析、模式拟合、多维互动”的方法进行井间构型预测。

（1）垂向分期。

广义的垂向分期包含单砂体精细对比以及单井构型要素的期次划分。单砂体精细对比是通过确定研究区精细的地层发育模式，根据一系列的方法如高分辨率层序地层学方法、砂体叠合模式对比方法、标志层顶拉平对比方法、桥式—三角网对比方法、多维互动对比方法等进行细分对比。

针对单井构型要素的期次划分，首先对取心井进行单井相分析，建立研究区构型单元测井解释模板，确定不同构型单元的岩石学和韵律特征，如点砂坝垂向呈现明显的正韵律沉积特征，构成河流相沉积独有的“二元结构”主体，如图 5-9 所示。再以取心井建立的构型解释模板推广应用于非取心井，并进行期次划分。单井垂向分期和单井构型要素解释是同时进行的，不同期次的横向对比则取决于地层对比。

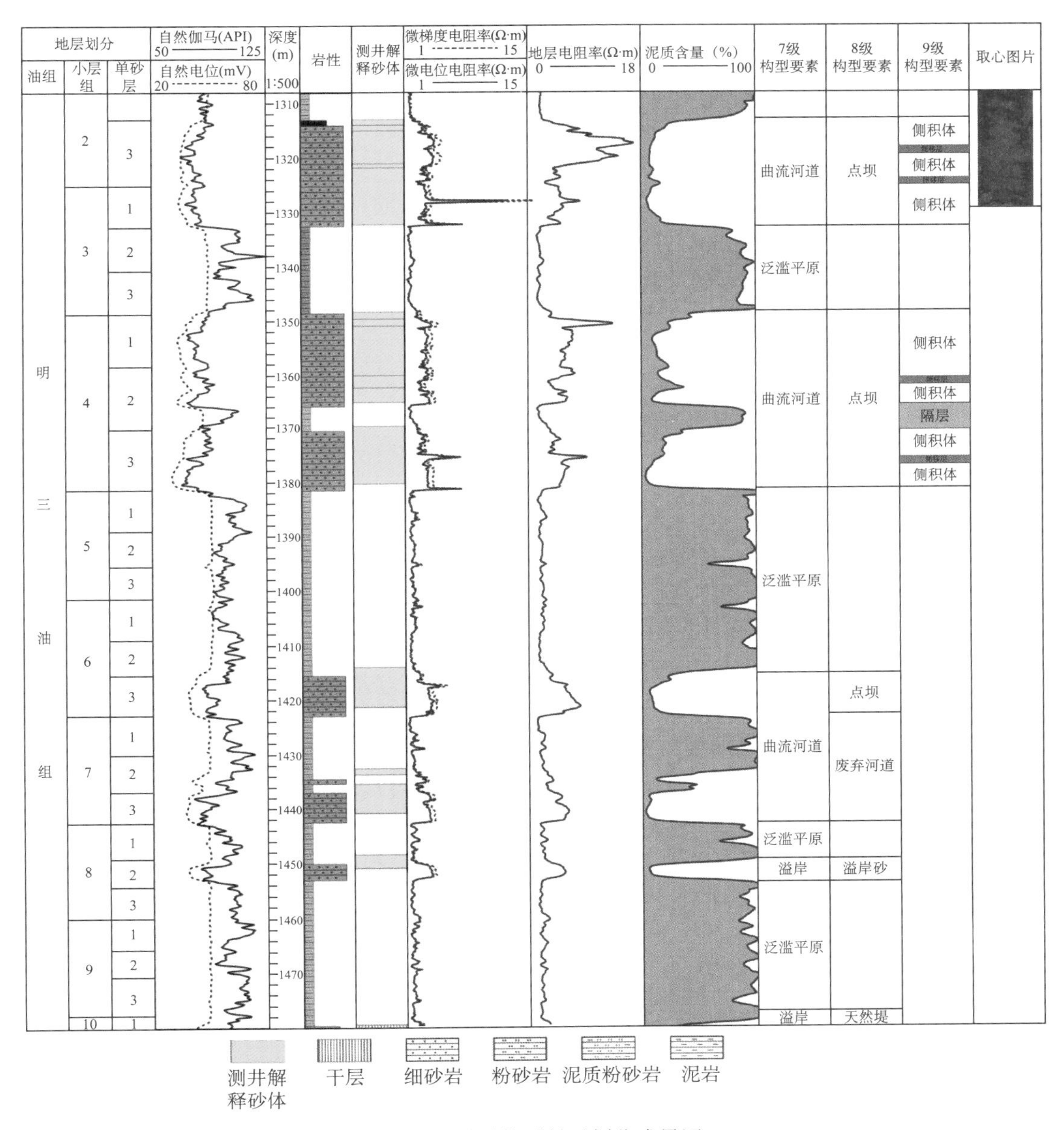

图 5–9　单井构型单元划分成果图

（2）侧向划界。

同一期次的砂体在侧向上往往由多个单砂体叠置组成（如多个单河道砂体组成复合河

道砂体），单（河道）砂体又由多个单一微相砂体（如点坝砂体）组成，单砂体的内部又由多个增生体组成（如单一点坝砂体的内部由若干个侧积体和侧积层组成）。因此，构型解剖的重要任务之一是划分各级单一构型单元的侧向边界，其研究思路为层次分析、模式拟合和多维互动。

①层次分析。

构型研究的关键是恢复不同层次构型单元的分布。在实际构型预测中，首先根据构型规模、井网密度及生产需求确定目标区所能解剖的构型级别。在开发早期阶段，表征的级次主要是冲积扇槽流带、片流带、漫流带、河流相曲流带、辫流带、三角洲复合分流河道带、复合河口坝等级次（7 级构型单元）。开发中后期阶段，有必要对复合砂体内部构型进行研究，其级别可以从 8 级到 12 级，最少到 9 级。在确定能够表征的层次后，首先预测大级次构型单元，然后分级约束预测更小级次的构型单元。如图 5–10 所示，在确定河流相储层前提下，参考沉积储层划分方案，以单砂体地层框架为约束，按级别、分层次依次识别出 7 级复合河道带，进而识别出 8 级单一河道（2 期），以及 2 期单河道之间的 9 级侧积层构型单元。

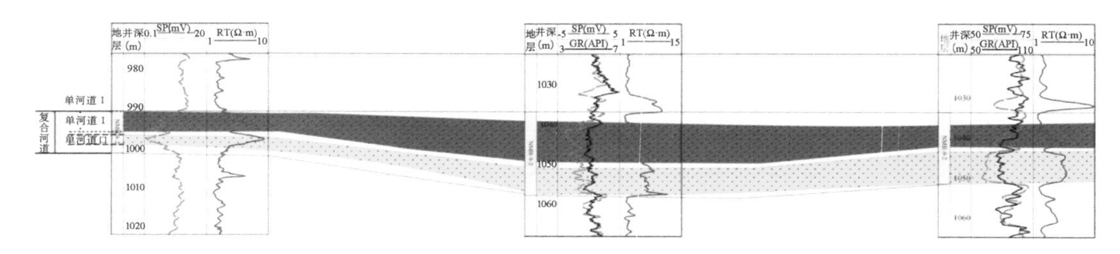

图 5–10 层次细分不同级次构型单元示例图

②模式拟合。

构型分析与建模的核心是井间预测，而预测的基本前提是确定不同级次构型定量模式，进而与地下地震资料与井资料进行拟合，即模式拟合的关键是模式认知和模式与井—震资料的拟合。模式认知可以依据相似露头类比、现代沉积指导、密井网解剖、经验公式借鉴等建立研究区构型模式。以开发中后期油田为例，具有丰富的水平井和密井网资料，如图 5–11 所示，通过水平井轨迹上的泥岩分布，可以确定点坝内部的泥质侧积体规模。按照认知模式将井点处构型单元进行井间连接，不断与井—震横纵优化匹配，使最终模式既与井点吻合，又符合地质模式。

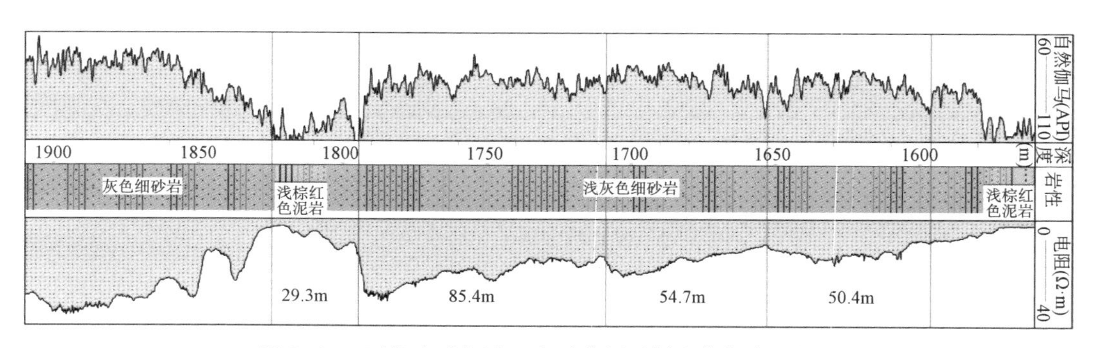

图 5–11 开发中后期油田水平井揭示侧积体期次及规模

③多维互动。

所谓多维，是指一维井眼、二维剖面、二维平面和三维空间；互动则是指在分析过程中，不是单纯地从一维到二维再到三维，而是各维之间相互印证。由于井资料主要是测井资料，而应用测井资料对构型单元的解释具有一定的多解性，若将多个单井解释结果放到剖面、平面和三维空间去分析则可大大降低这种多解性（因为构型的空间分布存在规律性），因此，虽然在构型解剖过程中首先要进行井眼构型解释，但只是预解释，不是最终结果；对于多井剖面分析，其为经典的地质分析方法，但也有片面性和多解性，因为剖面毕竟是需要预测的三维地质体的一个切片，因此，多井剖面也需要放到三维空间去分析以降低多解性；同样，对于平面分析亦如此。故此，单井分析、剖面分析、平面分析和三维模型分析都不是一步到位的，需要相互验证，最终得到一个既符合井资料和油田开发动态响应，又符合构型地质模式的、逐步逼近地质实际的三维构型模型。

2. 储层构型单元类型及测井响应

1）主要沉积相各级构型单元类型

针对大港油田主要发育的沉积相类型，结合油田生产的实际需要，按照 12 级构型级次划分方案，将油田开发的主要研究对象，即单层（6 级构型单元）内部的 7 ～ 9 级构型单元类型进行划分（表 5–2）。以东二区五断块空气泡沫驱试验区块曲流河沉积储层为例，除了废弃河道、点坝之外，其 7 级构型单元溢岸砂，还包括天然堤、决口扇、河漫砂等 8 级构型单元。对于 10 ～ 12 级层理构型的构型单元来说，规模较小，只能通过岩心或成像测井（或高分辨率地层倾角测井）资料进行解释，而难于进行井间对比，在目前开发生产条件下，尚不具备研究价值。

2）构型单元沉积特征及测井响应

参照构型单元划分方案，8 级构型单元对应着单一的沉积微相，是沉积特征及测井响应特征识别的基本单元，7 级构型单元为 8 级构型单元的组合，而 9 级构型单元为 8 级构型单元内部的增生体及夹层。岩心和测井资料是确定构型单元的基础资料，通过取心井精细描述，确定不同构型单元的岩石学特征、岩相特征及韵律特征，如图 5–9 所示。如曲流河边滩具有箱形曲线特征，废弃河道具有顶部渐变底部突变的钟形曲线特征，通过岩电标定，确定不同构型单元的测井响应特征，建立构型单元模型，然后应用测井资料对构型单元进行解释。

按照 Miall 河流沉积体系构型划分方案，河道内构型要素包括：河道、砾质坝及底形、沉积物重力流沉积、砂质底形、顺流增生巨型底形、侧向增生巨型底形、层状砂席、冲凹等 8 种基本构成单元。对应于相构型层次 7 级构型单元，以曲流河沉积体系为例，主河道内部可包含次级河道和点坝等 8 级构型要素。河道之外的沉积类型分为：越岸相对粗粒沉积，如天然堤、决口水道、决口扇等；低能条件下细粒沉积，包括暂时性片流和长期的洪泛洼地等；通过土壤化、蒸发作用或者生物活动作用而形成的沉积物。选取其中相对成熟的点坝和废弃河道 8 级构型单元举例阐述。

边滩，又称为“坝”“点坝”或“内弯坝”，是曲流河区别于其他类型河流的重要特征，是河床凹岸侧向侵蚀、沉积物凸岸侧向加积的结果。边滩沉积物以细粉砂岩为主，含有砾石、黏土，可见反映牵引流的槽状交错层理、平行层理等。垂向上呈明显的正韵律，与河床底部滞留沉积共同组成曲流河二元结构的底层沉积。单一边滩沉积厚度较大，微电极曲线幅度差大，自然电位、伽马曲线为钟型、箱型。受水位变化影响，边滩内部由多个侧积体及泥质侧积层9级构型单元组成，如图5–9所示。侧积层主要为泥岩、粉砂质泥岩，测井曲线表现为自然伽马曲线高值，微电极回返明显、幅度差减小。连续发育的侧积层可对油气的流动起到隔挡作用。

废弃河道，常与边滩相伴生，在曲率较大的弯曲段，河流内横向环流较为发育，河道曲率持续增大，当发展到一定程度，在一定的水流条件下，河水取直改道形成废弃河道。在平面上呈蛇曲状或弯月状，形态似河道；在剖面上自凹岸向凸岸变薄，直至尖灭，呈楔状，如图5–12所示。根据河道废弃后是否与主流河道完全隔离，将废弃河道分为突弃型和渐弃型。两者底部都发育有薄层的细粉砂岩，突弃型废弃河道只有在洪水期才能接收到细粒沉积，形成以泥质为主夹有少量粉砂的沉积体，测井曲线为接近泥岩基线的小型锯齿状；渐弃型废弃河道与主河道水体相连，其粒度相对突弃型废弃河道较粗，其自然电位曲线为齿化钟形向上过渡为泥岩基线。在平面上，废弃河道可形成环状封闭的围墙式的遮挡条带，将连片曲流带砂体分隔为多个点坝的砂体组合。

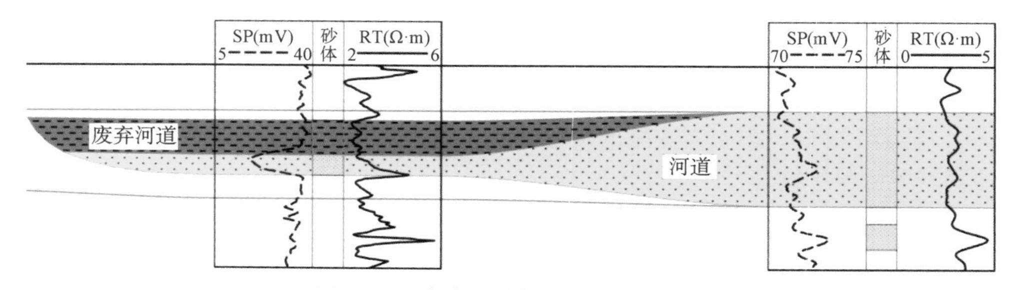

图5–12 废弃河道作为单河道边界图

3. 不同级次储层构型单元表征实例

按照储层构型划分方案与研究思路，以NmIV–8–3单砂层为例，对区内不同曲流河沉积储层构型单元开展解剖描述。

1）单一曲流带级次（7级构型单元）

在高品质的地震属性体中，可以解释出某种成因的砂体边界，但和单井相比，目前地震属性的垂向分辨率远远不够用来描述不同成因储层的空间分布。为了准确识别7级构型单元边界，可以有效利用地震砂体边界的横向信息，识别砂体平面边界，结合井点河道砂体划分成果，综合地质趋势和沉积模式，表征7级构型单元边界。

单一曲流带河道砂体相对较厚且连续分布，在地震上易于识别，利用地震属性切片可以定性识别砂体厚度变化带，结合单井信息和沉积理论模式，从而刻画出单一曲流带砂体边界。本区沿北东物源展布方向，发育3条单一曲流带，按照井控程度与生产需求，重点刻画出中部单一曲流带，如图5–13所示。

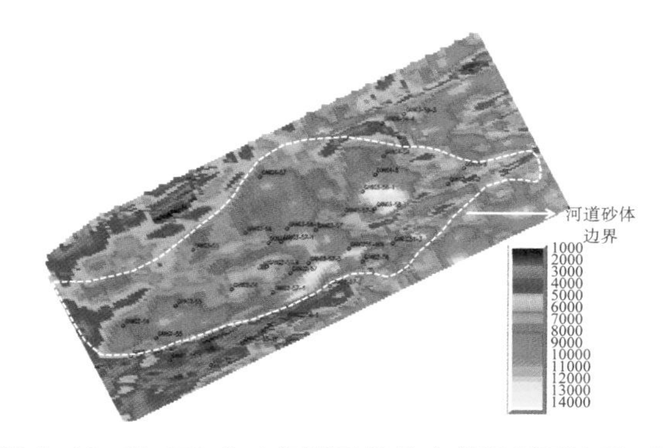

图 5–13　NmIV–8–3 河道砂体均方根振幅属性平面图

2）单一点坝级次（8 级构型单元）

明化镇组属于典型曲流河沉积，综合泥岩颜色、沉积构造、粒度分布特征等相标志，结合区域沉积背景，根据岩石相类型在垂向上的组合关系，将曲流河细分 6 种微相类型：点坝、末期河道、废弃河道、决口扇、溢岸砂、泛滥平原。由岩电标定推广至全区测井相分析，研究区主要发育点坝、末期河道和废弃河道 3 种微相，对应于 8 级构型单元。

点坝砂体厚度大，沉积物以细砂、粉砂及泥质粉砂岩为主，具典型的正韵律，自然电位曲线以底部突变、顶部渐变的钟形或箱形为主。从现代沉积看，不管多复杂的曲流河道带，都有一条活动河道穿行其中。因此对地下储层而言，所有河道都将废弃，末期河道是由最后一期活动河道废弃而成，其成因和岩性组合，以及测井相特征与废弃河道类似，废弃后在河道内部充填的低渗透泥岩或粉砂质泥岩，对砂体会起到分割作用。

依据测井相分析、砂体厚度分布规律、沉积模式指导，建立 NmIV–8–3 单砂体 8 级构型单元平面分布模式，如图 5–14 所示。整个曲流带砂体呈窄条带状，为小型曲流河沉积，主要发育末期河道、废弃河道和点坝沉积，点坝形态大小不一，平均点坝宽度约 400m。其中 4 个点坝发育油气藏。点坝之间发育末期河道沉积，该段曲流河一段取直，发育废弃河道，与末期河道呈 C 形组合，砂体间由于河道遮挡形成不同的油水系统和流体性质。

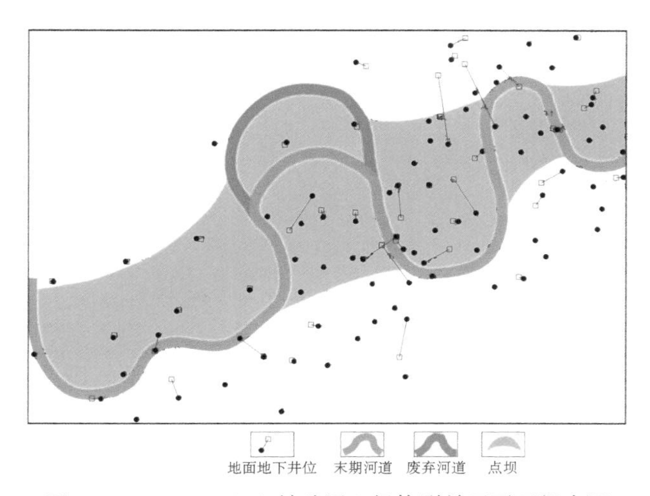

图 5–14　NmIV–8–3 单砂层 8 级构型单元平面组合图

3）点坝内部级次（9 级构型单元）

国内薛培华教授针对现代沉积考察和大量探槽剖面进行详细的宏观描述和测绘，并采样进行室内分析，提出了“点坝侧积体沉积迭式”，确定曲流河点坝组成三要素：侧积体、侧积层、侧积面。每次洪泛事件，河流侧向加积形成侧积体，洪泛事件结束，披覆在侧积体之上形成侧积层，产状多呈斜插的泥质楔子，倾向指向河道迁移方向的一侧，倾角一般为 5° ~ 10°。

点坝内部构型研究主要是对点坝内部各要素进行识别描述。侧积体是点坝储层的主体，侧积层（侧积泥岩）是识别点坝内部侧积面、划分每期侧积体的关键。定量描述侧积泥岩的产状、侧积体的规模是点坝内部构型研究的核心。

点坝内部侧积层识别主要依靠测井曲线资料，表现为自然电位回返明显，微电极曲线值低，并且微电位与微梯度曲线基本重合，如图 5-11 所示。点坝侧积层产状和侧积体规模的定量描述方法有地层倾角测井法、开发对子井计算法、水平井资料分析法等。×× 油田二区五断块经过 40 多年的开采和多次加密，已形成井距 100 ~ 200m 的密井网开采状况。根据点坝内部构型研究方法，对该区 Nm Ⅳ -8-3 的点坝进行了内部构型研究，得到点坝构型剖面及平面分布图（图 5-15 和图 5-16）。

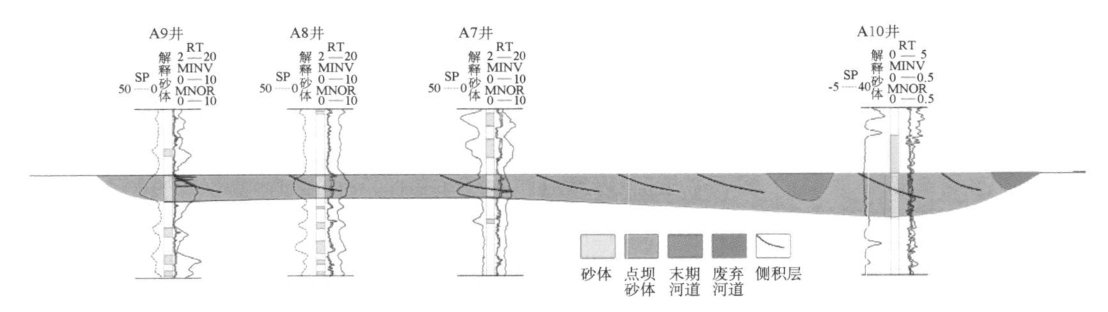

图 5-15　NmIV-8-3 单砂层 A9 井至 A10 井点坝内部构型剖面图

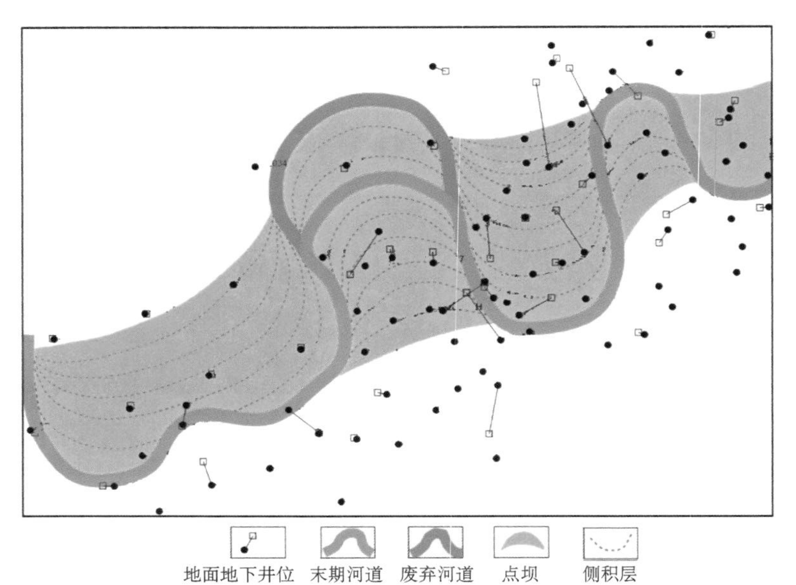

图 5-16　NmIV-8-3 单砂层构型平面图

研究表明，该点坝为一个大曲率曲流河道侧向加积形成的点坝砂体，曲流段曲率一般为2.1左右，末期河道内砂体厚度为3m，点坝砂体厚度为5.2～9.4m。通过对点坝砂体内部结构的精细刻画可以看出，点坝内部由多个侧积体叠加而成，侧积体平面展布呈弧形的窄条带状，趋势与废弃河道趋势相似。侧积体规模70m左右，侧积泥岩倾角为3°～7°，倾向指向废弃河道的外法线方向。泥岩夹层纵向上延伸到砂体底部的2/3处，底部1/3为连通体。该点坝内部结构的特点导致点坝底部连通体水淹比较严重，而上部侧积泥岩构型控制的区域成为剩余油富集的有利区域。

三、CT扫描数字岩心重构技术

X射线CT是利用锥形X射线穿透物体，通过不同倍数的物镜放大图像，由360°旋转所得到的大量X射线衰减图像重构出三维的立体模型，如图5-17所示。利用CT进行岩心扫描的特点在于：在不破坏样本的条件下，能够通过大量的图像数据对很小的特征面进行全面展示。由于CT图像反映的是X射线在穿透物体过程中能量衰减的信息，因此三维CT图像能够真实地反映出岩心内部的孔隙结构与相对密度大小。

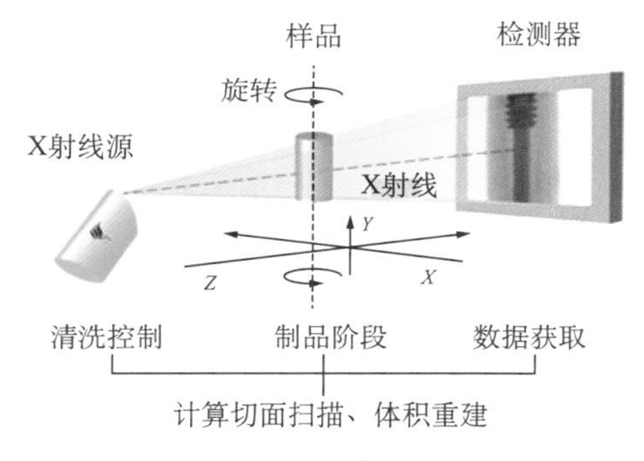

图5-17　CT扫描原理图

将岩石样品放置于扫描仪内，通过收集X射线在穿透岩石过程中的能量衰减信息，对岩石内部结构进行图像的重构。通过收集能量信息的不同，区分不同的物质相，掌握所有物质相后，进行岩石三维模型的重构，进而形成岩石内部孔喉的结构及分布特征图谱，表征最接近岩石内部真实的结构形态，如图5-18所示。

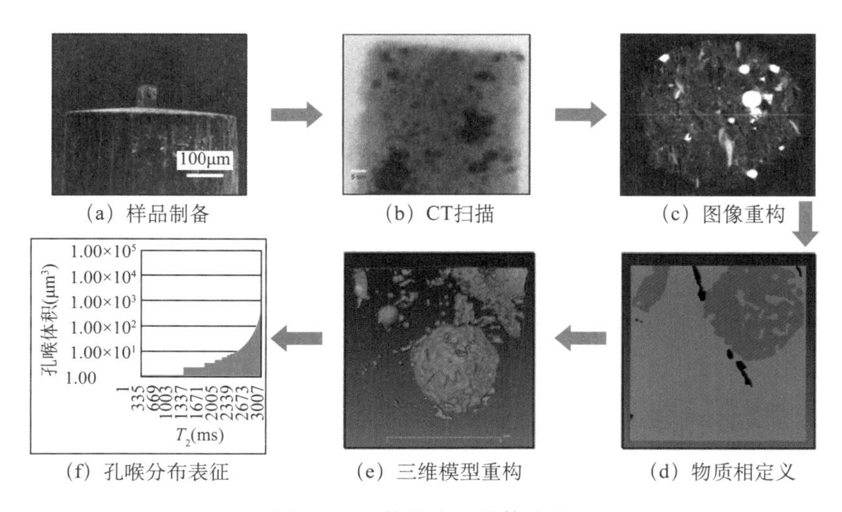

图5-18　数字岩心重构流程

收集能量衰减信息，重构岩石内部不同物质相的三维视图。可以任意获取不同截面岩石图像。图 5–19 和图 5–20 为 CT 扫描得到的三维视图和不同方向视图。

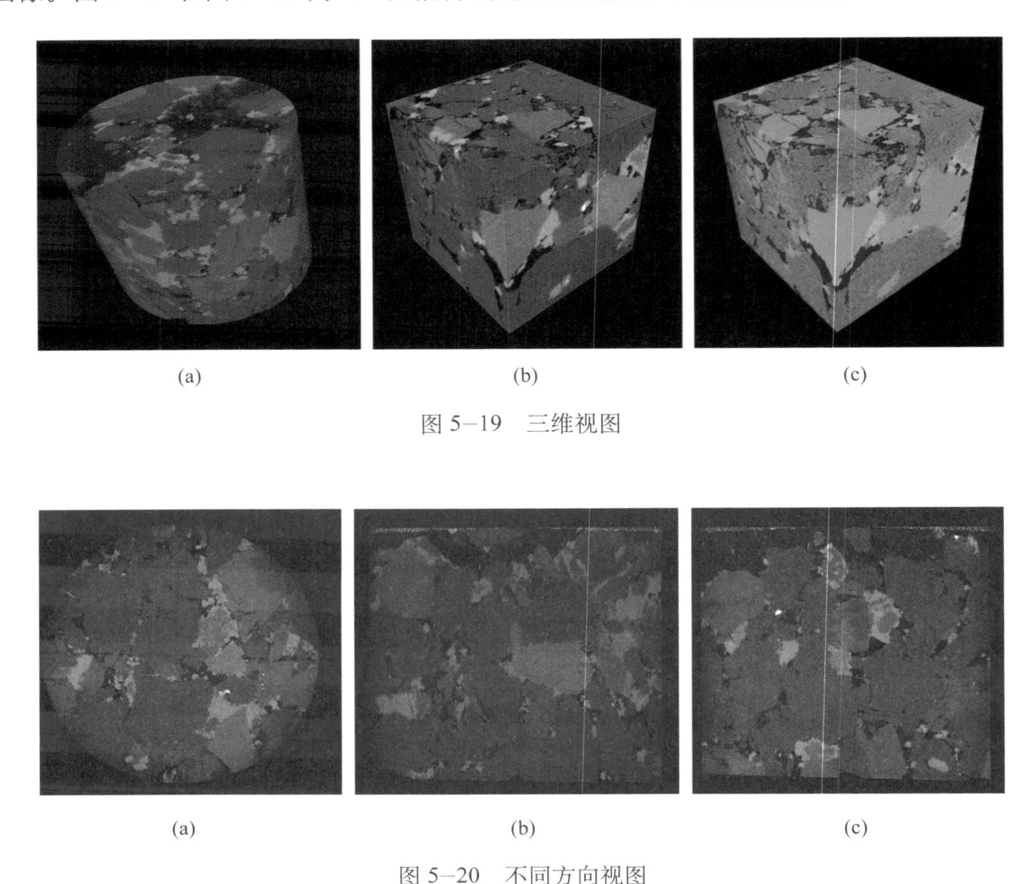

(a) (b) (c)

图 5–19　三维视图

(a) (b) (c)

图 5–20　不同方向视图

将这些信息进行分类识别，可以得到孔隙三维表征图，表征孔喉分布形态特征。不同颜色指示不同岩石矿物组分，如灰色基质矿物三维图或浅色基质矿物三维表征图等指示岩石矿物分布形态，高亮基质矿物三维表征图可能指示黄铁矿在岩石内部的分布形态，如图 5–21 所示。

CT 扫描可以通过读取孔隙结构三维分布数据，对孔隙结构进行定量描述，对孔径、喉道半径等数据进行收集并制图，获得表征岩石储集空间的特征参数，如图 5–22 所示。通过 CT 扫描得到的孔隙、喉道数据受 CT 分辨率限制，对于分辨能力以下的小孔隙和小喉道不能识别，只能统计较大孔隙、喉道的数据，与渗透率的相关性差，明显大于压汞实验得到的孔隙、喉道数据。此外，由于 CT 扫描样品尺寸极小，岩心的非均质性对数据统计结果影响很大。

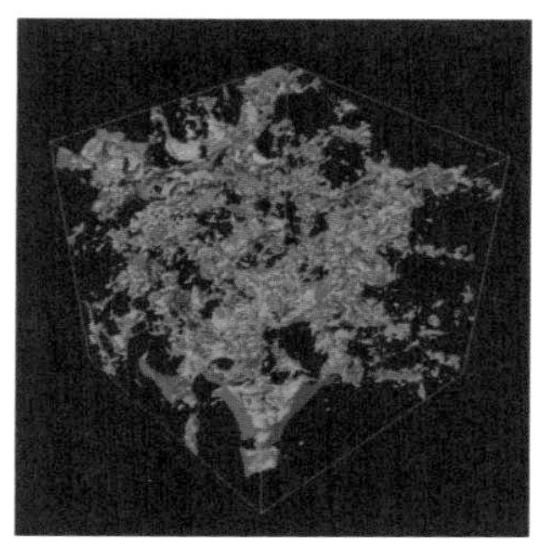

(a)孔隙三维表征

(b)灰色基质矿物三维表征

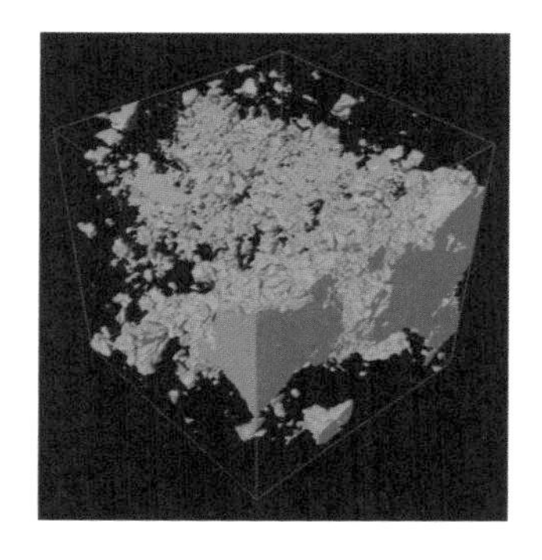

（c）浅色基质矿物三维表征

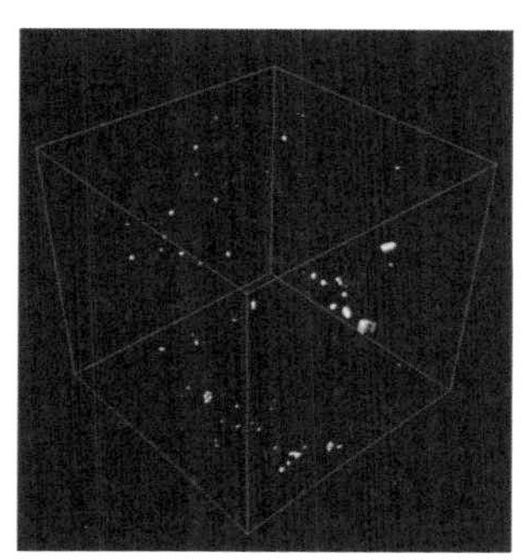

（d）高亮基质矿物三维表征

图 5–21 三维孔喉及基质表征

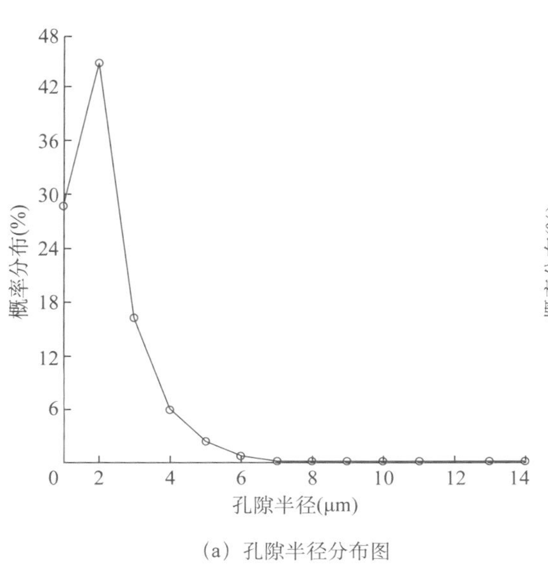

（a）孔隙半径分布图

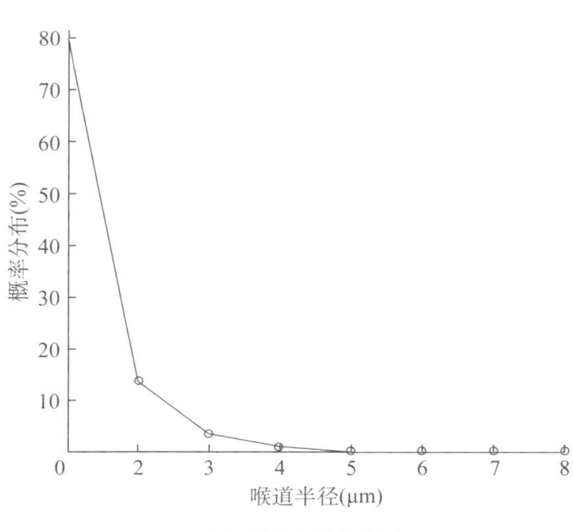

（b）喉道半径分布图

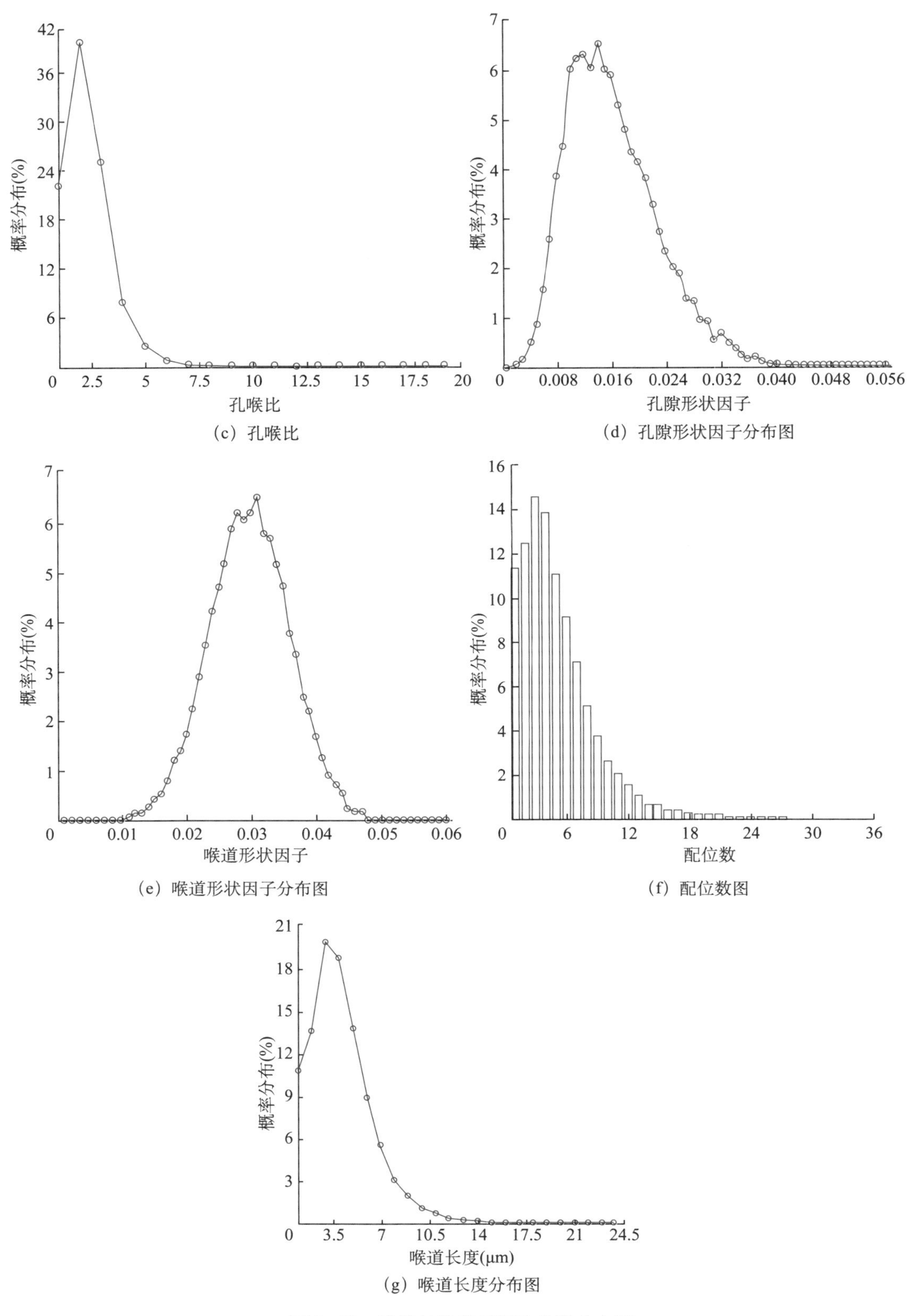

图 5-22 孔隙结构定量评价参数分布图

第二节 构型因素控制剩余油分布量化技术

经过多年的开发，非均质多相流体驱动过程中的指进、绕流和圈闭死油的现象错综复杂，随着时间的推移，剩余油研究工作难度越来越大，准确量化剩余油分布是油田提高采收率研究工作的重点。近年来，随着储层构型刻画及储层非均质界面描述技术的不断进步，使得对剩余油的描述也逐渐从油组、单砂体发展到砂体构型界面级别。储层构型研究中构型界面分析以及被这些界面所分割的不同级次单元，很大程度上控制了剩余油的宏观分布。

本书主要通过密闭取心方法、室内物理模拟油藏数值模拟方法、动态监测资料分析等多种技术方法，落实不同类型沉积储层构型约束的剩余油分布特征。

一、基于岩心尺度剩余油分布量化技术

密闭取心技术是进行剩余油研究的主要手段之一，通过岩样分析，可以较准确地求取不同动用程度油层的油、水饱和度数据；较准确地认识不同油层水驱波及范围；研究油层动用程度与其物性、岩性、沉积微相、周围井生产状况的关系及不同层位岩性相带的水洗特征，确定剩余油的宏观分布规律和微观赋存状态。综合利用岩心识别、测井曲线分析、核磁共振等多种手段，研究储层物性对剩余油分布的影响并对其进行定量化表征。

为了研究点坝内部剩余油分布，在 ×× 油田二区五断块钻取一口密闭取心井。电测曲线特征显示该井的 NmⅢ –2–2 具有典型的点坝特征，从岩心观察得出厚砂体层内发育 5 个泥岩或细砂质混杂着泥质的侧积层，厚度 0.07 ～ 0.26m 不等，如图 5–23 所示。

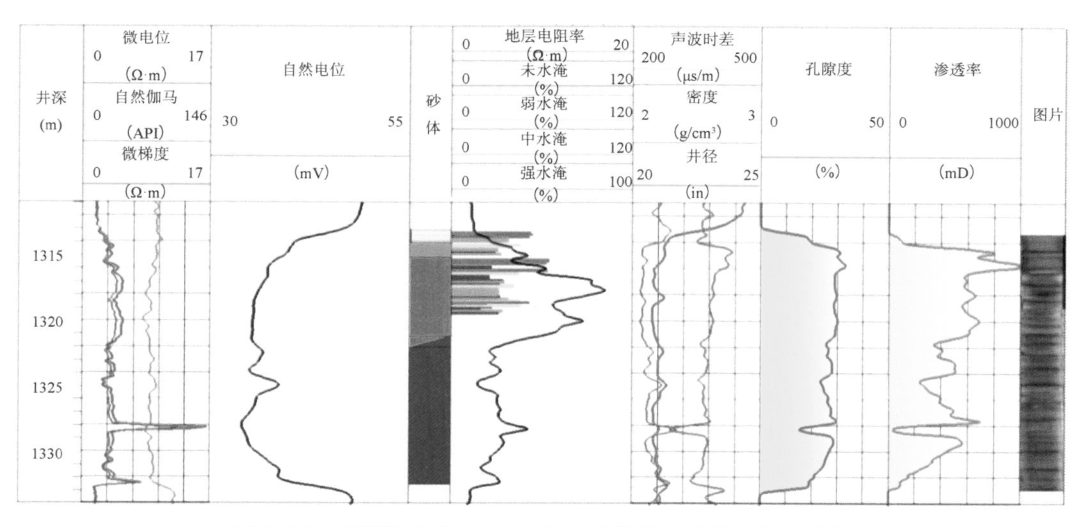

图 5–23 密闭取心井 NmⅢ –2–2 砂体层内水淹状况对比图

在 NmⅢ –2–2 砂体的油层顶部钻取 39 块岩样进行剩余油饱和度测试，层内自下向上呈现水驱油效率变低、剩余油饱和度变高的趋势，油层上部剩余油富集，见表 5–3。39 块岩样中未水洗比例 20.5%，水洗比例 79.5%；未水洗层主要位于油层顶部及侧积层上部。

表 5–3　NmⅢ -2-2 砂体水淹状况统计表（岩心分析）

水洗级别	块数（块）	含油饱和度（%）	块数比例（%）
未水洗	8	57.7	20.5
弱水洗	7	44.2	17.9
中水洗	12	33.9	30.8
强水洗	12	22.9	30.8
合计（平均）	39	37.2	100

二、基于动态监测（玻璃钢套管井监测）的剩余油分布量化技术

油藏动态监测技术是一种能够直接获得地下油藏实际信息的技术手段，素有“监测工作是地质家眼睛”的说法。C/O、硼中子寿命测井和过套管电阻率测井等，能直接监测到储层目前含油饱和度。采用感应测井两次测量的比值和碳氧比两次测量的差值，可有效地反映出油田开发过程中剩余油饱和度的变化。

大港油田在中高渗透复杂断块油田的注水主流区和滞留区分别钻了玻璃钢套管监测井，连续开展了 C/O 的监测，监测结果显示了油层纵向上的水淹变化情况。感应电阻率时间推移测井和 C/O 比能谱时间推移测井有效地监测了两口玻璃套管井的剩余油饱和度动态变化情况和水淹状况，并且位于主流线上的 J1 井水淹速度快，1997 年 J1 井各层都有不同程度的水淹，而位于分流线上的 J2 井只是下部部分水淹，随着开发程度的加深，J2 井 2002 年各层均见水，见水时间明显比 J1 井晚，如图 5–24 和图 5–25 所示，符合水淹规律。

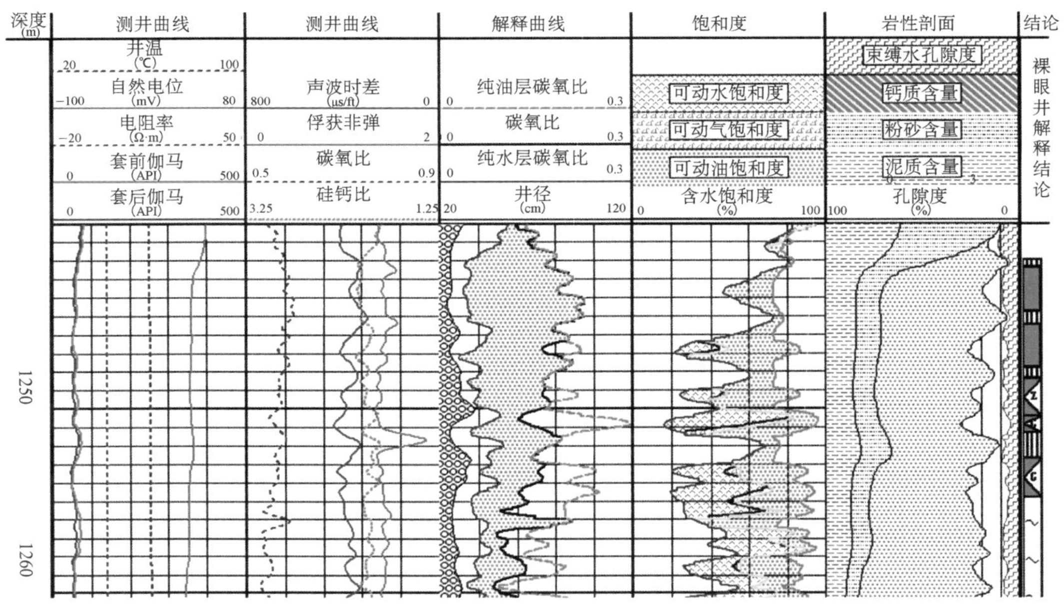

图 5–24　J1 井 C/O 测井解释成果图（2016 年 1 月 20 日）

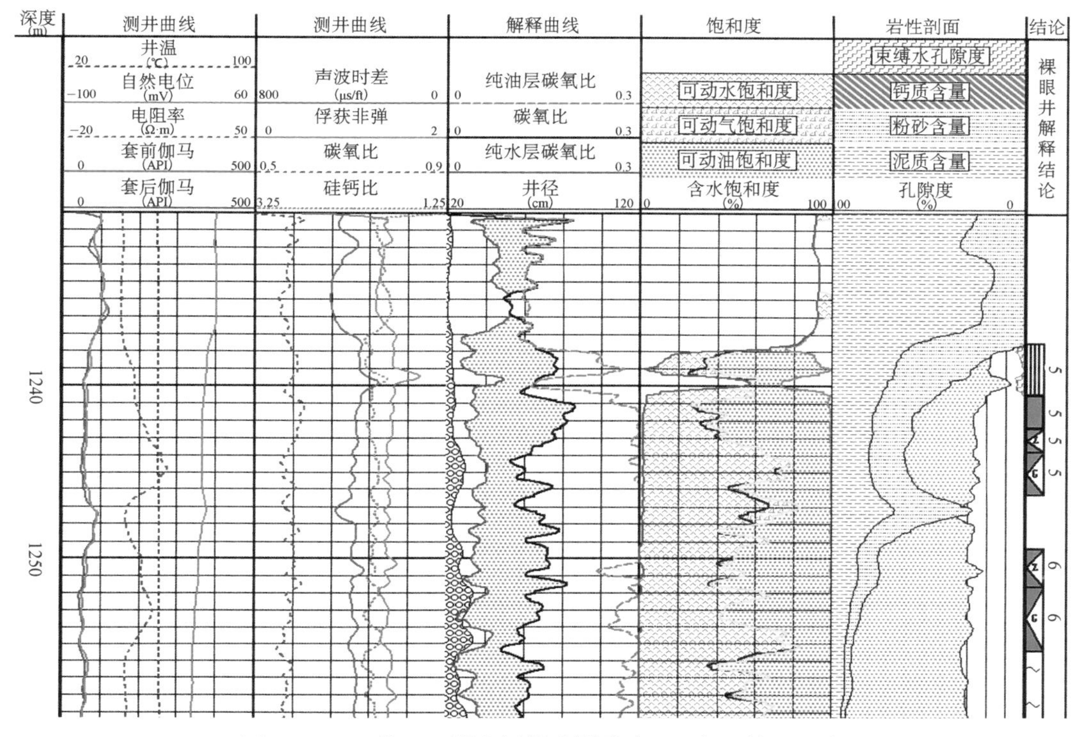

图 5–25 J2 井 C/O 测井解释成果图（2016 年 1 月 20 日）

三、基于油藏物理模拟和数值模拟的剩余油量化技术

1. 物理模拟方法研究点坝内部剩余油分布

采用填砂二维模型模拟曲流河点坝，模型内部的长、宽为 500mm × 500mm，外壁厚 45mm，进行水驱油实验，目的是研究注水方向、注水速度、夹层间距、夹层延伸长度等对剩余油分布和采收率的影响。通过布置饱和度探针测定模型内剩余油饱和度的分布状况、绘制含油饱和度等值线图并进行数据统计和分析。通过物理模拟实验，可以量化不同注采方向、侧积层间距、侧积层延伸长度、注入速度等对剩余油分布的影响，见表 5–4。

表 5–4 点坝内部构型因素对水驱采收率影响数据表（物理模拟）

实验内容与设置		无水采收率（%）	最终采收率（%）	死油区比例（%）
注采方向	逆侧积层		49.21	16.7
	顺侧积层		47.76	19.0
侧积层间距（cm）	5.8	7.34	46.04	30.2
	11.6	9.71	47.76	23.9
	23.2	10.23	50.62	20.2
侧积层延伸长度（H 夹层 /H 油层）	1/3	14.59	57.93	11.9
	1/2	13.34	53.85	13.8
	2/3	9.71	47.76	20.6

续表

实验内容与设置		无水采收率（%）	最终采收率（%）	死油区比例（%）
注入速度（mL/min）	3		41.99	27.6
	6		47.76	20.0
	12		43.34	26.2

2. 数值模拟研究层内剩余油分布

1）概念模型数值模拟方法

以曲流河和辫状河构型研究成果为基础，建立点坝、心滩坝、辫流水道机理模型，利用油藏数值模拟手段研究层内剩余油富集规律。

2）实际模型数值模拟方法

（1）点坝内部剩余油分布数值模拟研究。

为了定量研究层内剩余油分布特征，在点坝内部构型研究的基础上，在D2−57井区Nm Ⅳ −5−3单砂层建立起点坝内部侧积体及侧积层精确到九级的三维地质模型。网格方向考虑断层和末期河道方向，侧积体 X 方向网格步长3.5 ~ 3.9m，Y 方向网格步长3.2 ~ 3.5m，侧积层 X 方向网格步长0.5m，Y 方向网格步长0.5m，平面上网格数为150×250，纵向上网格考虑侧积层、隔层以及网格数等因素，分为20个数模层，网格总数150×250×20，共75万个。利用数值模拟方法，量化点坝内部剩余油分布。

（2）心滩坝内部剩余油分布数值模拟研究。

心滩坝三维构型建模本质是井间界面展布在三维中的组合再现，即将各井点界面按照井间预测的结果在三维中进行内插，得到界面的三维展布，进而得到不同期次垂积体的空间展布。依据测井解释资料，建立了层内夹层的孔隙度、渗透率等属性的三维空间展布模型。在辫状河内部构型研究的基础上，YJ1井区NgII−3−1砂体开展心滩坝内部构型油藏数值模拟研究，纵向上划分14个层，其中4、8、12层分布落淤夹层，平面上网格步长为6 ~ 8m，纵向上有落淤层分布的层厚0.5 ~ 0.8m，网格总数180×64×14=161280个，在心滩坝地质模型的基础上开展剩余油分布规律研究。

（3）辫流水道内部剩余油分布数值模拟研究。

辫状河道充填类型包含砂质充填、泥质充填和泥质半充填，砂质充填界面对油藏流体流动无遮挡作用。因此，主要研究泥质充填和泥质半充填对河道内部剩余油分布的影响。根据辫流水道泥质充填和泥质半充填模式，如图5−26和图5−27所示，分别建立理想化模型并开展机理研究。针对泥质半充填建立剖面模型，X 方向200个网格，Y 方向1个网格，Z 方向5个模拟层，网格步长5m左右，泥质充填部位渗透率在10mD以下；针对泥质全充填建立三维模型，X 方向100个网格，Y 方向60个网格，网格步长在10m左右，Z 方向5个模拟层，泥质充填部位渗透率在10mD以下。

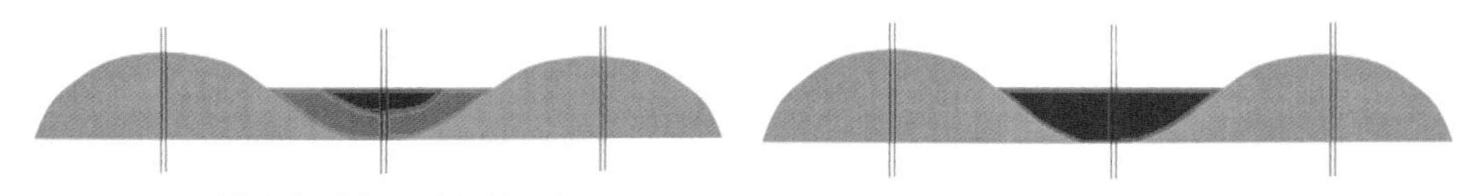

图 5–26 辫流水道半泥质充填示意图　　图 5–27 辫流水道全泥质充填示意图

综合利用物理模拟、数值模拟、密闭取心等多种手段，研究表明高含水开发后期点坝内部仍有 20% ~ 24% 的原油没有受到注入水波及，主要位于点坝顶部及侧积层上部，见表 5–5。

表 5–5 不同方法研究点坝内部剩余油结果汇总表

方法	剩余油富集区（死油区）比例（%）	平均值（%）	特点描述
物理模拟（剖面模型）	11.90 ~ 30.20	20.9	位于油层中上部
数值模拟（机理模型）	13.20 ~ 35.05	24.0	位于侧积层上部
数值模拟（点坝模型）	22.00	22.0	位于油层顶部和侧积层上部
密闭取心	20.50	20.5	位于油层顶部和侧积层上部

四、微观剩余油核磁共振量化技术

为了研究天然岩心在被不同驱替体系驱替后的微观剩余油的分布情况，应用剩余油观测技术及专业剩余油分析软件进行微观剩余油的定性及定量分析。该方法可将岩心微观孔隙中的流体进行可视化分析且保证了能够准确区分油、水、岩三者，在检测无机矿物的同时，也能观察检测孔隙中的原油或有机质。

1. 测试原理

向样品中添加顺磁离子，实现油、水信号的辨别。顺磁离子添加剂（如 Mn^{2+} 溶液）可以有效地缩短水相弛豫时间，而油相弛豫时间基本不变，从而实现油、水信号的识辨。

2. 特点和要求

驱替全过程可视化，定量测试油水饱和度变化，样品规格为 ϕ2.5cm×（2.5 ~ 6.0）cm 的柱样，实验用油为没有核磁信号的氟油代替原油。

3. 测试步骤

测试步骤流程图如图 5–28 所示。

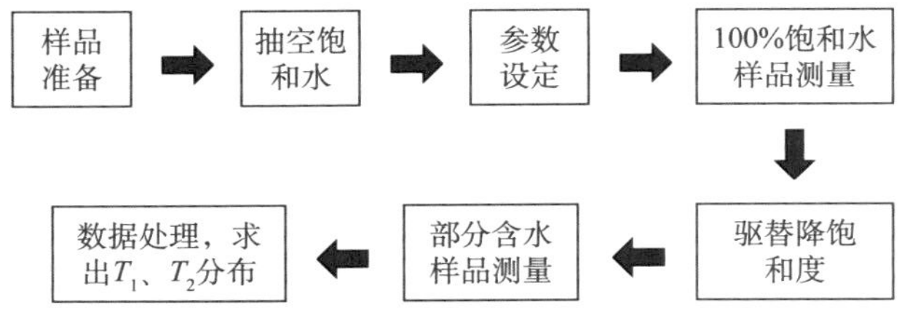

图 5–28 测试步骤流程图

4. 测试结果

根据扫描岩心弛豫（T_2）谱的变化以及信号量的变化，定性和定量地分析计算油水情况，如图 5-29 所示。

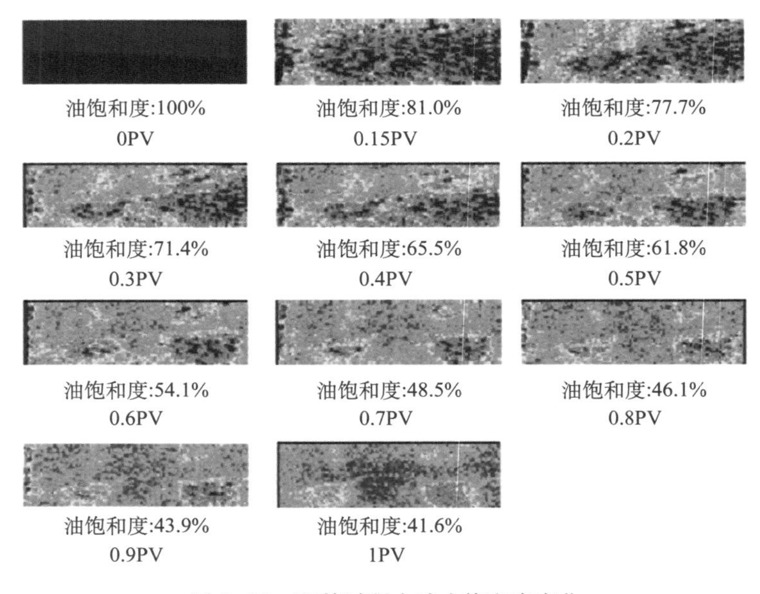

图 5-29　驱替过程中油水饱和度变化

5. 影响因素

（1）氟油密度 1.6 ~ 2.0g/cm³，远高于油、水密度。

（2）氟油与水、化学剂之间的相互作用，与原油与水、化学剂之间的相互作用差别可能比较大。

（3）实验过程中，必须中断驱替进行核磁共振检测，影响油水等在岩心中的分布。

第三节　重建注采井网结构技术

大港油田油藏类型以复杂断块油藏为主，油藏纵向上含油层系多、井段长，平面上受到断裂系统与多沉积类型的双重控制，无统一的油水系统以及强非均质性。随着注水开发的深入，这种强非均质性造成层间吸水差异逐渐加大，从而导致油层动用程度逐渐降低。平面上，小断块、小砂体有采无注、有注无采或无井控制现象普遍，大中型砂体由于老井井况差、套损套变严重，注采井网不完善，水驱储量控制程度低。不规则的注采井网，使剩余油分布异常复杂，挖潜难度大。层系井网不完善严重制约着空气泡沫驱的开发效果。因此，如何通过重组层系、重建注采井网结构使空气泡沫驱实现大幅度提高原油采收率是本节研究的重点。

在层系井网重构的基础上，利用空气泡沫驱油藏数值模拟技术，对试验区进行生产动态历史拟合，分析水驱末阶段剩余油分布状况及现开发方式下水驱剩余可采储量，在此基础上结合空气泡沫驱油特性，利用空气泡沫驱数值模拟技术，进行空气泡沫驱注入参数优化研究与指标预测等，为空气泡沫驱油藏工程方案推荐最佳方案设计。

一、开发层系重组技术

强非均质性是中国大部分复杂断块油藏普遍存在的一个问题，随着注水开发的深入，这种强非均质性造成油田层间吸水状况差异，从而导致油层动用程度逐渐降低，直接影响到油田的开发效果。目前，在开发层系重组中，考虑了渗透率、变异系数、突进系数、渗流阻力、注水启动压力、采出程度、含水等多项动静态非均质参数。参数众多，各项参数对层系组合的影响程度也具有差异，这就需要综合各项动静态参数来指导层系重组，提高层系组合的合理性，进而提高油层动用程度。

针对砂泥岩互层油藏的强非均质地质特点和各层间含水、采出程度、压力及动用状况的差异，提出了“多因素变权决策法”层系重组技术，该技术综合考虑静态上的地质参数和生产动态参数，包括地质储量、油层发育状况、纵向非均质性、单层渗流阻力、注水启动压力、目前油层水淹状况、动用程度、吸水情况、含水等 12 种主要影响因素，然后计算各层综合因子。利用计算得到的综合因子，结合油藏特点进行层系重组，最终根据层系划分原则，完成复杂断块油田的层系重组划分，技术路线如图 5–30 所示。

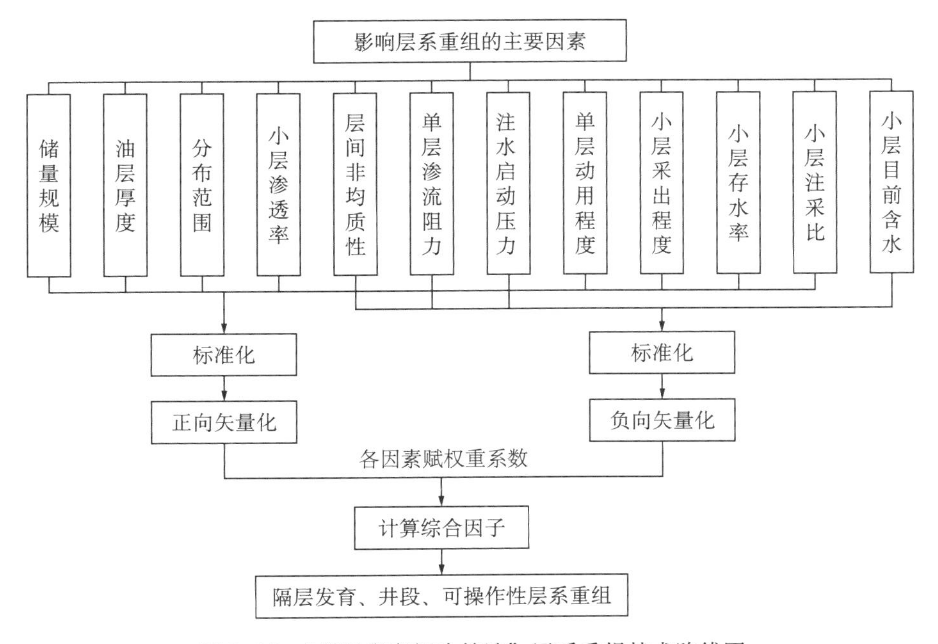

图 5–30　“多因素变权决策法”层系重组技术路线图

为了更好地体现各因素对层系重组的影响，首先将各因素利用公式（5–1）进行标准化，将各因素的参数值转化为 0 ～ 1 之间的数值：

$$f_{ij}(x)=\frac{x_{ij}-a_{i1}}{a_{i2}-a_{i1}} \tag{5-1}$$

$$F_{ij}(x)=f_{ij}(x) \tag{5-2}$$

$$F_{ij}(x)=1-f_{ij}(x) \tag{5-3}$$

其中 $i=m$，m 为影响因素个数；$j=n$，n 为油层数；f_{ij}（x）第 j 层 i 因素的归一化值；其中第 j 层的 i 个因素的值表示为 x_{ij}，第 i 个因素中的最大值表示为 a_{i2}，最小值表示为 a_{i1}。F_{ij} 为无量纲归一化值。

通过计算各因素参数 0 ～ 1 之间的数值后，再根据各因素对层系划分影响的作用进行分类，划分为正向影响因素和负向影响因素两类，通过公式进行矢量化，值高与开发效果正相关的因素矢量化应用公式（5–2），值低与开发效果负相关的因素矢量化应用公式（5–3）。这样各影响因素将转换为具有方向性的矢量化且可比较的 0 ～ 1 之间的数值，然后根据各影响因素对层系划分的影响程度采用专家权重打分法确定各影响因素的权重分值，各因素分值与总分值的比值即为该因素的影响权重系数，通过向量计算，即各因素与其权重系数的乘积之和形成每一层的层系重组综合因子，综合因子相近的层开发效果接近，根据量化后的综合因子值，结合储层纵向分布情况，与实际生产操作可行性进行层系重组。

二、注采井网重组技术

1. 合理井网形式的选择

在层系划分的基础上，同一层系的油层在不同的开发方式下和不同的油藏条件下对井网的需求差异较大。复杂断块油田受断层的影响，砂体形态多、大小差异大，不同类型的砂体开展空气泡沫驱所适用的井网也各不相同。

将砂体按其面积大小划分为不同等级，将其中面积大于 0.25km² 的砂体称为大型砂体，将面积介于 0.1km² 和 0.25km² 之间砂体称为中型砂体，将面积小于 0.1km² 的砂体称为小型砂体。

1）大型砂体井网重组技术

（1）不同开发方式下井网差异性。

大型砂体可建立相对完善的多井组注采井网，为了评价不同开发条件下的井网构建效果，在相同油藏条件下，针对复杂断块较常用的不规则但相对完善的注采井网、规则正四点法注采井网、规则五点法注采井网，利用数值模拟方法，在注采速度相同、井网密度不同的情况下对水驱和三次采油开发效果进行对比。

从不同类型井网水驱开发阶段的日产油与含水率对比来看，几种井网开发效果差异不大，日产油与含水率基本一致，说明复杂断块油藏在特高含水阶段，结合砂体形态与剩余油丰度，以剩余油富集区为核心建立新井井网，配合老井转注，依据疏密结合的原则，建立了相对完善的非规则性井网，最大限度地扩大注水波及体积，并为主力区块的深部调驱、三次采油奠定井网基础。在水驱开发阶段，相对完善的非规则性井网即可达到与规则注采井网相同的开发效果，如图 5–31 水驱开发阶段所示，这类水驱井网的构建对于老油田已有井网的利用更加有利，也更适合于复杂断块油田开发后期水驱剩余油挖潜的实际情况。

若要进一步利用三次采油提高采收率，则井网结构必须向规则井网转化，因为不规则

井网导致渗流场不均衡，无法实现均匀驱替的目的。利用数值模拟方法对不同井网三次采油开发效果进行对比，其中五点法注采井网最好如图 5–32 所示。

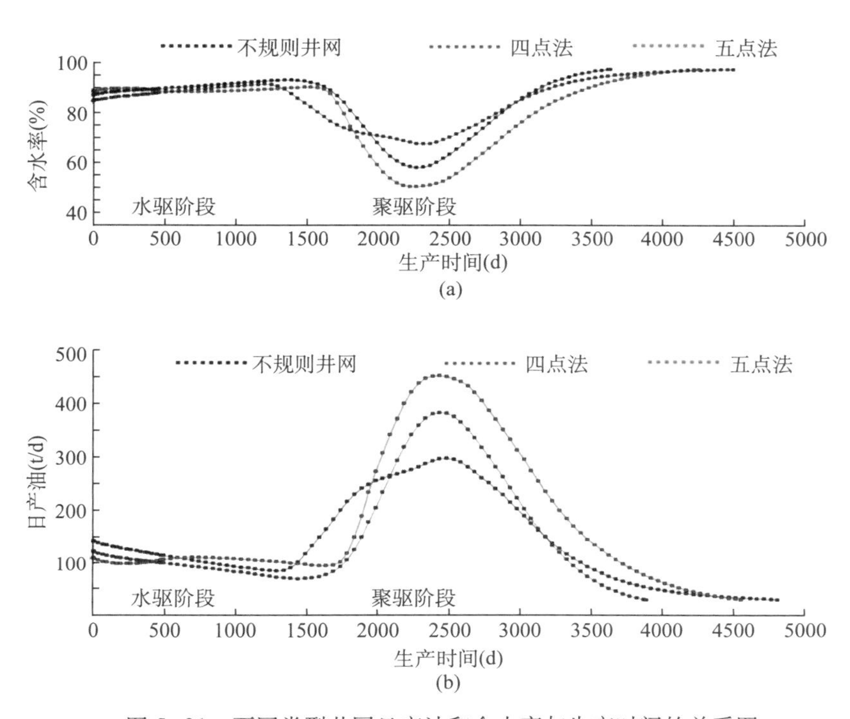

图 5–31　不同类型井网日产油和含水率与生产时间的关系图

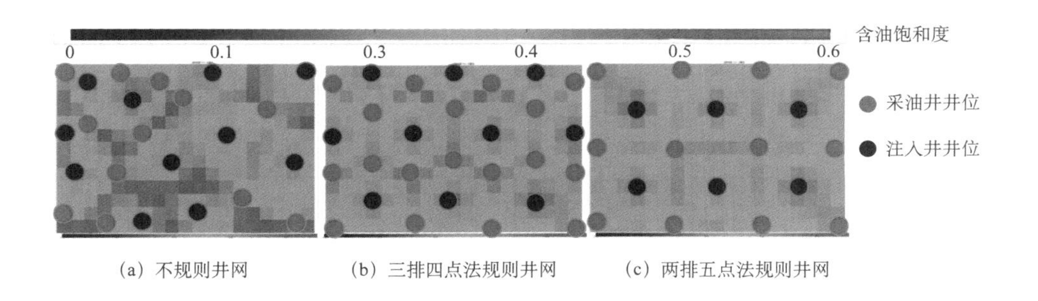

图 5–32　不同井网注聚末期含油饱和度对比图

（2）大型砂体井网重组方法。

对于适合开展三次采油的相对较大的砂体，井网重组方法有三类。第一类是五点法井网组合，如图 5–33 所示，该方法适用于构造中部相对整装的河道叠置面积较大的含油砂体；第二类是五点法为核心反四点法为补充的组合井网，如图 5–34 所示，该方法适用于含油边界受限制的中型河道砂体；第三类是正、反四点法相组合的井网，如图 5–35 所示，该方法适用于窄河道的河道砂体。

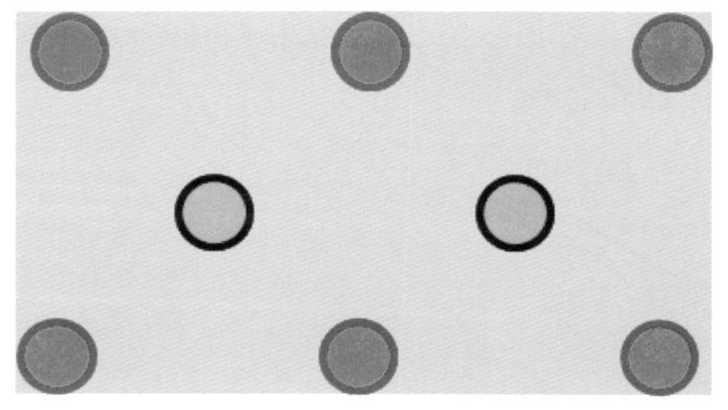

图 5–33　五点法组合模式图

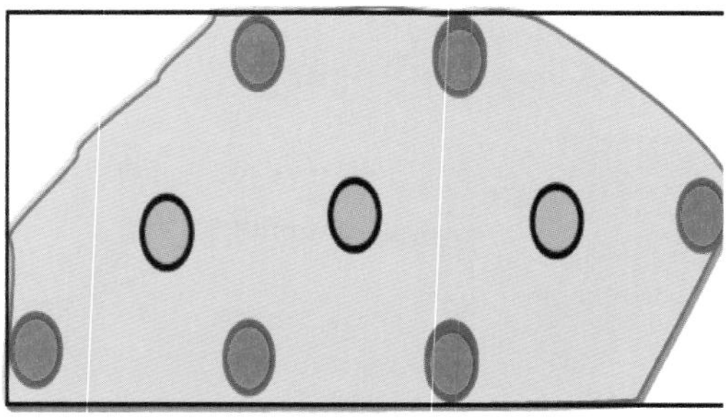

图 5–34　五点 + 反四点组合模式图

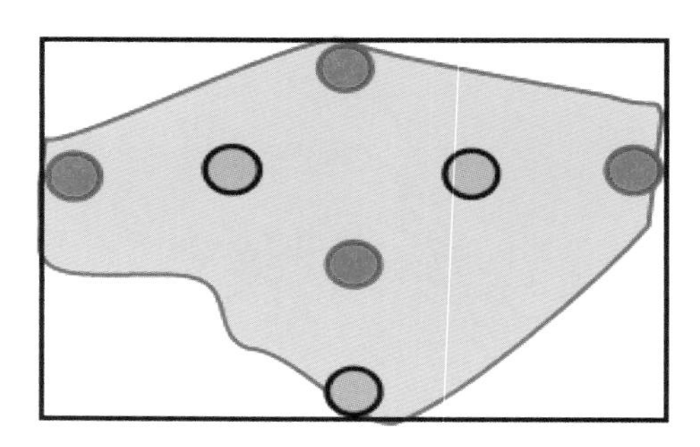

图 5–35　正、反四点组合模式图

2）中型砂体井网重组技术

该类型砂体因面积小，仅可以构建最多 1 ～ 2 个注采井组，不同的井网具有不同的开发效果，差异比较大，其中五点法效益最高、平面波及系数最高，如图 5–36 所示。但受剩余资源量的影响，该类型的井网设计一般与大型砂体井网设计相关，是纵向空间砂体组合的一个补充，如果单独形成井网，则受开发方式和经济性协同制约，不同油价下井网组合形式不同。

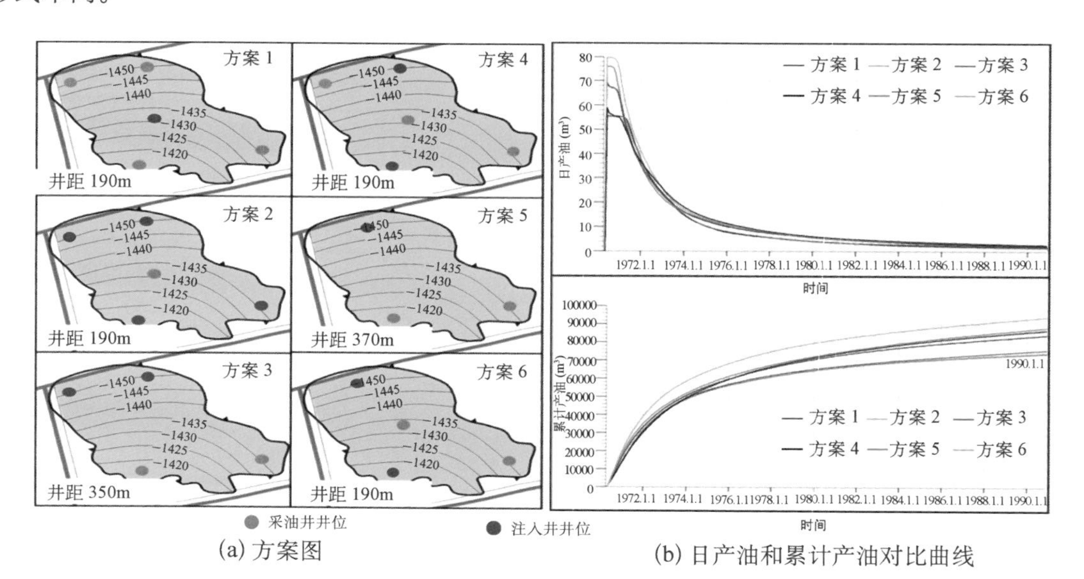

(a) 方案图　　(b) 日产油和累计产油对比曲线

图 5–36　中型砂体不同注采井网开发效果对比图

3）小型砂体井网重组技术

小型砂体因面积小、储量丰度低，一般视剩余油潜力大小有3种不同的开发手段，见表5–6。一般作为主力砂体井网的接替层或轨迹优化增加油层钻遇率的兼顾层，在三次采油开发方式中，因砂体可增加的波及体积小，且砂体易聚窜，一般不作为三次采油潜力砂体。

表5–6 小型砂体不同含油面积砂体分级表

砂体钻遇井数（口）	面积（km^2）	井网类型
1	＜0.045	单井控制，天然能量开发
2	0.045～0.075	可建一注一采
3	0.075～0.102	可建一注两采

2. 合理井型的选择

1）经济界限方法确定调整井合理井型

随着油田的持续开发，剩余油越来越隐蔽，调整井的初期日产油量也逐渐降低。为了尽量得到好的开发效果，在高含水开发期，考虑应用各类复杂结构井（直井、侧钻井、水平井等）挖潜不同富集状态和富集规模的剩余油。在高含水开发期，尤其原油价格不稳定的情况下，应对哪种类型调整井更具适应性开展研究。最终提出了不同油价下部署不同类型加密井的经济界限图版编制方法，根据图版可以得到不同井网、不同井型、不同原油价格下单井所需达到的经济极限产油量以及在什么油价下可以实施哪种类型的加密调整井。根据开发区层系井网重组后的实际注采井数比，计算得出的一组不同井型在不同油价下的经济极限累计产油量数据绘制在图5–37中（实线，是一组曲线，随油价的变化而变化），并将不同类型加密井单井最大累计产油量预测结果也绘制在图5–36中（虚线是一组直线，其值不随油价变化而变化）。从两组线的交叉点，即能够判断出在什么油价下实施哪种类型的加密井更加经济有效。

例如，大港油田某开发区在高含水开发后期，当油价在45美元/bbl的情况下可实施侧钻井（有一个目的层即可）；在油价60美元/bbl的情况下可实施单层水平井或多层直井；而单一目的层的直井需要油价在80美元/bbl的情况下才可以实施；但是当有多个目的层，并且部分目的层剩余油富集，单独射开具有相对较高产能的直井在油价50美元/bbl的情况下就可实施。

2）根据油层特征确定调整井合理井型

利用水平井开发油田目前已成为一项成熟并广泛应用的技术。水平井可以增加单井产量，提高油层动用程度和储量控制程度，提高油田开发和管理水平。但水平井的开发也受到油藏类型、油藏埋深、油气层厚度及隔夹层发育状况等因素的影响。

针对断层遮挡的多层油藏的特点，油藏埋深大于1000m，油气层平均有效厚度大于6m，厚度符合水平井应用的部分条件。但由于含油井段长，纵向油层多，同时受边水和人工注水补充能量的影响，目前主力层水淹较严重，油藏隔层发育较好，垂向渗透率较低，这些因素在一定程度上限制了水平井的应用。结合老井网综合成本等多种因素优选直井和大斜度井为推荐井型。

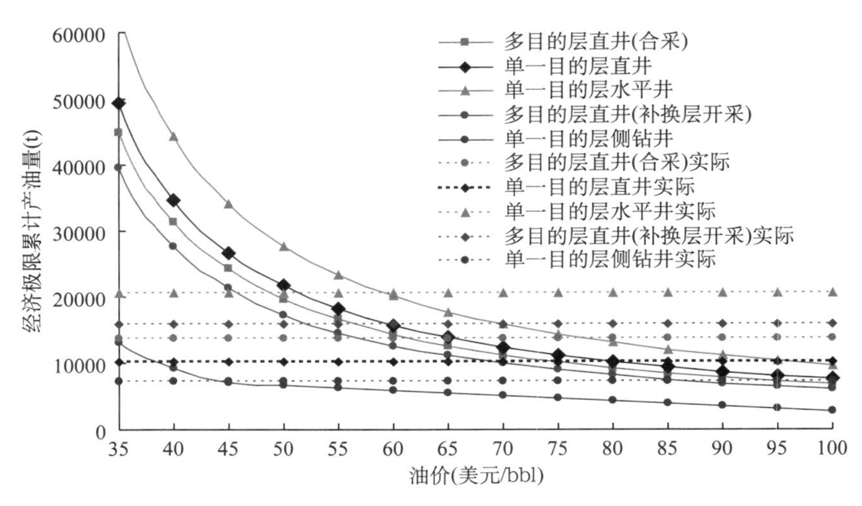

图 5-37 大港油田某开发区不同油价下部署加密井经济极限图版

第四节 空气泡沫驱油藏数值模拟渗流场调控技术

一、空气泡沫驱数学模型的建立

1. 空气泡沫驱油机理

空气泡沫驱油具有提高驱油效率和提高波及系数的双重作用，是一种非常有前景的提高采收率方法。空气泡沫驱在各种化学驱油方法中相对比较复杂。一般认为空气泡沫驱包含有如下的主要驱油机理。

（1）起泡剂本身是一种活性很强的阴离子型表面活性剂，能较大幅度降低油水界面张力，改善岩石表面润湿性，使原来呈束缚状的油通过油水乳化、液膜置换等方式成为可流动的油。

（2）泡沫流动需要较高的压力梯度，从而能克服岩石孔隙的毛细管作用力，把小孔喉中的油驱出。

（3）当泡沫的干度在一定范围内时，其黏度大大高于基液的黏度，改善了驱替液与油的流度比，提高波及系数。

（4）泡沫具有“遇油消泡、遇水稳定”的性能，消泡后其黏度降低，不消泡时其黏度不降，从而起到“堵水不堵油”作用，提高了驱油效率。

（5）泡沫的黏度随剪切速率的增大而减小，它在高渗透层（大孔道）中的黏度大，在低渗透层（小孔道）中的黏度小，具有“堵大不堵小”的功能，提高采收率。

2. 数学模型的建立

中国石化石油勘探开发研究院于洪敏博士在《空气泡沫驱数模模型与数值模拟方法》中对空气泡沫驱数学模型建立做了详细介绍。为描述空气泡沫驱过程中空气与泡沫的运移规律和复杂的驱油机理，通过相与组分关系的相关假设，借鉴火烧油层数学模型方法，结合空气低温氧化动力学方程、泡沫驱经验数学模型与物化参数的处理，建立了空气泡沫驱数学模型。

1）基本假设

数学模型基本假设：（1）油藏中存在三相（油、气、水）和七组分（轻质油、重质油、N_2、O_2、碳的氧化物、水、表面活性剂）；（2）低温氧化过程原油重质组分参与反应；（3）考虑含油饱和度和表面活性剂浓度对泡沫生成的影响；（4）不考虑泡沫形成所造成的表面活性剂损失，吸附在岩石表面的表面活性剂可用 Langmuir 模型表征；（5）在油藏任一小单元体积中，瞬时达到热平衡和相平衡；（6）表面活性剂和泡沫仅影响气相的流度。

2）渗流数学方程

（1）质量守恒方程。

按照氧气、碳的氧化物、水、轻质油、重质油、氮气6种组分排序，各组分方程与火烧油层模型相同。

$$\nabla \cdot \left(\rho_g X_{jg} \frac{KK_{rg}}{\mu_g} \cdot \nabla p_g + \rho_L X_{jL} \frac{KK_{rL}}{\mu_L} \cdot \nabla p_L \right) - \left(q_{gp} X_{jg} + q_{Lp} X_{jL} \right) + Y_j = \frac{\partial}{\partial t} \left(\phi \rho_g S_g X_{jg} + \phi \rho_L S_L X_{jL} \right) \tag{5-4}$$

其中 $Y_1 = -(\alpha_1 R_{c1} + \alpha_{21} R_{c2}) + q_{O_2}$

$Y_2 = R_{c2}$

$Y_3 = \alpha_{22} R_{c2}$

$Y_4 = X_{4O}(R_{c2} - R_{c1})$

$Y_5 = X_{5O}(R_{c2} - R_{c1})$

$Y_6 = q_{N_2}$

式中 ρ_g，ρ_L——气相、液相密度，kg/m^3；

下标 L——油相和水相；

X_{jg}，X_{jL}——j 组分在气相、液相中摩尔分数，j=1，2，…，n_p，n_p 为组分数；

K——绝对渗透率，D；

K_{rg}，K_{rL}——气相、液相相对渗透率；

μ_g，μ_L——气相、液相黏度，mPa · s；

p_g，p_L——气相、液相压力，Pa；

q_{gp}，q_{Lp}——气相、液相产出量，mol/s；

α_1，α_{21}——氧化和脱碳反应中 O_2 反应系数；

α_{22}——脱碳反应中生产水系数；

R_{c1}，R_{c2}——氧化和脱碳反应速率，$mol/(m^3 \cdot s)$；

q_{O_2}，q_{N_2}——氧气、氮气注入量，mol/s；

ϕ——孔隙度；

S_g，S_L——气相、液相饱和度。

表面活性剂组分质量守恒方程为：

$$
\begin{aligned}
&\nabla\cdot\left(\rho_{\mathrm{w}}X_{7\mathrm{w}}\frac{KK_{\mathrm{rw}}}{\mu_{\mathrm{w}}}\nabla p_{\mathrm{w}}+\rho_{\mathrm{o}}X_{7\mathrm{o}}\frac{KK_{\mathrm{ro}}}{\mu_{\mathrm{o}}}\nabla p_{\mathrm{o}}\right)\\
&+D\nabla\cdot\left(\phi\rho_{\mathrm{w}}S_{\mathrm{w}}\cdot\nabla X_{7\mathrm{w}}+\phi\rho_{\mathrm{o}}S_{\mathrm{o}}\cdot\nabla X_{7\mathrm{o}}\right)+q_{7}\\
&=\frac{\partial}{\partial t}\left(\phi\rho_{\mathrm{w}}S_{\mathrm{w}}X_{7\mathrm{w}}+\phi\rho_{\mathrm{o}}S_{\mathrm{o}}X_{7\mathrm{o}}\right)+q_{\mathrm{sad}}+q_{\mathrm{sth}}
\end{aligned}
\tag{5-5}
$$

式中 D——弥散系数，m^2/s；

q_7——表面活性剂源汇项，mol/s；

q_{sad}，q_{sth}——分别为单位体积油藏起泡剂吸附、降解损失量，mol/s。

（2）能量守恒方程。

$$
\begin{aligned}
&\sum_{i=1}^{3}\nabla\cdot\left(\rho_i H_i\frac{KK_{\mathrm{r}i}}{\mu_i}\nabla p_i\right)+\nabla\cdot\left(\lambda\nabla T\right)+H_{\mathrm{r1}}R_{\mathrm{c1}}+H_{\mathrm{r2}}R_{\mathrm{c2}}+\left(q_{\mathrm{Hi}}-q_{\mathrm{Hp}}-q_{\mathrm{H1}}\right)\\
&=\frac{\partial}{\partial t}\left[\phi\sum_{i=1}^{3}\rho_i S_i\left(U_i+U_{\mathrm{r}}\right)+m_{\mathrm{f}}\left(1-\phi\right)\left(T-T_0\right)\right]
\end{aligned}
\tag{5-6}
$$

式中 H_i——相 i（即气、油、水）热焓，J/mol；

λ——油层热导系数，J/（s · m · K）；

T——温度，K；

T_0——初始温度，K；

H_{r1}，H_{r2}——氧化反应、脱碳反应焓，J/mol；

q_{Hi}，q_{Hp}，q_{Hl}——能量注入量、产出量及损失量，J/（m^3 · s）；

U_i，U_{r}——相 i 和岩石内能，J/mol；

m_{f}——岩石热容，J/（m^3 · K）。

（3）辅助方程。

饱和度约束方程：

$$\sum_{j=1}^{n_{\mathrm{p}}}S_j=1 \tag{5-7}$$

毛细管压力方程：

$$p_{\mathrm{cow}}=p_{\mathrm{o}}-p_{\mathrm{w}} \tag{5-8}$$

$$p_{\mathrm{cgo}}=p_{\mathrm{g}}-p_{\mathrm{o}} \tag{5-9}$$

各相的内能和热焓：

$$U_{\mathrm{g}}=\sum_{j=1}^{n_{\mathrm{p}}-1}\left(X_{j\mathrm{g}}C_{\mathrm{v}j}M_j\right)\left(T-T_0\right) \tag{5-10}$$

$$U_{\mathrm{L}}=C_{\mathrm{vL}}M_{\mathrm{L}}\left(T-T_0\right) \tag{5-11}$$

$$U_{\mathrm{r}}=C_{\mathrm{vr}}\left(1-\phi\right)\left(T-T_0\right) \tag{5-12}$$

$$H_i=U_i+p_i/\rho_i \tag{5-13}$$

式中 p_{cgo}，p_{cow}——气油、油水毛细管力，Pa；

p_i——相 i 毛细管力，Pa；

$C_{\mathrm{v}j}$，C_{vr}——j 组分、岩石比热，J/（kg · K）；

M_j——j 组分摩尔质量，kg/mol。

3）低温氧化动力学方程

低温氧化反应分为氧化反应和脱碳反应。根据 Arrhenius 方程，可以建立氧气分压降与温度、反应组分浓度的关系，即可得出两反应各自反应速率通式。

$$R_{\mathrm{c1}}=-\frac{\mathrm{d}p_{1\mathrm{O}_2}}{\mathrm{d}t_1}=k_1\left(\phi\rho_{\mathrm{o}}S_{\mathrm{o}}\right)^{m_1}p_{1\mathrm{O}_2}{}^{n_1}\exp\left(\frac{-E_1}{RT}\right) \tag{5-14}$$

$$R_{\mathrm{c2}}=-\frac{\mathrm{d}p_{2\mathrm{O}_2}}{\mathrm{d}t_2}=k_2\left(\mathrm{CH}_x\mathrm{O}_y\right)^{m_2}p_{2\mathrm{O}_2}{}^{n_2}\exp\left(\frac{-E_2}{RT}\right) \tag{5-15}$$

式中 $p_{1\mathrm{O}_2}$，$p_{2\mathrm{O}_2}$——氧化反应与脱碳反应氧气分压，MPa；

t_1，t_2——两反应时间，h；

k_1，k_2——两反应预幂率指数，L/（s · kPa）；

E_1，E_2——两反应活化能，J/mol；

R——气体常数，8.314J/（mol · K）；

m_1，m_2——两反应氧气分压反应级数；

n_1，n_2——两反应原油组分浓度反应级数；

x，y——脱碳反应中化合物 H、O 原子个数。

求解至少 2 ～ 3 个温度下氧气分压降，即可线性回归氧气分压降速率对数与绝对温度倒数关系，进而求得两反应氧化动力学参数（活化能与预幂率指数）。

4）物化现象数学描述

（1）表面活性剂吸附。

表面活性剂在多孔介质中运移时，部分会吸附到岩石表面，同时也会发生脱附现象。表面活性剂在岩石表面的吸附可用 Langmuir 化学吸附模型描述。

$$q_{\mathrm{sad}}=\left(\phi-1\right)\rho_{\mathrm{r}}\frac{\partial\Gamma}{\partial t}\frac{1}{M_{4\mathrm{w}}} \tag{5-16}$$

其中

$$\Gamma = \frac{A_1 A_s \omega_s}{A_1 \omega_s + e^{E_h/(RT)}}$$

式中 ρ_r——岩石密度，kg/m³；

Γ——起泡剂吸附量，kg/kg；

M_{4w}——起泡剂摩尔质量，kg/mol；

A_1——常数；

A_s——Langmuir 模型中的常数；

ω_s——起泡剂质量浓度，%；

E_h——吸附热，J/mol。

（2）表面活性剂热降解。

$$q_{sth} = K_{th} \phi S_w \rho_w \omega_s / M_{4w} \tag{5-17}$$

根据 Arrhenius 定律及 Angstadt 和 Tsao 等的研究，K_{th} 与温度和 pH 值 γ 的关系如下：

$$K_{th} = \left(\alpha_1 + \alpha_2 \cdot 10^{\gamma}\right) \exp\left[\frac{E_a}{R}\left(\frac{1}{T_r} - \frac{1}{T}\right)\right] \tag{5-18}$$

式中 K_{th}——热降解速度常数，是温度和缓冲溶液 pH 值的函数，s^{-1}；

α_1，α_2——系数；

E_a——活化能，J/mol；

T_r——参考温度，K；

γ——pH 值。

（3）起泡剂洗油效率。

$$S_{or} = S_{ormin} + \frac{S_{ormax} - S_{ormin}}{1 + A_2 N_c} \tag{5-19}$$

其中

$$N_c = \frac{v_w \mu_w}{\sigma_{wo}}$$

式中 S_{or}——残余油饱和度；

S_{ormax}，S_{ormin}——最大、最小残余油饱和度；

A_2——常数；

N_c——毛细管数；

σ_{wo}——油水界面张力，N/m；

v_w——驱替速度，m/s。

5）泡沫性质表征

（1）泡沫生成速度表征。

Falls 等人通过实验发现泡沫生成速度与流动泡沫速度和水相速度呈正比，与已生成流动泡沫数目成反比，即：

$$r_{g}=k_{1}^{0}v_{w}v_{f}^{1/3}\left[1-\left(\frac{n_{f}}{n^{*}}\right)^{\omega}\right] \tag{5-20}$$

式中　r_g——泡沫生成速度；

k_1^0——泡沫生成速度常数；

v_w——水相速度；

v_f——流动泡沫速度；

n^*——泡沫密度上限值；

ω——实验确定的常数；

n_f——泡沫密度（每单位体积气体的泡沫数目）。

（2）泡沫破灭速度表征。

$$r_{c}=k_{-1}^{0}\left(\frac{p_{c}}{p_{c}^{*}-p_{c}}\right)v_{f}n_{f} \tag{5-21}$$

$$p_{c}^{*}=p_{c,\max}^{*}\tanh\left(C_{s}/C_{s}^{0}\right) \tag{5-22}$$

式中　k_{-1}^0——泡沫破灭速度常数；

p_c——毛细管力；

p_c^*——临界毛细管力；

$p_{c,\max}^*$——临界毛细管力最大值；

C_s——表面活性剂浓度；

C_s^0——表面活性剂浓度参考值。

6）泡沫对气相相对渗透率影响

泡沫驱经验模型中，泡沫流度表征为表面活性剂浓度、气相流速（或毛细管数）与含油饱和度等的函数，泡沫存在时利用流动气体饱和度修正气体相对渗透率，经验模型如下。

$$K_{rg}^{f}=K_{rg}^{nf}F_{M} \tag{5-23}$$

$$F_{M}=\left[1+M_{rf}\left(\frac{\omega_{s}}{\omega_{s\max}}\right)^{e_{s}}\left(\frac{S_{o\max}-S_{o}}{S_{o\max}}\right)^{e_{o}}F_{3}F_{4}F_{5}F_{6}\right]^{-1} \tag{5-24}$$

其中

$$F_{3}=\left(\frac{N_{c}^{ref}}{N_{c}}\right)^{e_{v}}$$

$$F_4=\left(\frac{N_c^{gcp}-N_c}{N_c^{gcp}}\right)^{e_{gcp}}$$

$$F_5=\left(\frac{x_m^{cr}-x_m}{x_m^{cr}}\right)^{e_{omf}}$$

式中 K_{rg}^{f}，K_{rg}^{nf}——有、无泡沫时气相相对渗透率；

F_M——差值因子，$F_M \leqslant 1$；

M_{rf}——最大流度降低因子，一般为 5 ～ 500；

ω_{smax}——维持强泡沫时最大泡沫剂浓度，%；

e_s——泡沫剂浓度指数，取 1.0 ～ 2.0；

S_{omax}——能生成泡沫的最大含油饱和度，通常为 10% ～ 30%；

e_o——含油饱和度指数，取 1.0 ～ 2.0；

F_6——泡沫存在时不同含水饱和度下的气相渗透率；

N_c^{ref}——参考流速毛细管数；

e_v——流速指数，取 0.3 ～ 0.7；

N_c^{gcp}——临界毛细管数，e_{gcp} 为其指数；

x_m——组分摩尔分数；

x_m^{cr}——临界油组分摩尔分数，e_{omf} 为其指数。

二、空气泡沫驱油机理数值模型化技术

空气泡沫驱需要模拟多种注入介质及其开采机理，只有在明确空气泡沫驱机理的数学实现、主要物化参数的选取和输入方式后，才能正确开展空气泡沫驱数值模拟研究。

泡沫体系在多孔介质中驱油过程极为复杂，采用以往描述多孔介质中相运移的模型很难准确模拟。因此，必须建立空气泡沫驱机理模型。通过考虑气相中存在一种离散泡沫组分（液膜），构建泡沫机械化的模型——运移、生成及破灭。因此，泡沫流度的降低取决于气相中泡沫的浓度。泡沫浓度受泡沫产生和破灭速率的影响，而速率又受当前表面活性剂浓度的影响。其中，表面活性剂主要分布在两相中，即水相、吸附相，泡沫分布在气相和吸附相两相中。该模型主要考虑了泡沫（液膜）的生成、衰变及原油、临界速度等对泡沫稳定性的影响，能够较好地体现泡沫在模型中的特性。

在空气泡沫驱中，泡沫内氧气由于受到泡沫液膜的包裹，无法接触原油发生氧化，所以忽略氧气与原油间的反应。数值模型设置的组分单元见表 5–7。

空气泡沫驱主要驱油机理及数值模型实现方式如下。

1. 消泡后起泡剂驱油机理的模型实现

起泡剂本身是一种活性很强的阴离子型表面活性剂，能较大幅度降低油水界面张力，改善岩石表面润湿性，使原来呈束缚状的油通过油水乳化、液膜置换等方式成为可流动的油。在数值模型中是通过不同界面张力对应的油水相对渗透率曲线进行插值表征低张力体系驱油过程的。根据实验室优选出的起泡体系，表面活性剂浓度与界面张力的关系见表 5–8，当

表面活性剂浓度位于表 5–8 中浓度区间时，数值模型将通过线性方式对界面张力进行插值。

表 5–7 数值模型组分一览表

组分名称	相类型
GAS（low O_2）	气相
LITE–OIL	油相
LAMELLA	气相
SURFACTANT	水相
H_2O	水相

表 5–8 表面活性剂浓度与界面张力关系

起泡剂浓度（mg/L）	界面张力（mN/m）
0	25.0000
1200	0.61659
2500	0.14168
4000	0.07586

2. 气泡渗流贾敏效应的模型实现

贾敏效应的叠加作用将会导致泡沫在较高的压力梯度下流动，才能克服岩石孔隙的毛细管作用力，把小孔喉中的油驱出。LAMELLA 在模型中的物理意义是气泡的液膜，且与泡沫一样作为气相存在，在数值模型中通过对组分 LAMELLA 的黏度进行设置，气液相对渗透率曲线发生变化，能够表征泡沫的贾敏效应对驱油的影响。

3. 起泡剂及泡沫在地层中吸附的模型实现

表面活性剂吸附量的大小关系到泡沫的生成量和流动阻力系数，吸附量越大，泡沫生成量越少，所建立起来的流动阻力系数越小。不同浓度表面活性剂的吸附量可通过室内实验测得。

4. 泡沫选择性封堵的模型实现

泡沫体系的渗流特性决定了地层中空气、原油、活性水等多相流体渗流时，流体优先进入高渗透层参与反应，形成泡沫，渗流阻力较高；低渗透层原油饱和度较高，泡沫稳定性较差，渗流阻力较低。泡沫的这种特性决定了其在非均质油藏的适应性。

反应式（5–25）表示水与表面活性剂在气相存在的条件下生成泡沫，该反应的速率相对较快，表征在含油饱和度相对较低情况下形成的泡沫体系比较致密。

$$2.15\times10^{-5}SUR+1H_2O+1N_2\longrightarrow1LA+1N_2 \tag{5-25}$$

式中，SUR 为 SURFACTANT，LA 为 LAMELLA。

5. 泡沫内涵性质的模型实现

泡沫体系具有油敏性，在含油介质中稳定性变差，导致其半衰期变短。消泡后其黏度降低，远远低于不消泡时的黏度，所以渗流阻力随含油饱和度的升高而降低，从而起到“堵水不堵油”作用，提高了驱油效率。

反应式（5–26）表示泡沫自然消泡的过程，该式的反应速率体现泡沫半衰期的大小（反应速率为泡沫体系半衰期的倒数）。反应式（5–27）表示表示泡沫遇油消泡的过程，在含油饱和度较高情况下，泡沫体系变得不稳定。泡沫体系的半衰期可通过室内实验测得。

$$2.15\times10^{-5}\mathrm{SUR}+1\mathrm{H_2O}+2\mathrm{LA}\longrightarrow4.3\times10^{-5}\mathrm{SUR}+2\mathrm{H_2O}+1\mathrm{LA} \tag{5-26}$$

$$2.15\times10^{-5}\mathrm{SUR}+1\mathrm{H_2O}+2\mathrm{LA}+1\mathrm{OIL}\longrightarrow4.3\times10^{-5}\mathrm{SUR}+2\mathrm{H_2O}+1\mathrm{LA}+1\mathrm{OIL} \tag{5-27}$$

式中，OIL 为 LIFE–OIL。

三、空气泡沫驱油注采参数优化

1. 注采比优化

注采比是保证空气泡沫驱效果的主要操作参数。合理的注采比，必须和油藏供液能力、生产井举升能力、注入井注入能力相匹配。利用数值模拟方法，对比不同注采比（0.5 ~ 2.0）时空气泡沫驱的开发效果，优化最佳注采比。

2. 组合段塞优化

注入泡沫段塞及水气交替段塞大小对泡沫驱生产影响明显，分别注入不同泡沫段塞（0.1 ~ 0.45PV）+ 不同水气交替段塞（0.05 ~ 0.4PV）+ 水驱至含水率 98%，起泡剂浓度 0.4%，气液比 1 ∶ 1，对比其开发效果优选最佳泡沫段塞和水气交替段塞。

3. 气液比优化

适当比例的气体和发泡液进入多孔介质中时，从孔隙进入喉道时由于内径变小而受到挤压、从喉道进入孔隙由于内径变大而得到释放的过程容易形成泡沫，气液比与起泡效果紧密相关。因此，在实际应用中需控制适当的气液比，对气液比的优化十分重要。

1）气体体积系数

空气地层条件下的实际体积可以通过式（5–28）至式（5–30）计算得到：

$$B_g=V_f/V_s \tag{5-28}$$

式中 B_g——气体体积系数；

V_f——地层条件下的空气的体积，m^3；

V_s——标准状态下的空气的体积，m^3。

由理想气体状态方程可知：

$$B_g=p_sZ_fT_f/p_fZ_sT_s \tag{5-29}$$

石油工程中通常取 Z=1 且不随压力和温度变化而变化，而当 p_s=0.101325MPa 和

T_s=293K 时，得出气体体积系数计算公式：

$$B_g = 3.447 \times 10^{-4} T_f / p_f \tag{5-30}$$

2）气液比优化

泡沫的封堵能力随着气液比的增大而增强，当气液比持续增大时，由于孔隙中的气量增多，一方面使得孔隙中生成的泡沫较多，有利于对地层形成封堵；但另一方面，气量的增大使得形成的泡沫液膜变薄，强度降低，泡沫稳定性下降，气泡容易破裂，这又使得泡沫的封堵能力减弱；当气液比更大时，甚至会形成气窜，根本形不成泡沫。

进行气液比优化时，设计不同气液比的泡沫段塞 0.35PV（气液比分别为 0.5 ： 1、1 ： 1、1.5 ： 1、2 ： 1、2.5 ： 1、3 ： 1）+ 水气交替段塞 0.3PV+ 水驱至含水率 98%，起泡剂浓度 0.4%，对比其驱油效果，优化出合理的气液比。

4. 注入速度优化

在保持注采比的前提下，注入速度受制于油藏的供液能力。过高的排液速度会导致空气泡沫驱区块油藏边底水侵入，开发效果大幅下降；过低的注入速度将使注入时间过长，由于泡沫剂的吸附和降解将使泡沫体系变弱，无法实现调驱的目的。不同空气泡沫注入速率对生产周期和生产成本产生重要影响，因此研究不同注入速率下的采收率，对目标层生产开发具有指导意义。

进行注入速度优化时，设计泡沫段塞 0.35PV（注入速度为 0.05 ～ 0.18PV/a）+ 水气交替段塞 0.3PV+ 水驱至含水率 98%，起泡剂浓度 0.4%，气液比 1 ： 1，对比开发效果，优化最佳的注入速度。

5. 起泡剂浓度优化

不同浓度的起泡剂在驱替过程中能影响起泡效果，消泡后也可降低油水界面张力驱替残余油，进而提高驱油效率。设计不同起泡剂浓度（起泡剂浓度为 0.05% ～ 0.6%）泡沫段塞 0.35PV+ 水气交替段塞 0.3PV+ 水驱至含水率 98%，气液比 1 ： 1，对比其开发效果，优化最佳起泡剂浓度。

第六章　空气泡沫驱配注技术

空气泡沫的注入是指将高压空气与起泡剂溶液经地面混合后注入油层，本章介绍一机（泵）多井的注入方式，通过各单井注入量的自动调节，将一定量的空气和起泡剂溶液注入油层中，并做到整个工艺过程自动化控制、数字化管理。根据爆炸极限和腐蚀研究的结果，需要将注入气氧含量控制在10%以下，从源头上消减空气泡沫驱过程中爆炸风险，并可削减注入工艺流程中的氧腐蚀。按照"安全、环保、节能、经济适用，方便管理"的原则，形成了空气泡沫驱的混配、注入、采出、腐蚀防控及爆炸防控等配套技术。

第一节　地面配注工艺

一、配注工艺

地面配注系统由空气的减氧及压缩、起泡剂溶液的配制及注入、注入井高压气体及溶液流量调控3部分组成，包含空气减氧及压缩、起泡剂和稳定剂溶液配制和注入、单井高压气体及起泡剂溶液流量的自动调控、配注系统自动化控制等单元。

起泡剂溶液均集中在空气泡沫注入站进行注入，在注入站内，起泡剂原液通过起泡剂卸车装置从罐车中卸入到起泡剂原液储存罐，储存罐中的起泡剂原液通过螺杆泵泵入到起泡剂稀释罐中，并向稀释罐中掺入一定量处理后的低压配注水，在稀释罐内搅拌均匀配制成起泡剂母液；稳泡剂通过溶解熟化装置配制成稳泡剂母液；起泡剂母液、稳泡剂母液和水按照一定比例稀释至目标浓度泡沫液，并经高压注入泵升压后与空气压缩机出来的高压空气分别计量后混合，混合后的泡沫液进入各注入井中。具体流程如图6–1所示。

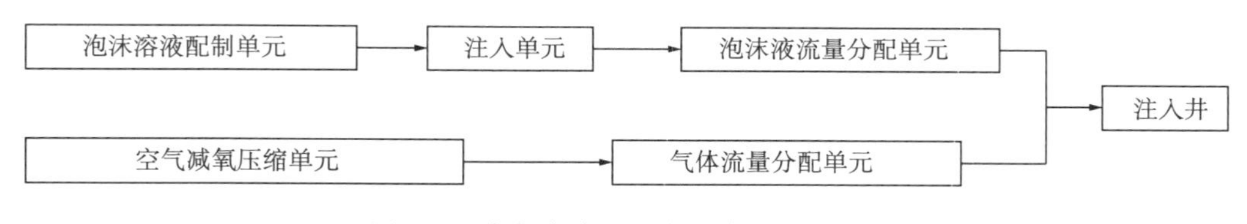

图6–1　空气泡沫驱配注工艺流程示意图

1. 压力等级确定

根据油藏方案要求，对港东二区五断块空气泡沫驱注入参数开展优化研究，通过理论模型计算，确定了注入系统压力等级和单井注入量等参数。

1）注入井口最大压力

在注空气泡沫过程中，纯注空气和注泡沫液时注入井口压力是不同的。通过计算，井口最大注入压力发生在纯注空气时。井口压力输送定量气体到地层，并确保地层有最大的流动压力，但又不能压裂地层，通过最大井底注入流压反推井口最大注入压力。

（1）地层破裂压力。

根据目标区块单井压裂资料，统计破裂压力梯度与油藏中深关系，区块破裂压力梯度值为 0.02MPa/m，由 P. A. 迪基法预测油层破裂压力公式：

$$p_{\mathrm{f}} = \alpha H \tag{6-1}$$

式中　α——地层岩石破裂压力梯度，由实际油藏的统计资料确定；

p_{f}——地层破裂压力，MPa；

H——油层中部深度，m。

港东二区五断块油藏破裂压力为 35.0MPa。

（2）确定最大井底注入流动压力。

注入井极限井底流压是以地层破裂压力为基准的，一般情况下注入井井底流压不能高于地层破裂压力。根据经验，注入极限井底流压为破裂压力的 0.8 倍。

通过统计规律计算目标井段的破裂压力值，获得最大井底流动压力。注入极限井底流压为 28.0MPa。

（3）利用气相垂直管流法计算井口注入压力。

气相垂直管流能量方程模型如下：

$$\frac{\mathrm{d}p}{\mathrm{d}h} = g\rho_{\mathrm{g}} + \rho_{\mathrm{g}} v_{\mathrm{g}} \frac{\mathrm{d}v_{\mathrm{g}}}{\mathrm{d}h} + \frac{\lambda \rho_{\mathrm{g}} {v_{\mathrm{g}}}^{2}}{2d} \tag{6-2}$$

式中　$g\rho_{\mathrm{g}}$——举高项，MPa/m；

$\rho_{\mathrm{g}} v_{\mathrm{g}} \frac{\mathrm{d}v_{\mathrm{g}}}{\mathrm{d}h}$——动能项，MPa/m；

$\frac{\lambda \rho_{\mathrm{g}} {v_{\mathrm{g}}}^{2}}{2d}$——摩阻项，MPa/m；

$\frac{\mathrm{d}p}{\mathrm{d}h}$——压力梯度，MPa/m。

式中各流体参数由软件计算完成，输入注入量、井底流压和管径等参数后，通过迭代法解方程，求得井口压力，适当考虑余量，确定合理的压缩机出口压力。

港东二区五断块试验区井底温度 65℃，目前商品空气压缩机排气温度约 50℃，油管尺寸外径 $2^{7}/_{8}$in，注入介质为 90% 氮气，油藏中深 1750m。按照单井日注气 15000m^3 计算，井口最高注入压力 19.85MPa，但随着空气泡沫注入量的增大，注入压力会不断上升，综合考虑，井口最大注入压力确定为 25MPa。

2）注入系统压力等级

根据计算的井口最大压力确定港东二区五断块空气泡沫驱系统压力等级为 25MPa。

2. 配注系统工艺参数

按照港东二区五断块空气泡沫驱先导试验油藏工程方案设计，3 口注入井注水量 180m^3/d，注

气量 $3.58\times10^4m^3/d$，气液比 1 ∶ 1。选用 2 台排量为 $15m^3/min$ 空气压缩机（同时工作），注气能力为 $4.32\times10^4m^3/d$，额定排气压力 25MPa，工频和变频控制各一台。考虑注气系统检修维保期间注液量增加一倍的需求，选用 2 台排量为 $15m^3/h$ 的柱塞泵（一用一备），注液能力 $360m^3/d$，压力等级 25MPa，使用变频控制注入泵排量。

二、减氧空气注入工艺

空气主要由氮气和氧气组成，可利用一定的处理工艺将其分离出氮气、氧气。常态下，氮气和氧气都是无色无味透明的气体，但有截然不同的化学性质和使用用途。氮气是化学惰性气体，利用其惰性特点可有效防止氧化、燃烧及爆炸；氧气是化学活泼性气体，具有强氧化性和助燃性。

实验表明，甲烷的爆炸极限为 4.74% ～ 16.58%，临界氧浓度为 11.71%。空气泡沫驱注入过程中，油气爆炸极限和引爆源是客观存在的，而注入的氧气是可控因素，因而安全防爆控制的关键是控制氧气含量；采用经济有效的空气分离技术，降低空气中的含氧量，从 21% 降至 10% 以下，以做到从源头上削减空气泡沫驱过程中的爆炸风险。

目前空气分离技术主要有 3 种：传统的深冷分离技术、变压吸附法分离技术、集成膜分离技术。传统的深冷分离技术局限性高，能耗高、投资大、占地大、流动性极差，目前已普遍不采用。变压吸附法分离技术是利用吸附剂（碳分子筛）在不同压力下对氧、氮的吸附能力大小的不同，而达到空气分离的一种常温气体分离技术，和传统深冷分离相比，具有工艺简单、设备制造容易、投资少的特点，但其控制环节多、设备复杂、环境适应性较差。集成膜分离技术是常温状态下较先进的分离技术，能耗低、分离效率高、设备简单、自动化程度高，但投资较大。为此，选择变压吸附法、集成膜法这两种分离技术分别在港东二区五断块及官 15–2 断块空气泡沫驱进行空气减氧处理应用对比试验。

1. 变压吸附法减氧

（1）变压吸附法的技术原理。

变压吸附法是指在一定温度下，根据不同吸附质在同一吸附剂上不同压力下的吸附量不同，通过改变压力这一热力学参量，将不同吸附质进行分离的循环过程。在较高压力下，吸附剂对吸附质的吸附容量因其分压升高而增加，在较低压力下，吸附剂对吸附质的吸附容量因其分压下降而减少，使被吸附的组分解吸出来。由于吸附循环周期短，吸附热来不及散失即被解吸过程吸收，吸附床层温度变化很小，因此，变压吸附又称为常温或无热源吸附。

经研究和反复对比，一种被称为“碳分子筛”的物质对空气中氧分子和氮分子具有很大的吸附差异性能，可以作为变压吸附分离空气的氧和氮的吸附剂。图 6–2 是碳分子筛对氧、氮吸附性能的特性曲线。

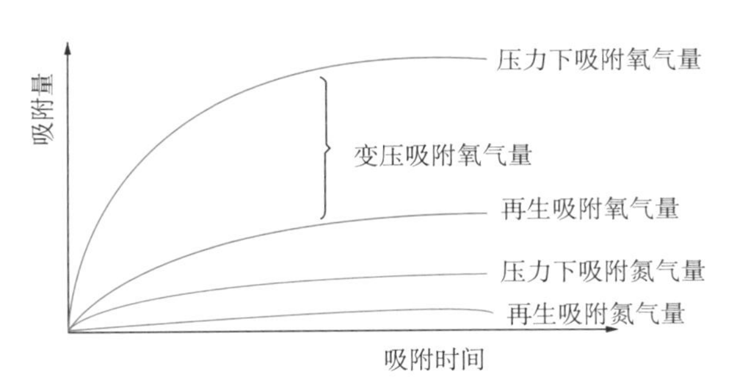

图 6–2　碳分子筛分离空气吸附氧、氮特性曲线图

碳分子筛是多孔颗粒状的碳基材料，其微孔面积远大于颗粒表面面积。颗粒内部的微孔能优先吸附氧分子，少量吸附氮分子。利用碳分子筛吸附氧、氮差异的特性，在特定条件下达到氧、氮分离之目的。在吸附平衡情况下，吸附剂吸附分子的能力随压力增大而增加，所以通过压差变化就能使氧、氮在经过碳分子筛时分离出来。

变压吸附法一般采用两个吸附罐塔交替进行吸附和再生，循环交替地变换各吸附罐塔压力，就可以达到连续分离空气组分，使空气中的氧含量降低，达到减氧目的。由于出口气压波动较大，需要较大的气压缓解塔。

（2）变压吸附减氧工艺过程。

其工艺过程为：常压空气进入一级螺杆式压缩机增压至 1.3MPa，进入空气减氧装置；在减氧装置内，空气首先经净化系统脱除油滴及粉尘后，通过变压吸附得到氧气含量为设计值的减氧空气（0.1MPa），进入气压缓解塔，气压缓解塔出口与空气压缩机入口相连接（图 6–3）。

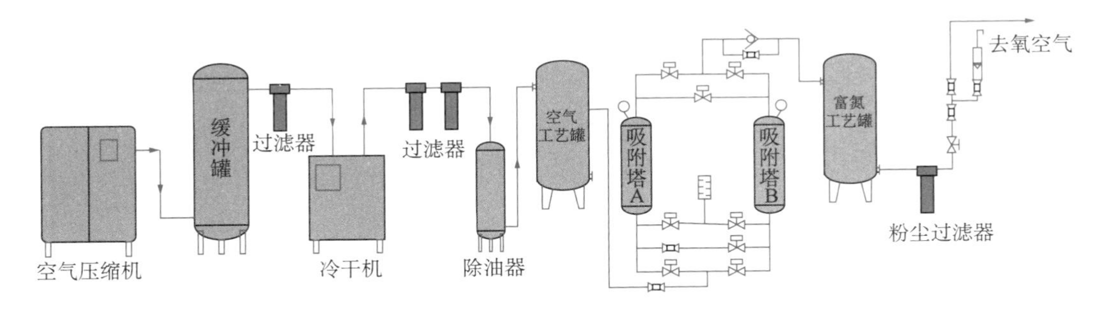

图 6–3　变压吸附减氧工艺流程图

变压吸附除氧的核心是碳分子筛，在变压吸附过程中（吸附时间大约 1min），经历加压、减压过程容易使颗粒状分子筛粉碎，因此要严格净化气体，否则气体中的油、水、粉尘都会对分子筛造成伤害，从而加大补充、更换的工作量。

2. 集成膜法减氧

（1）集成膜法减氧的技术原理。

膜分离空气是指在压力作用下，两种或两种以上的气体通过特殊高分子材料薄膜时，由于各种气体在膜中的溶解度和扩散系数的差异，导致不同气体在膜中相对渗透速率有所不同（图 6–4）。当混合气体在膜两侧压差的作用下，渗透速率相对较快的气体如氧、二氧化碳等透过膜后在膜渗透侧被富集，而渗透速率相对较慢的气体如氮气、一氧化碳、氩气等则在滞留侧被富集，混合气体被分离，从而达到有效降低气体内氧气含量的目的。

高分子材料被制成如头发粗细的中孔纤维膜，气体在孔内部通过，末端得到减氧空气，侧面为排放的富氧气体。

空气中含有大量的尘埃、水和其他污染物，在集成膜法去氧的实际生产过程中，空气压缩机生产的压缩空气，在排气温度和压力下为油和水的饱和气体，在后面的工艺过程中，温度降低，会析出液态的油和水，该液态的油和水会对膜性能造成伤害。因此，在选择好膜的前提下，还应该提供一个完整的膜系统的空气净化处理和控制系统。

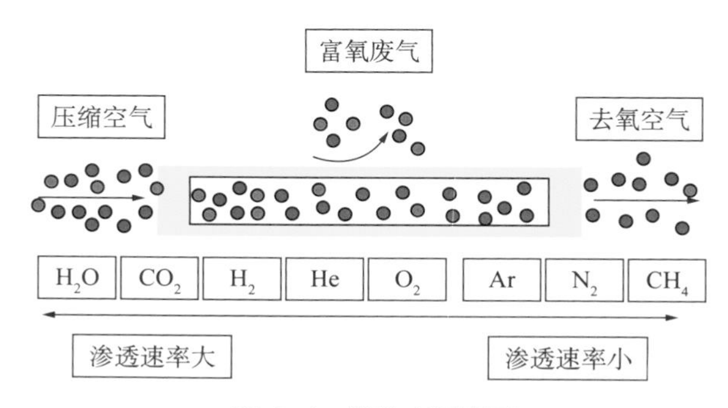

图 6–4　膜分离原理图

（2）集成膜法减氧工艺过程。

其工艺过程为：常压空气经螺杆空气压缩机将空气压缩至 2.0MPa 左右，进入空气缓冲罐，并经气水分离器及 AO 粗过滤器、AA 精细过滤器、除油器过滤器、AAR 粉尘过滤器四级过滤后，使得含油量在 0.001mg/m^3 以下，颗粒含量在 0.01 μm 以下；再经加热系统由电加热器加热后，通过膜分离得到氧气含量为设计值的减氧空气（1.8MPa），进入缓冲罐后至空气压缩机入口（图 6–5）。

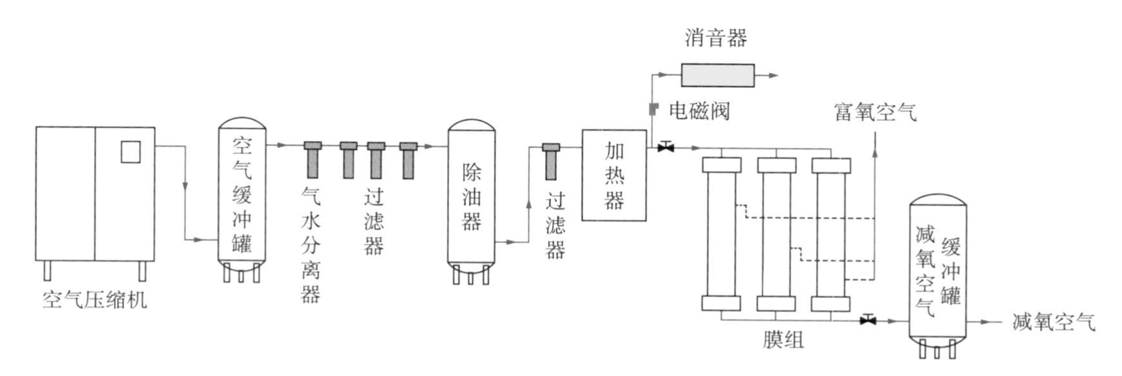

图 6–5　集成膜减氧工艺流程图

3. 空气泡沫驱减氧工艺

1）港东二区五断块空气泡沫驱减氧工艺

（1）设计原则。

①根据港东二区五断块空气泡沫驱试验站现状，合理放置变压吸附法空气减氧装置，做到安全规范。

②空气减氧装置应与现有压缩机工作参数相匹配，确保空气压缩机组运行正常和安全。

③空气减氧装置为“橇装式”，符合标准化设计要求，结构紧凑，便于搬迁，可重复使用，同时配套性能可靠的自动化控制系统，以方便现场安全生产及管理。

④空气减氧装置与已安装的空气压缩机组实现安全联锁，监控信号经总线进入监控室，具有运行状态监视及报警功能，装置与周边其他设备或障碍物保证有效安全距离。

⑤单套空气减氧装置排气量为 $15m^3/min$，连续可调。

（2）关键参数。

①设计注气量：$30m^3/min$。

②注气压力等级：25MPa。

③注入空气氧气含量：小于 10%。

（3）工艺流程。

空气经螺杆机压缩后，由管路输送到空气净化系统处理，再经管路输送到变压吸附系统进行除氧处理，富氧气体由消声器出口排出到大气中，处理后的富氮气体经管路进入到富氮气体罐中，经减压缓释到气压略大于标准气压后，进入两具缓冲储气罐中，缓冲储气罐内接近常压的气体经汇管进入每台高压压缩机空气进口端（图 6–6）。

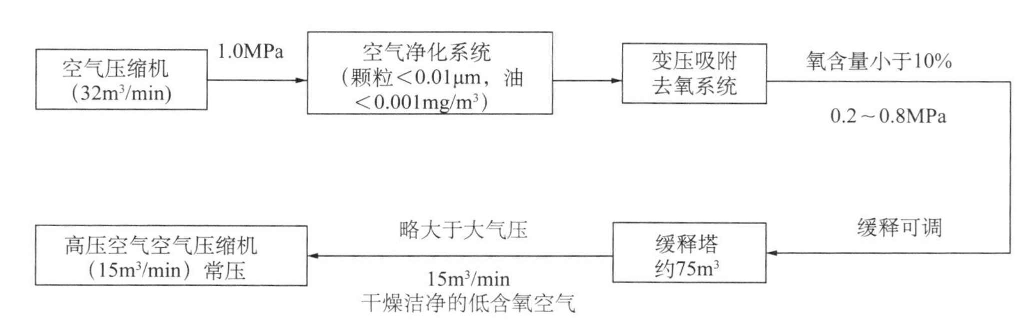

图 6–6　变压吸附除氧工艺示意图

2）官 15–2 断块空气泡沫驱减氧工艺

（1）设计原则。

①空气减氧装置为膜减氧增压一体机设计，做到参数合理匹配，并确保空气压缩机组运行正常和安全。

②减氧增压一体机为“橇装式”，符合标准化设计要求，配套性能可靠的自动化控制系统，便于现场管理。

③减氧增压一体机具有运行状态监视及报警功能，装置与周边其他设备或障碍物保证有效安全距离。

④减氧增压一体机设计进口排气量为 60m³/min，连续可调。

（2）关键设计参数。

①设计注气量：60m³/min。

②注气压力等级：35MPa。

③注入空气氧气含量：小于 6%。

3）工艺流程

螺杆空气压缩机将空气压缩至 2.0MPa 左右，进入空气缓冲罐，后经气水分离器去掉大部分液态水，经 AO 粗过滤器进一步去掉液态水、油、尘，使油含量不大于 0.6mg/m³，粉尘颗粒不大于 1μm。AA 精细过滤器使油含量不大于 0.01mg/m³，粉尘颗粒不大于 0.01μm。后经除油器过滤器使得含油量在 0.001mg/m³ 以下，再经 AAR 粉尘过滤器将颗粒含量控制在 0.01μm 以下。压力为 1.8MPa 的气体进入缓冲罐后至空气压缩机入口（图 6–7）。

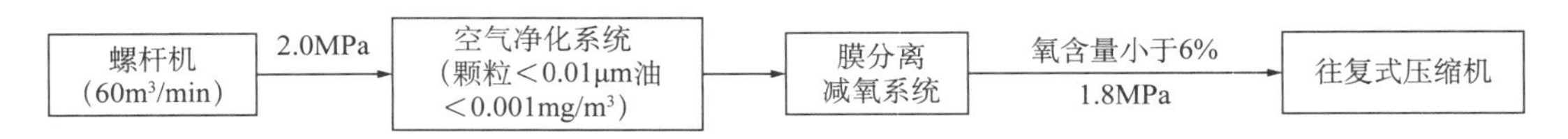

图 6–7　官 15–2 断块集成膜减氧工艺示意图

4）装置系统配置

同规格减氧装置数量为 2 台（一用一备），单台低含氧空气处理装置主要配置如下：供气系统 1 套、空气净化处理系统 1 套、减氧系统 1 套、控制系统 1 套；单台装置配电功率为 560kW，两台合计为 1120kW。装置系统如图 6–8 所示。

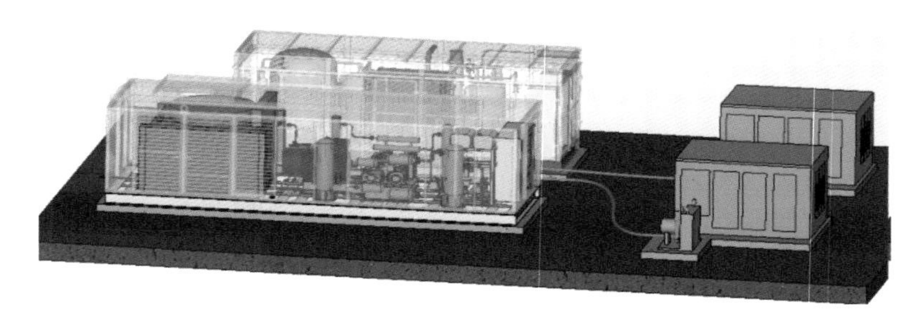

图 6–8　集成膜减氧空气处理装置系统配置图

三、起泡剂溶液配注工艺

1. 配注工艺

起泡剂原液通过起泡剂卸车装置从罐车中卸入到起泡剂原液储存罐，储存罐中的起泡剂原液通过螺杆泵，泵入到起泡剂稀释罐中，并向稀释罐中掺入一定量处理后的低压配注水，在稀释罐内搅拌均匀配制成起泡剂母液；稳泡剂通过溶解熟化装置配制成稳泡剂母液；起泡剂母液、稳泡剂母液和水按照一定比例稀释至目标浓度泡沫液，具体流程如图 6–9 所示。

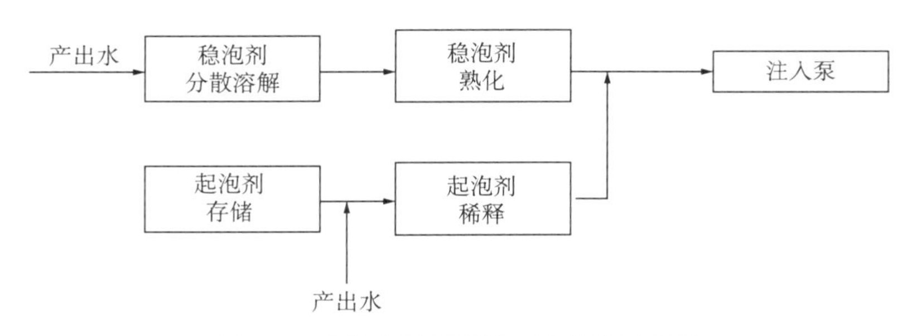

图 6–9　起泡剂溶液配注工艺流程示意图

2. 起泡剂溶液配注单元

起泡剂溶液配注单元整体由 8 个模块单元组成，包括：化学辅剂加入单元、起泡剂原液储存及喂入单元、稳泡剂溶解熟化单元、喂入单元、掺水单元、注入单元、自动化控制单元和供配电模块。

1）化学辅剂加入单元

利用油井采出水在配制稳泡剂溶液前，为减少采出水中二价铁含量，需对其进行曝气处理，处理后 Fe^{2+}<0.2mg/L；若采出水中钙镁含量较高，需向配制用水中加入一定量钙镁抑制剂，减少钙镁对起泡体系的影响。处理后钙镁离子含量控制在 50mg/L 以下。

化学辅剂加入模块主要由储液罐、加药泵、手动阀等组成，具有粉剂或液态状化学辅剂溶液配制、储存、升压、计量功能；辅剂储存罐为密闭装置，橇装房内通风好，便于现场维护；采用往复泵加药，药剂加入量精确、稳定；储罐及配套工艺流程均采用耐腐蚀材料。

2）起泡剂原液储存及喂入单元

将起泡剂原液通过卸车泵加入原液储槽内，槽内采用环氧树脂防腐、罐外保温。储槽配有低转速搅拌机，防止起泡剂原液分层，沉淀；并且配备手动稀释掺水流程，防止起泡剂原液黏度较高时流动性变差等问题。储槽中的起泡剂原液再通过螺杆泵，加入稀释槽内，深度处理后的配制用水通过离心泵按照一定比例输送至稀释槽内，与起泡剂原液混配稀释成 20% 或 10% 的起泡剂母液。

3）稳泡剂溶解熟化单元

先将稳泡剂干粉加入溶解熟化单元的储料斗内，溶解熟化单元通过计量下料器精确控制下粉量，与深度处理后的恒流配制用水自动混合，配制成稳泡剂母液，在熟化槽内进行搅拌熟化，配液精度 ±1%。

4）喂入单元

起泡剂和稳泡剂母液分别通过螺杆泵喂入给注入泵，实现喂入功能。

5）掺水单元

将深度处理后的配制用水通过离心泵按照一定比例输送至高压注入泵前端，与起泡剂母液和稳泡剂母液混配成注入目的液浓度，配置精度 ±3%。

6）注入单元

配制好的泡沫液通过注入泵增压后至注入液母管，与减氧空气在阀组单元混配，混配精度 ±2%。

7）自动化控制单元

根据整套设备模块化设计思路，本系统按控制模块分为 5 个单元：溶解控制单元、喂入控制单元、辅剂控制单元、注入控制单元、监控单元。所有模块化设备就地控制，每个单元设有控制器，保证各模块的独立性及通用性。

整套设备采用集散控制系统，以PLC为控制核心，所有设备的数模信号自动采集到控制器内，并按工艺流程编写逻辑控制方案，采集到的数据全部上传到站内监控系统。

8）供配电系统

为空气泡沫驱配注站起泡剂溶液配注和空气的减氧及注入提供安全可靠的电源，采用箱式变压器。

四、注入井气液流量调控工艺

空气泡沫驱注入系统包括注液及注气系统，注液系统是将配制好的起泡剂母液与稳泡剂母液混合稀释后经高压注入泵升压后至注入液母管，各注入井设计注入量通过流量自动调节器进行分配调节（流量自动调节器后安装双单流阀）；注气系统首先对空气减氧处理后，几台压缩机将空气压缩成高压空气后进入汇管，各注入井设计空气注入量，通过空气流量自动分配器对空气流量进行分配调节（流量自动分配器后安装双单流阀）；高压空气与注入液混合形成的泡沫液通过管线至各注入井中。具体流程示意图如图6–10所示。

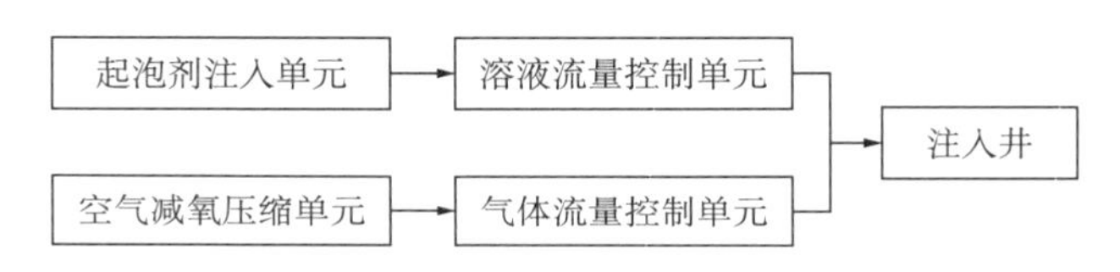

图6–10 减气空气泡沫驱地面配注流程框图

空气泡沫流量分配工艺的核心在于高压条件下空气流量的自动调节、智能化分配，研发的智能气体流量控制装置通过现场应用，证实其满足了设计及应用要求。

智能气体流量控制装置由气体流量计与流量控制阀组成，流量控制部分由角行程电动机、磨轮式调节阀和控制器构成。能够按照系统的控制信号以及外界因素的变化自主改变阀门的流通面积，从而实现对截止流量的调节。其核心算法集成控制器装于执行器内部。控制器根据接收到的日配注量、控制精度等控制信息以及流量计的瞬时流速的反馈信号，通过磨轮式调节阀，设计了两块各带有两个圆孔的磨轮作相对旋转运动，通过改变介质的流通截面积，自主地调节阀门的流通面积。同时控制器自主累加当日净注水量，以实现更高精度的控制要求。

根据总井数及注入量，确定注入系统所需空气压缩机、注液泵与控制阀的数量，与其他工艺过程所用的各类阀门、管线、管附件等，形成一体。同时该工艺还设置用于流量控制阀的电控柜，使控制阀供电与自控系统集成在同一控制柜内，做到操作可靠、便于管理。

对于压缩机组、注液泵、流量控制系统的参数的设置与调整，可以随时根据工艺需求通过数据统一平台调整配注量，并下发到智能控制阀。同时，把流量控制系统的主要参数：瞬时流量、累计流量、管道压力、气体温度、当前配注量、设置的配注量、智能流量控制器的阀门开度等参数，上传数据统一展示平台进行展示。流量控制系统通过RS485总线和数据统一展示平台进行通信，流量控制柜再通过RS485总线和现场的智能流量控制器通信，根据现场的流量计计量读数来调整智能流量控制器的开启角度，从而改变流速，使流量的变化和设计的配注量一致。

采用“单机多井”注入工艺，实现了高压气体在多注入井的流量分配，具有结构紧凑、体积小、占地面积少、现场安装灵活、自动化控制程度高、投资少、运行费用低的特点。

第二节　注入井配套工艺

根据注入区块状况及空气泡沫液特性，注入井注入方式采用正注方式，即油套环空加保护液，油管注入空气泡沫溶液。

一、注入井采油树选择

参照标准 SY/T 5127—2002《井口装置和采油树规范》关于井口压力等级的划分标准，采油树压力级别应大于最大注入压力，选用耐腐蚀材质的气密封井口。

二、注入管柱设计

注入管柱下入深度为油层顶界以上 10m。为减少空气泡沫注入过程中气体在管柱中的渗漏及腐蚀，注入管柱设计应尽可能简化。

在设计注入管柱时，为减少套管及油管外壁的腐蚀，在油层顶部相邻处下一个保护性注气封隔器，同时油套环形空间添加环空保护液，封隔器上部连接水力锚，双向锚定。封隔器坐封位置应当在注入井段上部 20 ～ 30m 处的套管上，并避开套管接箍；考虑吸入剖面测试的需要，管柱底部应连接喇叭口，位置应在油层上部。

三、注入井油管的选择

油藏注空气或空气泡沫技术和其他注气开采技术（天然气、二氧化碳、氮气）相比，工业化应用程度还比较低，可供借鉴和使用的成熟技术比较少，工程设计主要参考中国石化中原油田空气泡沫调驱先导试验的做法和经验。

1. 气密封要求

宝钢钢管公司对 API 标准油管螺纹的气密封性能进行试验并得出结论：在 29MPa 的压力条件下，其螺纹处发生渗漏；说明普通螺纹对气体具有一定的密封性，但性能较差。但在螺纹间充填密封脂耐压可达 50MPa。根据管柱压力分布计算，港东二区五断块空气泡沫驱注入井最大井底流压为 33MPa，采用普通螺纹油管充填密封脂的方式可以实现注入管柱气密封要求。

2. 油管防腐要求

基体材质选择 N80 的油管，经过防腐处理（内涂层环氧树脂）的油管。另外，为了监测油管腐蚀状况，在油管连接的封隔器上部和下部，分别连接腐蚀监测环（图 6–11）。

3. 油管尺寸

依据油藏方案设计的配注量，通过油管尺寸敏感度分析，选用 $2^7/_8$in 的油管可以满足注入需求。

四、封隔器选择

为了避免高压气体对套管潜在的破坏以及井口事故发生，通常采用注气专用封隔器封隔油套环形空间，并在油套环空中充填保护液，避免封隔器以上套管承受高压和减少腐蚀。

采用满足注入介质的耐腐蚀、气密封的封隔器，使用耐腐胶筒；钢体要求采用耐腐蚀的合金钢材料，各项指标要满足注入生产需求，坐封、解封安全可靠。

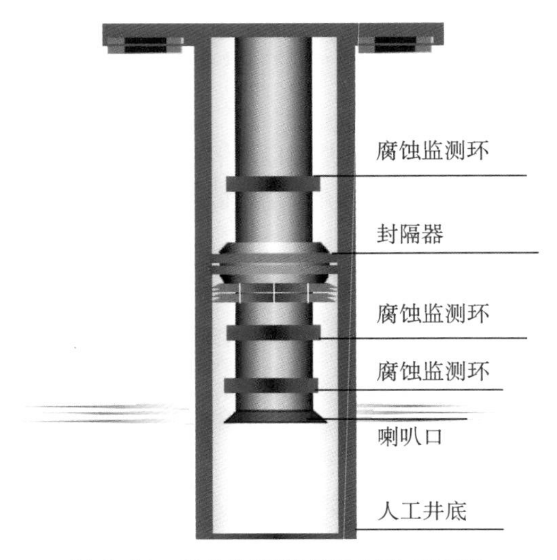

图 6−11　注空气泡沫管柱结构示意图

五、技术要求

（1）管柱耐压大于预测的井底流压。

（2）管柱耐温大于油藏温度。

（3）井口采油树及井下管柱满足注入介质为空气条件下气密封、耐腐蚀要求。

（4）管柱能满足后期常规测试需要。

（5）井口及采油树无任何渗漏，各阀门、装置开关灵活、可靠、安全，达到设计要求和技术标准。

第三节　采油与集输配套工艺

空气泡沫驱受益油井在举升工艺上，一般采用抽油机有杆泵和潜油电泵两种方式，其中抽油机有杆泵为主体采油工艺。产液量低于 40m³/d 井采用抽油机有杆泵举升工艺配套技术，产液量高于 40m³/d 井采用潜油电泵举升工艺配套技术。

一、抽油机有杆泵举升工艺

港东油田原油物性较好，但是地层胶结疏松，出砂较严重，根据港东二区五断块生产情况和机械采油现状，举升工艺方式选择常规有杆泵。

1. 泵深选择

依据该区块的机采指标，预测新井液面 652m，考虑到新投油井自下而上的开采原则，确定下泵深度 1200m（下泵深度可在确定生产层位后进行适当调整）。

2. 泵型泵径选择

依据单井产液量设计量和举升工艺优化参数原则，单井举升采用 ϕ70mm 和 ϕ83mm 防砂泵。

3. 工作制度的确定

采用长冲程低冲次工作制度，能够减小抽油机的惯性载荷和振动载荷，减小载荷变化幅度，改善抽油机运行工况，延长抽油杆疲劳寿命，降低冲程损失，提高泵效。在保证油井产量的前提下，工作制度设计冲程选择 4 ～ 5.2m，冲次选择 2 ～ 4.2 次。

4. 生产杆柱配套

按照等强度原则，经过优化选用 D 级杆，二级组合为 ϕ22mm × 520m+ ϕ19mm × 600m+ ϕ28mm 加重杆 ×80m，抽油杆强度校核结果见表 6–1。

表 6–1　抽油杆强度校核表

抽油杆直径（mm）	抽油杆长度（m）	最大应力（MPa）	最小应力（MPa）	许用应力（MPa）	古得曼百分比（%）	最大载荷（kN）	最小载荷（kN）	最大扭矩（kN · m）
22	520	150.16	72.82	203.24	71.5	61.8	32.5	52
19	600	132.84	60.53	198.67	72.4			

5. 生产管柱配套

考虑采出液存在抽油泵气锁影响，泵下配套气锚装置，减少气体对泵效的影响。

6. 抽油机选择

为满足长冲程、慢冲次的工作制度，以最大限度地延长油井免修期，抽油机选用 12 型复合平衡抽油机。

7. 电动机的选择

从节能及油井参数自动化调控角度考虑配套超高转差电动机。

8. 采油井口选择

井口采用 KY65/21 采油树，采油树与套管头的密封方式选择金属密封，并配套防喷盒及胶皮阀门。

采油井管柱示意图如图 6–12 所示。

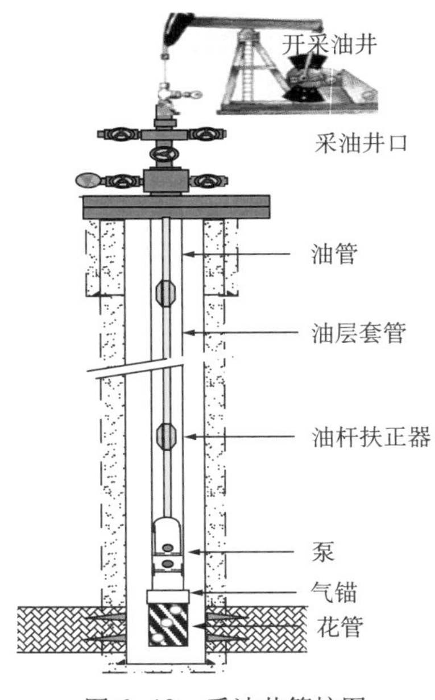

图 6–12　采油井管柱图

二、集输配套工艺

国内其他空气泡沫驱试验中，考虑到空气突破后，产出气中氧气含量升高，进入原来的密闭集输系统，会存在着爆炸隐患，普遍采用了产出液进井口敞口油罐，套管连接放空管线放空的措施。

国内近几年现场试验监测资料表明：原来普遍担心的空气突破后，氧气含量会突然增高的现象并没有发生，在注入气突破很长时间内，氮气含量已经很高的情况下，监测产出气中的氧含量最高值仍然远远低于爆炸极限值，而且空气泡沫将会大大地延长空气在地层中的滞留时间，使空气中的氧气有效地消耗。

通过产出气与空气爆炸极限试验测定爆炸氧含量极限为 12% 左右，为确保试验安全可控，从源头消除安全风险，港东二区五断块试验设计注入气氧含量小于 10%。氧气与地层流体和黏土矿物作用后，氧气会大量被消耗，产出端氧含量将远低于注入端，所以产出液可以直接进入单井输油管线，再进集输管网。

安全预案：如检测油井产出气中氧气含量达到 3%，注入井立即停止空气泡沫的注入，油井也采取停采措施；核实氧含量小于 3% 后，再恢复采油井生产，并适时恢复注入井的注入。

油井产出气监测流程示意图如图 6–13 所示。

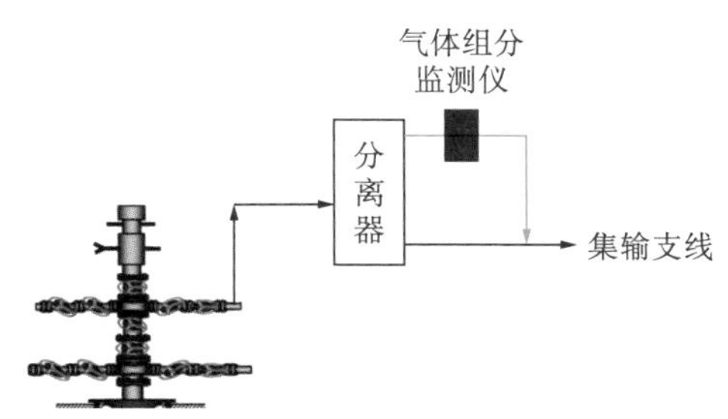

图 6–13　油井产出气监测流程示意图

第七章　空气泡沫驱效果监测与评价技术

大港油田空气泡沫驱先导试验项目在方案实施中践行地质—工程一体化理念。试验区选择为环渤海地区具有代表性的两类复杂断块高含水油藏，即北大港的高孔隙高渗透油藏和王官屯的中孔隙中渗透油藏开展空气泡沫驱先导试验。经过5年多时间的现场实践，建立了空气泡沫驱动态监测与效果评价技术体系。

第一节　空气泡沫驱监测技术

现场监测是保证空气泡沫驱安全生产的重要措施和效果分析的重要手段，是空气泡沫驱实施过程中方案调整的主要依据，是深化空气泡沫驱驱油机理研究的必要手段，是空气泡沫驱试验效果跟踪与评价的重要内容，也是建立和完善空气泡沫驱配套技术的需要。空气泡沫驱项目的监测内容除了注入井（油套压、注入量）和采油井（日产液、日产油、日产气、含水率等）常规监测项目外，主要开展以驱油机理与效果评价为目的的相关动态监测项目。结合现场应用介绍空气泡沫驱的几种主要动态监测技术。

一、注入气与产出气组分监测

注入井和采出井监测气体中的氧含量是安全措施的主要内容；氧气会与原油等地层还原性物质发生氧化反应，氧气被消耗产生二氧化碳等，同时氮气也可作为示踪剂用来判断注入空气的前缘推进情况。使用以下3种方法进行气组分的监测。

1. 注入气的氧含量监控

注入气经减氧处理后，氧含量控制在10%以下，对减氧处理后的低含氧空气通过工业氧分析仪实施在线氧浓度监测，有利于减氧处理后空气氧含量指标的控制。从港东二区五断块的现场监测结果来看，注入气体中的氧含量都在10%以下，达到了方案设计的要求，如图7–1所示。

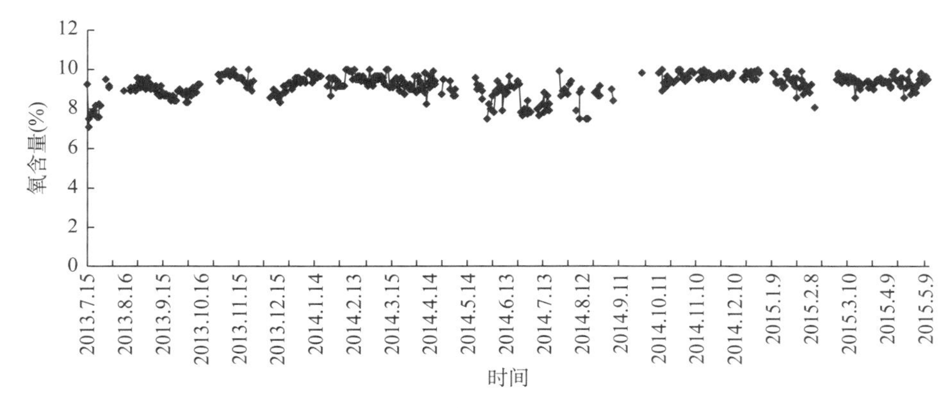

图7–1　低含氧处理后氧含量监测数据

2. 油井产出气组分的气相色谱分析

空气泡沫注入后，油井产出气的监测可定期在井口取气样，在实验室通过气相色谱仪分析产出气中 C_1 ~ C_4，O_2，N_2，CO_2 等气体组分，利用方法可参照 SY/T 0529—1993《油田气中 C_1 ~ C_{12}，N_2，CO_2 组分分析关联归一气相色谱法》。

泡沫注入期间，有多口受益油井产出气中监测到高浓度的氮气，但氧气含量比较低，未达到安全界限。图 7–2 为空气泡沫驱现场试验采油井注入气产出前后的气体组分谱图，采油井产出气中氮气含量超过 60%，主要是由于低部位注气和井距短致使气体向高部位更快运移。

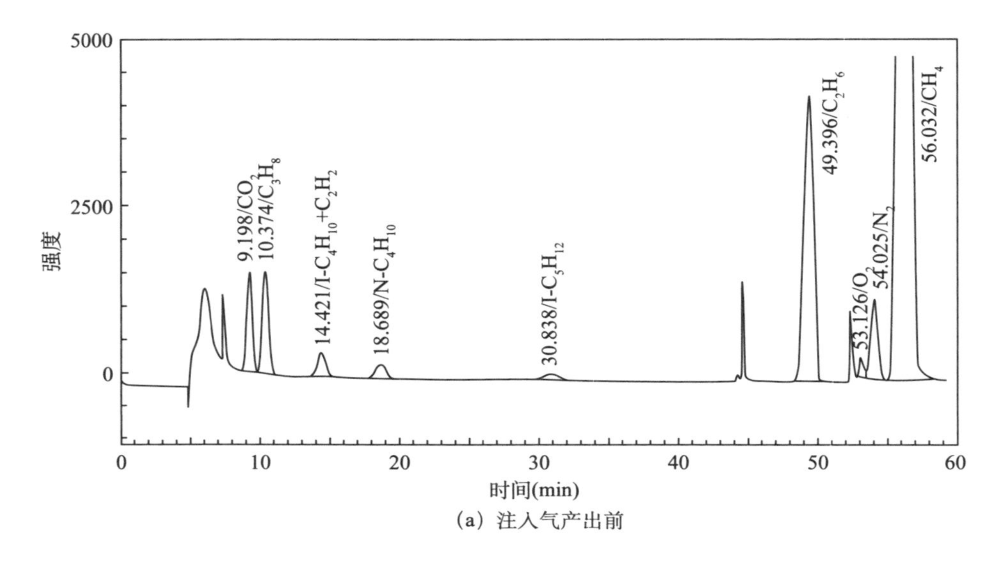

（a）注入气产出前

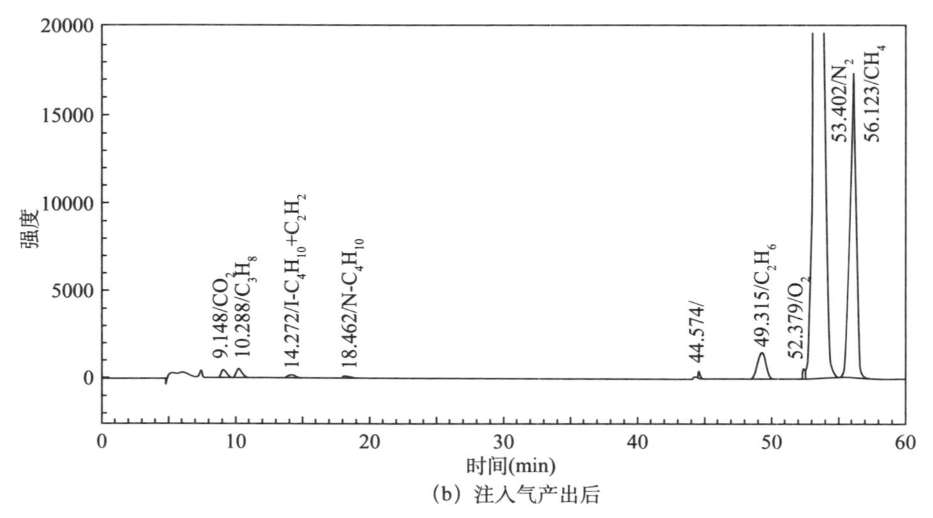

（b）注入气产出后

图 7–2 试验采油井注入气产出前后的气体组分谱图

3. 产出气在线监测工艺

基于前期研究基础，结合国内外最新成果，为了实现空气泡沫驱项目的安全可控，研发了采出气可燃气与氧气组分浓度在线数据采集及监控分析系统，主要目标为：（ 1 ）充分利用现有数据采集及数据传输技术，实现油井产出气的及时采集及传输，提高数据采集的实时性和准确性；（ 2 ）利用先进的油田信息化技术，对采集数据进行分析，实现生产工况的实时展示，为技术人员进行技术分析提供新的手段。产出气在线监测、传输系统流程示意图及采集控制柜设备效果图如图 7–3 至图 7–5 所示。

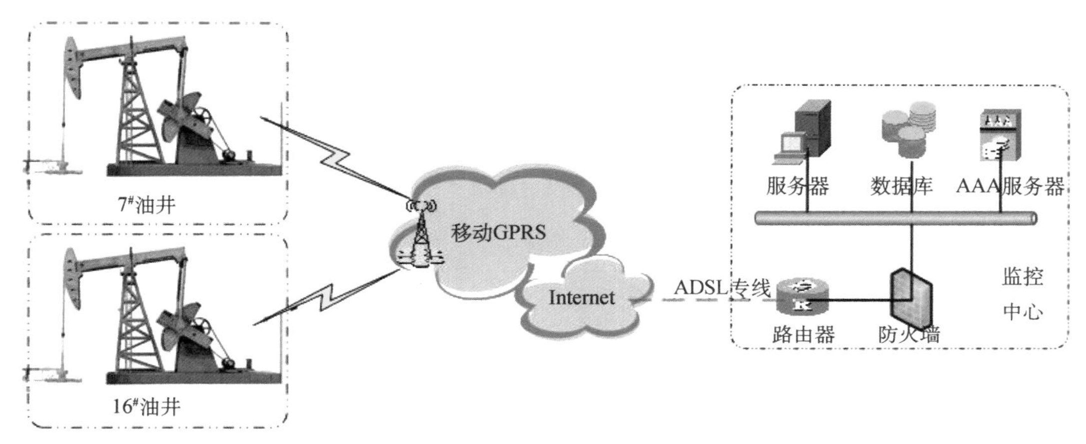

图 7–3　产出气在线监测传输流程图

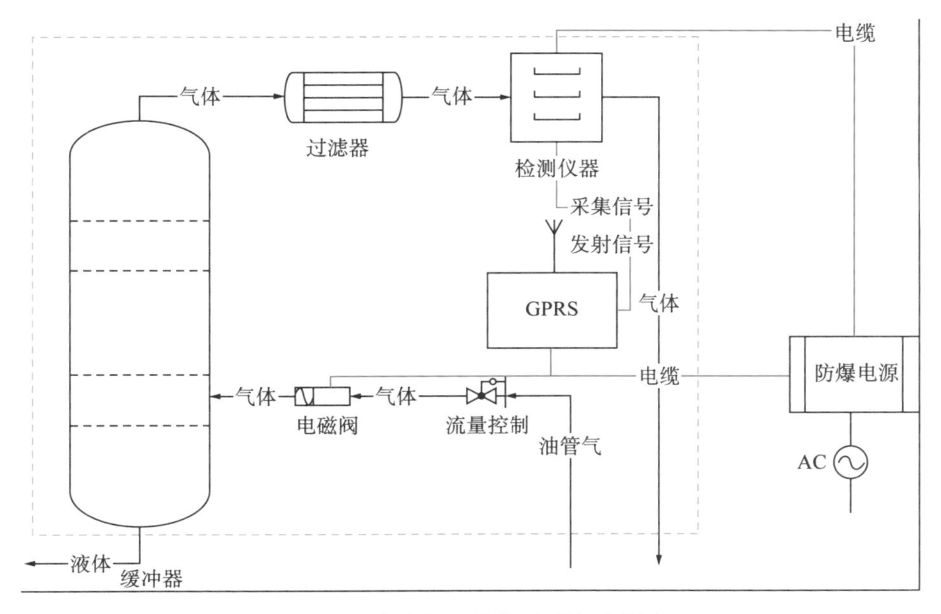

图 7–4　产出气在线监测系统示意图

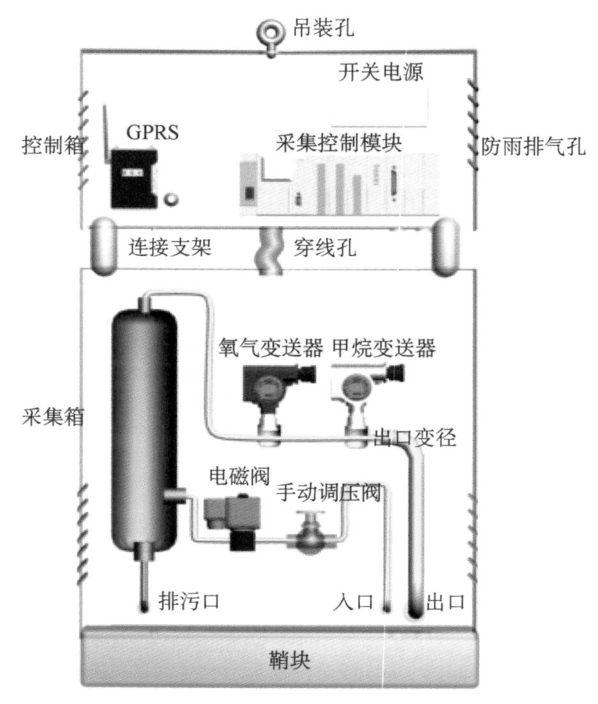

图 7-5 采集控制柜设备效果图

地面工艺流程：

（1）井口油管气液混合物（携带泡沫），经取样包进行油气混合物的提取；

（2）通过一级旋风分离器进行气液两相分离，同时该分离器增加破除泡沫功能及捕雾功能；

（3）一级旋风分离器分离后的液相，通过自身压力，回流至集油管线；

（4）经一级旋风分离后的气相进行二级气液分离，以便气体携液量进一步降低，能达到进入控制柜进行浓度分析的要求；

（5）在二级分离器上加装液位传感器及出口快速关断阀，当液位超过 1/2 罐体容积时，及时关掉出口阀门，对控制柜内部器件起到保护作用，以免被液体浸泡；

（6）井场工艺设备采用集成橇装结构，保证其整体性及便于移动性；

（7）现场工艺管线、阀门、设备均采用不锈钢材质，增加其耐腐蚀性；

（8）现场带远传功能液位计、电磁快速关断阀均采用防爆产品保证其安全性；

（9）现场设备整体配备保温加热功能，当冬季有水雾造成采样管线堵塞时，启动远程加热程序，人员在现场进行手动排放污水操作。

二、地层温度与压力监测

由于注入空气会与地层环境（油、水、基质）发生氧化反应，可能会使油层温度升高，同时泡沫注入的目的就是增加渗流阻力，因此需要对目的层位的温度与压力进行跟踪监测。

1. 分布式光纤温度监测系统

光纤油井温度剖面测试仪是利用线性光纤分布式反射的光学频谱对温度敏感的特性，对入射到光纤内的光信号的反射光强，经过光电转换成电信号，通过模数转换成数字信号，由采集卡把数据处理后，输出光学频谱分析和温度换算，以图谱和数字方式给出各监测点的实时温度信息。光纤油井温度剖面测试仪可实现对光纤敷设沿线每 0.25m 间隔一个点的温度测量，定位精度可达 1m。传感光纤下入油井油层深度，可实现对从油层到井口全井筒剖面的温度监测，仪器每隔 15s 会做一次数据更新。仪器基于永久式监测设计，为油田生产开发管理人员实时地提供井下温度参数变化。

如图 7–6 所示，井下光缆通过光缆保护器固定在井下生产管柱接箍处，通过井下生产管柱将感温光缆下入到井下目的位置，井下光缆从采油树套管四通的一个侧通道穿出，通过井口穿越三通完成穿越密封操作。井下光缆穿出井口后埋入地下，通过埋地光缆将监测井光信号汇集到高分辨率分布式光纤信号解调仪，如图 7–7 所示，转换成数字信号，再经过无线传输系统传输至控制室。

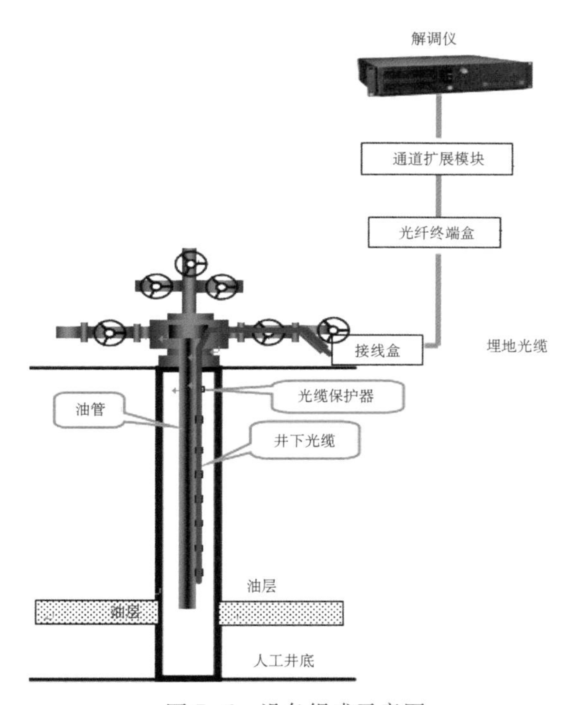

图 7–6 设备组成示意图

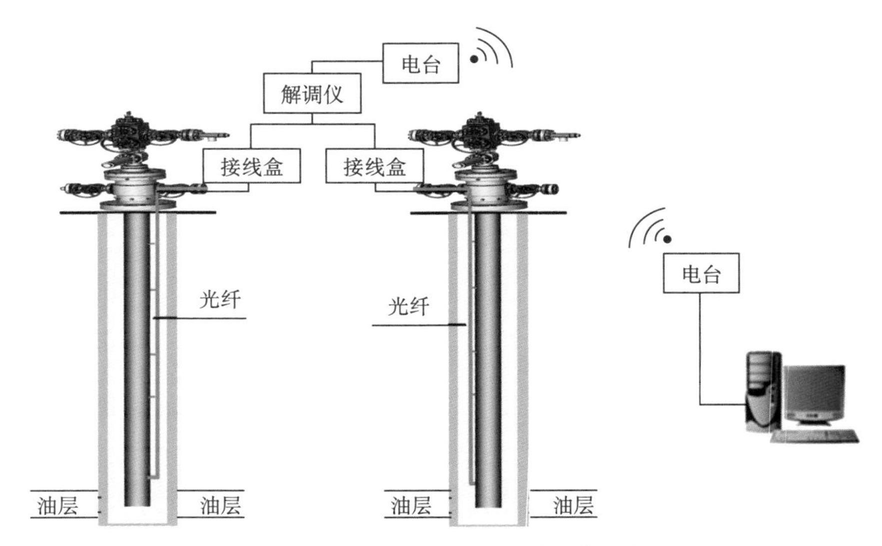

图 7–7 井下光纤测温信号传输系统示意图

2. 井下温压计

可在监测井油层部位放置电子温压计，通过电缆连接至井口，定期读取温压监测数据。图 7–8 为监测井的井温测试剖面，图 7–9 为监测井放置的井下温压计定期读取的测压数据。

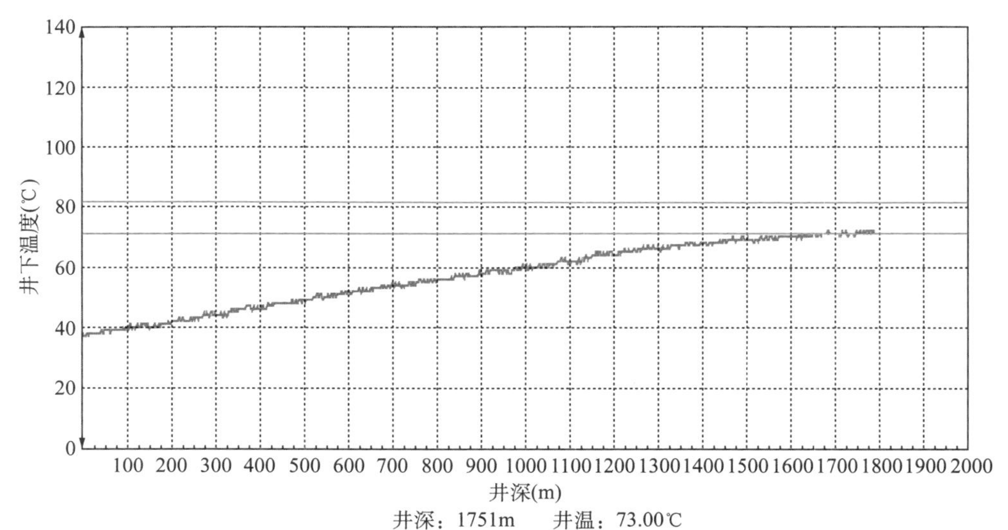

图 7–8 监测井的井温测试剖面

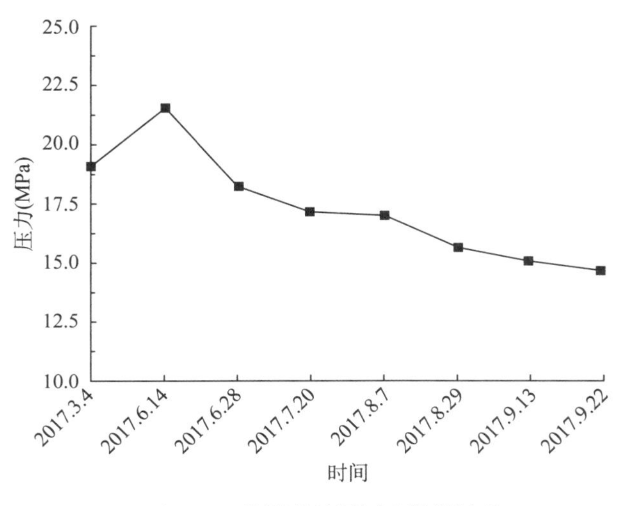

图 7–9 监测井地层压力监测情况

三、腐蚀监测

注入空气过程中氧气引起的腐蚀是空气泡沫驱腐蚀的主要原因，在注入井口和井下使用挂片环监测腐蚀速率，腐蚀监测装置如图 7–10 所示。随注入井作业检测井下腐蚀监测环腐蚀情况；采油井随作业检测井下管柱腐蚀情况，按行业标准要求计算腐蚀速率。

井筒腐蚀评价装置采用与采油井用油管同一种材质加工而成，连接用螺纹均为锥型油管螺纹连接，分加大、平式两种连接形式，可根据现场需要选用。主要用于油水井井筒腐蚀检测。

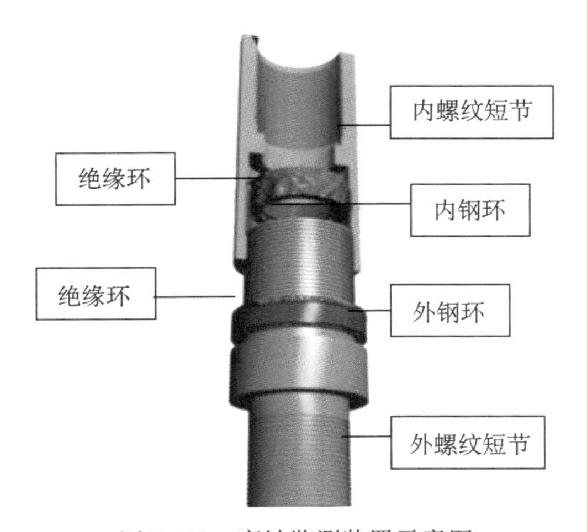

图 7–10 腐蚀监测装置示意图

对试验区注入井封隔器上下腐蚀监测环的腐蚀速率进行了监测，封隔器上下的腐蚀监测环的腐蚀情况如图 7–11 至图 7–13 所示。经过计算，上部外环腐蚀速率为 0.003mm/a，质量损失为 1.3%，内环腐蚀速率为 0.08mm/a，质量损失为 27.8%；下部外环腐蚀速率为

0.023mm/a，质量损失为 9.3%，内环腐蚀速率为 0.15mm/a，质量损失为 52.12%。油管内壁光滑，未见腐蚀。

图 7-11　封隔器以上腐蚀监测环照片

图 7-12　封隔器以下腐蚀监测环照片

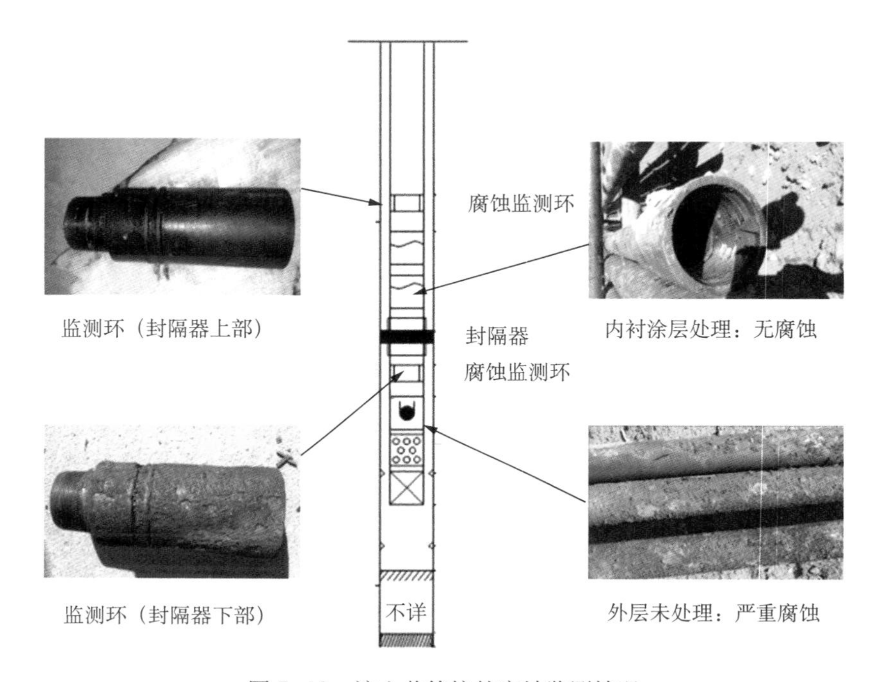

图 7-13　注入井管柱的腐蚀监测情况

四、注入剖面监测

空气泡沫驱试验阶段，需要测注入井前后吸入剖面的变化。前置段塞结束后，每半年测试 1 次吸水剖面，两次测试时间间隔在 4 个月以上。目前国内外还未报道泡沫体系注入剖面监测的相关文献和技术，因此，空气泡沫注入井的剖面监测通常采取常规注水剖面监测方法，如氧活化、电磁流量计等，通过吸水剖面资料来评价某一阶段泡沫注入后的剖面改善情况。注泡沫过程中需要剖面监测时，需要提前一周时间停注泡沫改为注水，以准确录取吸水剖面资料。

五、井间示踪监测

为进一步了解试验区地质状况，分析空气泡沫驱油体系的渗流特征，选择不同种类示踪剂，在目前常规水驱阶段、后续的空气泡沫驱阶段各开展一轮示踪剂监测，评价驱替前缘速度变化和地层泡沫建立渗流阻力的效果。针对泡沫驱体系由气液两相组成的这一特点，同时由于油藏构造特点等因素会引起地层内的气液分离，因此泡沫驱过程中会出现气液两相前缘驱替速度的不同，因此在示踪剂选择上应同时注入水溶性示踪剂和气体示踪剂分别跟踪水相和气相的驱替速度与方向。

第二节　空气泡沫驱开发效果评价方法

空气泡沫驱开发效果评价的目的在于，找出影响开发效果的因素，分析存在问题，明确油田潜力，以便于开展综合调整，改善开发效果。注空气泡沫驱开发效果的好坏，不仅直接影响泡沫驱采收率的高低，还将影响到对于该项技术攻关方向的判断。

一、效果评价方法

以油藏工程和室内体系实验研究为基础，结合大港油田注空气泡沫驱开发的实践经验，制订了大港油田空气泡沫驱开发效果评价方法。

1. 评价指标体系

确定了影响空气泡沫驱开发效果的关于层系井网完善性、注入有效性、采出有效性、驱替均衡性、方案有效性 5 个方面的 40 项指标。

2. 指标权重

将指标定量分为三级水平：Ⅰ级水平代表开发效果较好，权重为 1；Ⅱ级水平代表开发效果一般，权重为 0.6；Ⅲ级水平代表开发效果较差，权重为 0.4。

3. 指标分值

根据各项指标的重要性科学地给予分值，关键指标分值为 3 ～ 4 分，关键指标分值总计为 70 分，一般指标分值为 1 ～ 2 分，40 项指标的分值之和为 100 分。

4. 评价计算方法

1）单项指标评价计算方法

根据实际开发效果，确定出每项指标的水平分级，每一项指标的得分计算公式如下：

$$S_i = \delta_i F_i \tag{7-1}$$

式中　S_i——第 i 项指标评价得分，i=1，2，3，…，40；

δ_i——第 i 项指标分级权重；

F_i——第 i 项指标分值。

2）专业分类评价计算方法

针对分类评价类的每一类开展单因素评价，评价结果为该项指标的改进指明方向，计算公式如下：

$$P_i = \sum_{j=1}^{N_i} \delta_{ij} F_{ij} \tag{7-2}$$

式中　P_i——第 i 个专业类的评价得分，i=1，2，3，…，5；

N_i——第 i 个专业分类的指标个数；

δ_{ij}——第 i 个专业分类的第 j 个指标分级权重，j=1，2，3，…，N_i；

F_{ij}——第 i 个专业分类的第 j 个指标分值，j=1，2，3，…，N_i。

3）全项目评价计算方法

加权系数法计算指标综合得分，其公式如下：

$$S = \sum_{i=1}^{40} \delta_i F_i \tag{7-3}$$

式中 S——全项目评价得分，i=1，2，3，…，40；

δ_i——第 i 项指标分级权重；

F_i——第 i 项指标分值。

5. 评价结果确定方法

40 项指标中 7 项指标的分值取值为 4，14 项指标取值为 3，是主要评价指标；11 项指标取值为 2，8 项指标取值为 1。全项目指标总得分为 100 分。

评价结果分为以下三类。

1）一级开发水平

主要评价指标总得分为大于上限得分的 85%（>59.5 分），同时全项目指标总得分大于上限得分的 85%（>85 分）。

2）二级开发水平

主要评价指标总得分为上限得分的 70% ~ 85%（49 ~ 59.5 分），同时全项目指标总得分为上限得分的 70% ~ 85%（70 ~ 85 分）。

3）三级开发水平

主要评价指标总得分为小于上限得分的 70%（<49 分），同时全项目指标总得分小于上限得分的 70%（<70 分）。

二、效果评价指标分级

空气泡沫驱效果评价指标分级见表 7–1。

表 7–1 空气泡沫驱效果评价指标分级数据表

评价指标				效果分级评价（标准）				
序号	专业分类	指标名称	单位	水平分级			重要考核指标	上限得分
				Ⅰ	Ⅱ	Ⅲ		
1	层系井网完善性	层系内油层跨度	m	≤ 50	50 ~ 100	> 100		1
2		储量控制程度	%	≥ 85	65 ~ 85	< 65	★	4
3		注采对应率	%	≥ 85	65 ~ 85	< 65	★	4
4		注入井开井率	%	≥ 95	85 ~ 95	< 85		2

续表

评价指标				效果分级评价（标准）				
序号	专业分类	指标名称	单位	水平分级			重要考核指标	上限得分
				Ⅰ	Ⅱ	Ⅲ		
5	层系井网完善性	采出井开井率	%	≥ 95	85 ~ 95	< 85		2
6		采出井双多向受益率	%	≥ 75	55 ~ 75	< 55	★	3
7		注采井网均衡性评价		≤ 0.14	0.14 ~ 0.3	> 0.3	★	3
8		层系内生产小层数	个	≤ 5	5 ~ 10	> 10		1
9	注入有效性	单井注入速度执行率	%	≥ 90	80 ~ 90	< 80	★	3
10		注入井井口压力增幅	MPa	≥ 5	2 ~ 5	< 2	★	3
11		注入井井底压力增幅	MPa	≥ 2	1 ~ 2	< 1	★	3
12		注入井生产时率	%	≥ 90	85 ~ 90	< 85		2
13		配注系统运行时率	%	≥ 96	92 ~ 96	< 92		2
14		注入系统干压稳定率	%	≥ 98	95 ~ 98	< 95		1
15		溶液配制误差	%	≤ ±3	±（3 ~ 5）	> ±5		2
16		气体量注入误差	%	≤ ±5	±（5 ~ 8）	> ±8		2
17		单井阻力系数		≥ 2	1 ~ 2	< 1	★	3
18		剖面改善情况	%	≥ 40	20 ~ 40	≤ 20		2
19		体系发泡率	%	≥ 500	400 ~ 500	< 400	★	4
20		体系半衰期	min	≥ 150	120 ~ 150	< 120	★	4
21		泡沫阻力因子		≥ 100	50 ~ 100	< 50	★	3
22		发泡剂抽检合格率	%	100	99 ~ 100	< 99		2
23		注入气体氧含量	%	≤ 6	6 ~ 10	10 ~ 12	★	3
24		注入油管腐蚀速率	mm/a	≤ 0.076	0.5 ~ 0.076	≥ 0.5		2
25	采出有效性	整体产液量完成率	%	≥ 90	80 ~ 90	< 80		2
26		采出井生产时率	%	≥ 95	90 ~ 95	< 90		1
27		项目井组含水率下降幅度	%	≥ 10	5 ~ 10	< 5	★	3
28		见效期	mon	≥ 12	6 ~ 12	< 6	★	4
29		见效率	%	≥ 95	85 ~ 95	< 85	★	4
30		单井递减增油量	10^4t	≥ 1.5	1 ~ 1.5	< 1	★	3
31		单井净增油量	10^4t	≥ 1.0	0.7 ~ 1	< 0.7	★	3
32		产出气氧含量监测	%	≤ 1	1 ~ 3	> 3		1
33	驱替均衡性	油层动用程度	%	≥ 80	70 ~ 80	< 70	★	3
34		吸水剖面均衡系数		≤ 0.2	0.2 ~ 0.3	> 0.3		1
35		阶段注采比		1.1 ~ 1.2	0.9 ~ 1.1	< 0.9		1
36		能量保持水平		≥ 1.0	0.9 ~ 1	< 0.9	★	3

续表

评价指标				效果分级评价（标准）				
序号	专业分类	指标名称	单位	水平分级			重要考核指标	上限得分
				Ⅰ	Ⅱ	Ⅲ		
37	驱替均衡性	井组平面驱替速度突进系数		≤ 1.5	1.5 ~ 2	＞ 2		1
38		分层压力场均衡系数		≤ 0.2	0.2 ~ 0.4	＞ 0.4		2
39	方案有效性	提高采收率	%	≥ 10	5 ~ 10	＜ 5	★	4
40		吨药剂增油	t/t	≥ 45	25 ~ 45	＜ 25	★	3
项目综合评价								

注：★表示该项为重要考核指标。

三、效果评价指标计算方法

1. 层系井网完整性

1）层系内油层跨度

指层系内最深油层的底深与最浅油层的顶深的差值。其公式为：

$$L_k = L_{top} - L_{bot} \tag{7–4}$$

式中 L_k——层系内油层跨度，m；

L_{top}——最浅油层的顶深，m；

L_{bot}——最深油层的底深，m。

评价分级标准如下。

（1）Ⅰ级水平：$L_k \leqslant 50$m。

（2）Ⅱ级水平：$50\text{m} < L_k \leqslant 100$m。

（3）Ⅲ级水平：$L_k > 100$m。

2）储量控制程度

层系内注入水（化学剂）波及面积之内的储量与其动用地质储量的比值。其公式为：

$$C = N_m / N \times 100\% \tag{7–5}$$

式中 C——化学驱储量控制程度，%；

N_m——层系内注入水（化学剂）波及面积之内的储量，10^4t；

N——动用地质储量，10^4t。

评价分级标准如下。

（1）Ⅰ级水平：$C \geqslant 85\%$。

（2）Ⅱ级水平：$65\% \leqslant C < 85\%$。

（3）Ⅲ级水平：$C < 65\%$。

3）注采对应率

指在目前正常生产的井网条件下，层系内与注水井连通的采油井射开生产的油层厚度占井组内采油井射开总生产油层厚度的百分比。其公式为：

$$F = H_1 / H_s \times 100\% \tag{7-6}$$

式中　F——注采对应率，%；

H_1——层系内与注水井连通的采油井射开生产的油层厚度，m；

H_s——井组内采油井射开总生产油层厚度，m。

对于有边底水驱动的油层，视为与水井连通层，可根据边底水波及的体积大小和断层情况来划分单向、双向、多向连通。

评价分级标准如下。

（1）Ⅰ级水平：$F \geqslant 85\%$。

（2）Ⅱ级水平：$65\% \leqslant F < 85\%$。

（3）Ⅲ级水平：$F < 65\%$。

4）注入井开井率

指在册注入井当月开井数（注入井当月生产时间超过100h）占注入井总在册井数的比例。其公式为：

$$R_{iop} = N_{iop} / N_{iz} \times 100\% \tag{7-7}$$

式中　R_{iop}——注入井开井率，%；

N_{iop}——注入井当月开井数，口；

N_{iz}——注入井总在册井数，口。

评价分级标准如下。

（1）Ⅰ级水平：$R_{iop} \geqslant 95\%$。

（2）Ⅱ级水平：$85\% \leqslant R_{iop} < 95\%$。

（3）Ⅲ级水平：$R_{iop} < 85\%$。

5）采出井开井率

指在册采出井当月开井数（采出井当月生产时间超过100h）占采出井总在册井数的比例。其公式为：

$$R_{pop} = N_{pop} / N_{pz} \times 100 \tag{7-8}$$

式中　R_{pop}——采出井开井率，%；

N_{pop}——采出井当月开井数，口；

N_{pz}——采出井总在册开井数，口。

评价分级标准如下。

（1）Ⅰ级水平：$R_{pop} \geqslant 95\%$。

（2）Ⅱ级水平：$85\% \leqslant R_{pop} < 95\%$。

（3）Ⅲ级水平：$R_{pop} < 85\%$。

6）采出井双多向受益率

指层系内在当前井网条件下，双多向受益数与总受益井数之比。其中受益方向是根据油井受益方向的多少来划分的，若受益井大部分生产层为双向或多向受益，就确定该井为双多向受益井。

以采出井的单个生产层作为最小研究单元，统计双多向受益井，每层的受益井次合计为当前井受益井总井次。其公式为：

$$R_d = N_d / N_z \tag{7-9}$$

式中 R_d——采出井双多向受益率，%；

N_d——双多向受益数，口；

N_z——总受益井数，口。

评价分级标准如下。

（1）Ⅰ级水平：$R_d \geqslant 75\%$。

（2）Ⅱ级水平：$55\% \leqslant R_d < 75\%$。

（3）Ⅲ级水平：$R_d < 55\%$。

7）注采井网均衡性评价

井网的规则程度对采收率影响比较敏感，为了评价井网的均衡性，引入井距偏移系数的概念，用于衡量不规则井网相对于规则井网的偏移程度。井距偏移系数是指注水井与每个受益油井之间的距离与平均井距的差的绝对值的算术平均值与平均井距的比值。

假设注水井的注水方向数为 m，每个注水方向的井距为 b_i，注水井组平均井距 B 为：

$$B = \sum_{i=1}^{m} b_i / m \tag{7-10}$$

注水井组偏移系数 A 为：

$$A = \sum_{i=1}^{m} \left| B - b_i \right| / m / B \tag{7-11}$$

根据实验给出井距偏移系数的界限值，当井距偏差系数小于界限值时，井网相对均衡；当井距偏差系数大于或等于界限值时，井网不均衡。

评价分级标准如下。

（1）Ⅰ级水平：$A \leqslant 0.14$。

（2）Ⅱ级水平：$0.14 < A \leqslant 0.3$。

（3）Ⅲ级水平：$A > 0.3$。

8）层系内生产小层数

指同一层系内生产的小层个数。

评价分级标准如下。

（1）Ⅰ级水平：层系内生产小层数≤5。

（2）Ⅱ级水平：5＜层系内生产小层数≤10。

（3）Ⅲ级水平：层系内生产小层数 >10。

2. 注入有效性指标

注入有效性指标主要对比注入井在注入过程中的井口注入压力变化、体系发泡率及半衰期等指标的评价结果。

1）单井注入速度执行率

单井注入速度达到设计要求的井数占总注入井数的百分比，其公式为：

$$a_w = N_w / N_z \times 100\% \tag{7-12}$$

式中　a_w——单井注入速度，%；

N_w——单井注入速度达到设计要求的井数，口；

N_z——总注入井数，口。

评价分级标准如下。

（1）Ⅰ级水平：$a_w \geqslant 90\%$。

（2）Ⅱ级水平：$80\% \leqslant a_w < 90\%$。

（3）Ⅲ级水平：$a_w < 80\%$。

2）注入井井口压力增幅

注入井在注入泡沫液后，注水井井口的注入压力会发生变化，当发生有效驱替时，会表现出压力上升，单位时间吸水量降低等现象，可以通对注水井压力变化对泡沫驱效果进行评价。

实施一段时期后，注入井的注入压力指标比实施前得到改善，在相同稳定注入液量的前提下，计算出能够代表实施前一段时期注入压力的平均值以及能够代表实施后一段时期的注入压力的平均值，并进行比较，可以作为判断泡沫驱效果的一种方法。

评价分级标准如下。

（1）Ⅰ级水平：实施后平均注入压力上升，压力增幅≥ 5MPa。

（2）Ⅱ级水平：实施后平均注入压力上升，2MPa ≤压力增幅＜ 5MPa。

（3）Ⅲ级水平：实施后平均注入压力保持不变或降低，压力增幅＜ 2MPa。

该方法适用于实施前后具有相同注入速度、注入层位且评价期间均稳定注入的井进行效果评价。

3）注入井井底压力增幅

注入井井底的压力更能真实地反映地层压力的变化，在注空气泡沫驱的过程中，采用气液混注的方式注入时，管柱内的泡沫液的密度小于水的密度，导致注入后井筒内的液柱压力小于静水柱压力，折算井底流压后，注入前后的井底流动压力差小于井口压力差。

评价分级标准如下。

（1）Ⅰ级水平：实施后平均注入压力上升，压力增幅≥ 2MPa。

（2）Ⅱ级水平：实施后平均注入压力上升，1MPa ≤压力增幅＜ 2MPa。

（3）Ⅲ级水平：实施后平均注入压力保持不变，压力增幅＜ 1MPa。

4）注入井生产时率

指注入井正常生产天数与日历天数之比，用百分数表示。它反映注入井利用程度。其公式为：

$$R_{it} = D_{in} / D_z \times 100\% \tag{7-13}$$

式中 R_{it}——注入井生产时率，%；

D_{in}——注入井正常生产天数，d；

D_z——日历天数，d。

评价分级标准如下。

（1）Ⅰ级水平：注入井生产时率≥ 90%。

（2）Ⅱ级水平：85% ≤注入井生产时率＜ 90%。

（3）Ⅲ级水平：注入井生产时率＜ 85%。

5）配注系统运行时率

指配注系统月运行时间（h）与月日历时间（h）的比值。

评价分级标准如下。

（1）Ⅰ级：配注系统运行时率≥ 96%。

（2）Ⅱ级：92% ≤配注系统运行时率＜ 96%。

（3）Ⅲ级：配注系统运行时率＜ 92%。

6）注入系统干压稳定率

指注入系统干压波动范围合格天数与日历天数的百分比。

评价分级标准如下。

（1）Ⅰ级：注入系统干压稳定率≥ 98%。

（2）Ⅱ级：95% ≤注入系统干压稳定率＜ 98%。

（3）Ⅲ级：注入系统干压稳定率＜ 95%。

7）溶液配制误差

实际配制浓度：单位时间发泡剂实际用量和上水量来折算发泡剂溶液实际配制浓度。

溶液配制误差：（设定浓度 − 实际配制浓度）/ 设定浓度，单位：%。

评价分级标准如下。

（1）Ⅰ级：溶液配制误差≤ ±3%。

（2）Ⅱ级：±3% ＜溶液配制误差≤ ±5%。

（3）Ⅲ级：溶液配制误差＞ ±5%。

8）气体量注入误差

实际注入量：单位时间注入气量（流量计读数确定）。

注入误差：（设计注入量 − 实际注入量）/ 设计注入量，单位：%。

评价分级标准如下。

（1）Ⅰ级：注入误差≤ ±5%。

（2）Ⅱ级：±5% ＜注入误差≤ ±8%。

（3）Ⅲ级：注入误差＞ ±8%。

9）单井阻力系数

指在泡沫驱过程中，反映驱替液降低驱动介质流动能力的指标，其数值等于水的流度与泡沫溶液流度之比。其公式为：

$$R_f=\lambda_w/\lambda_p=(K_w/\mu_w)/(K_p/\mu_p) \quad (7-14)$$

式中　R_f——阻力系数；

λ_w——介质为水时的流度，mD/（mPa · s）；

λ_p——介质为泡沫溶液时的流度，mD/（mPa · s）；

K_w——介质为水时的渗透率，mD；

K_p——介质为泡沫溶液时的渗透率，mD；

μ_w——水的黏度，mPa · s；

μ_p——泡沫溶液时的等效黏度，mPa · s。

注入井吸水指示曲线主要描述注入井累计注入量和压力之间的关系，评价注入井在实施注入后地层阻力系数的建立情况。

此方法是基于单相稳态的牛顿流体的径向流方程，以霍尔积分项$\int(p_{wf}-p_e)dt$与累计注入量W_i绘制在直角坐标上，在油水井生产的不同阶段分别为直线段，其数学表达式为：

$$\int(p_{wf}-p_e)dt=m_h\cdot W_i \quad (7-15)$$

式中　p_{wt}——注入井井底流压，MPa；

p_e——油层压力，MPa；

t——时间，d；

W_i——某一时间对应的累计注入量，m^3。

m_h——霍尔曲线斜率。

当地层中注入泡沫后，由于注入介质发生变化，在霍尔曲线上的斜率也将发生变化，其变化幅度反应出油层渗流阻力的增减情况，其阻力系数由式（7-16）求得：

$$R_f=\frac{m_{h2}}{m_{h1}} \quad (7-16)$$

式中　m_{h1}，m_{h2}——分别为注水、注泡沫阶段霍尔曲线直线斜率。

评价分级标准如下。

（1）Ⅰ级水平：$R_f\geqslant 2$。

（2）Ⅱ级水平：$1\leqslant R_f<2$。

（3）Ⅲ级水平：$R_f<1$。

10）剖面改善情况

采用比吸水指数级差下降率评价，其中比吸水指数级差下降率 =（处理前比吸水指数级差 − 处理后比吸水指数级差）/ 处理前比吸水指数级差，%。

评价分级标准如下。

（1）Ⅰ级：比吸水指数级差下降率≥ 40%。

（2）Ⅱ级：20% ≤比吸水指数级差下降率＜ 40%。

（3）Ⅲ级：比吸水指数级差下降率≤ 20%。

11）体系发泡率及半衰期

泡沫体系的发泡能力和泡沫的稳定性可以用发泡率和半衰期表示，是评价泡沫体系优劣的关键指标。在一定搅拌条件下，100g 起泡剂溶液在空气中的发泡能力，用成泡后的发泡率 ϕ（ϕ=（V/100）×100%）表示发泡能力。

配制好的起泡剂溶液 100g 密闭放入目标地层温度的烘箱中恒温 60min，采用吴茵（WARING）搅拌器（转速约 6000r/min）搅拌 2min，立即倒入 1 000mL 的量筒中，保鲜膜封口，开始计时，记录停止搅拌时泡沫的体积 V（V 被称为泡沫发泡体积，mL）以及从泡沫中分离出 50mL 液体所需要的时间 $t_{1/2}$（$t_{1/2}$ 被称为泡沫析液半衰期，简称半衰期，s）；用发泡率 ϕ 表示发泡能力，用 $t_{1/2}$ 表示泡沫的稳定性。通常要求泡沫发泡率大于 400%，半衰期大于 120min。

评价分级标准如下。

（1）Ⅰ级水平：$\phi \geqslant 500\%$，$t_{1/2} \geqslant 150\text{min}$。

（2）Ⅱ级水平：$400\% \leqslant \phi < 500\%$，$120\text{min} \leqslant t_{1/2} < 150\text{min}$。

（3）Ⅲ级水平：$\phi < 400\%$，$t_{1/2} < 120\text{min}$。

12）泡沫阻力因子

通过岩心驱替实验，绘制注入孔隙体积倍数与阻力系数的关系曲线。随着注入泡沫量的增大，阻力系数持续增大，当岩心中大部分空隙被占据后，阻力系数增大趋势减缓。试验中当泡沫注入量超过 1.5PV 后，阻力系数趋于稳定，选取注入泡沫剂量 2.0PV 时所对应的阻力系数作为泡沫体系的阻力因子。

评价分级标准如下。

（1）Ⅰ级：泡沫阻力因子≥ 100。

（2）Ⅱ级：50 ≤泡沫阻力因子＜ 100。

（3）Ⅲ级：泡沫阻力因子＜ 50。

13）发泡剂抽检合格率

指现场抽查中合格的发泡剂批次占抽检批次的百分比。

评价分级标准如下。

（1）Ⅰ级：发泡剂抽检合格率 =100%。

（2）Ⅱ级：99% ≤发泡剂抽检合格率＜ 100%。

（3）Ⅲ级：发泡剂抽检合格率＜ 99%。

14）注入气体氧含量

指现场压缩机出口的注入高压气体中的氧气百分比含量。

评价分级标准如下。

（1）Ⅰ级：注入气体氧含量≤ 6%。

（2）Ⅱ级：6% ＜注入气体氧含量≤ 10%。

（3）Ⅲ级：10% ＜注入气体氧含量≤ 12%。

15）注入油管腐蚀速率

指现场注入油管采取内喷涂层防腐处理后的平均腐蚀速率。

评价分级标准如下。

（1）Ⅰ级：腐蚀速率≤ 0.076mm/a。

（2）Ⅱ级：0.076mm/a ＜腐蚀速率＜ 0.5mm/a。

（3）Ⅲ级：腐蚀速率≥ 0.5mm/a。

3. 采出有效性

采出有效性主要针对受益采油井的整体产液量完成率、见效有效期、见效率、单井增油及产出气氧含量等指标进行效果评价。

1）整体产液量完成率

指采油井总的实际日产液量与方案设计日产液量之比，用百分数表示。其公式为：

$$G = Q_{\mathrm{p}} / Q_{\mathrm{d}} \times 100\% \tag{7-17}$$

式中 G——方案整体产液量完成率，%；

Q_{p}——采油井总的实际日产液量，m^3；

Q_{d}——方案设计日产液量，m^3。

评价分级标准如下。

（1）Ⅰ级水平：$G \geqslant 90\%$。

（2）Ⅱ级水平：$80\% \leqslant G < 90\%$。

（3）Ⅲ级水平：$G < 80\%$。

2）采出井生产时率

指采出井正常生产天数与日历天数之比，用百分数表示。它是反映采出井利用程度的一个指标。其公式为：

$$R_{\mathrm{pt}} = D_{\mathrm{pn}} / D_{\mathrm{z}} \times 100\% \tag{7-18}$$

式中 R_{pt}——采出井生产时率，%；

D_{pn}——采出井正常生产天数，d；

D_{z}——日历天数，d。

评价分级标准如下。

（1）Ⅰ级水平：$R_{\mathrm{pt}} \geqslant 95\%$。

（2）Ⅱ级水平：$90\% \leqslant R_{\mathrm{pt}} < 95\%$。

（3）Ⅲ级水平：$R_{\mathrm{pt}} < 90\%$。

3）项目井组含水率下降幅度

指项目井组化学驱前稳定生产时含水率与井组中每个采油井化学驱见效后下降幅度最大时含水率的差值的算数平均值。其公式为：

$$\Delta f_{\mathrm{wt}} = \sum_{i=1}^{n} \left(f_{\mathrm{wts}i} - f_{\mathrm{ptmax}i} \right) / n \tag{7-19}$$

式中 Δf_{wt}——项目井组含水率下降幅度，%；

$f_{\mathrm{wst}i}$——井组中第 i 口采油井化学驱前稳定生产时含水率，%；

f_{ptmaxi}——井组中第 i 口采油井化学驱见效后下降幅度最大时含水率，%；

n——项目井组中井的总数，口。

评价分级标准如下。

（1）Ⅰ级水平：$\Delta f_{wt} \geqslant 10\%$。

（2）Ⅱ级水平：$5\% \leqslant \Delta f_{wt} < 10\%$。

（3）Ⅲ级水平：$\Delta f_{wt} < 5\%$。

4）见效期判定法

空气泡沫驱见效后，因实施规模、强度或剩余油富集程度等因素差异会影响实施效果的持久性，为了后期评价增油量和经济有效性，需要判别空气泡沫驱的见效期，根据见效井的见效特征，确定采油井见效起止时间。

（1）见效起点判别方法。

含水率法：含水率出现连续稳定下降 2 个月或以上的第一个含水率下降的月。

产油量法：日产油连续稳定上升 2 个月或以上（扣除提液效果）的第一个日产油上升月份。

以上两种情况均出现时，以先出现见效特征的月份判定为起效月份。

（2）见效终止点判定方法。

含水率连续稳定超过见效前含水率值时的第一个月判定为失效月份。

日产油量连续稳定下降超过见效前日产油量时的第一个月判定为失效月份。

以上两种现象均出现时，以后出现见效特征的月份开始计算。

（3）见效期。

通过计算见效起点月份与终点月份之间的正常生产月份个数，可计算出单井空气泡沫驱有效期。

（4）评价分级标准如下。

① Ⅰ级水平：空气泡沫驱见效期≥ 12 个月。

② Ⅱ级水平：6 个月≤空气泡沫驱见效期＜ 12 个月。

③ Ⅲ级水平：空气泡沫驱见效期＜ 6 个月。

（5）适用条件。

本井或邻井同层位近 3 个月内无任何进攻性措施（补层、转注）且每个月生产稳定天数在 20d 以上。

5）见效率

指采油井出现产油量上升或含水率下降等明显的泡沫驱见效特征的井数占总采油井数的百分比。

评价分级标准如下。

（1）Ⅰ级水平：化学驱见效率≥ 95%。

（2）Ⅱ级水平：85% ≤化学驱见效率＜ 95%。

（3）Ⅲ级水平：化学驱见效率＜ 85%。

6）单井增油量计算

（1）产量递减法。

当油田进入递减阶段之后，需要根据已取得的生产数据，采用不同的方法，判断其所属的递减类型，常用的判断递减类型的方法如阿普斯递减分析法，分为指数、双曲和调和 3 种递减类型。

通过对生产井递减曲线分析，建立递减模型，能有效预测进入递减阶段后的生产规律，如果未实施任何增产措施，油井的产量将符合递减模型的递减规律。这样，通过建立油井递减规律，在实施后其实际产量与递减规律预测的累计产量之差将可以定量地评价措施的增油量，从而直观地评价增产效果。

评价分级标准如下。

① Ⅰ级水平：单井递减增油量 $\geqslant 1.5\times10^4$t。

② Ⅱ级水平：1×10^4t $\leqslant$ 单井递减增油量 $< 1.5\times10^4$t。

③ Ⅲ级水平：单井递减增油量 $< 1\times10^4$t。

（2）定值增量法。

在增油量计算过程中，因某些因素导致油井产量未递减，生产规律不符合任意一种递减类型，该类井在实施效果好的情况下，产量会出现进一步的上升。这类井按照判定见效前一个月前的稳定生产月份日产油作为基础产量，见效后的每月平均日产油与该井基础产量之差即为见效后月增油量，其见效期累计增油为单井净增油量。

评价分级标准如下。

① Ⅰ级水平：单井净增油量 $\geqslant 1.0\times10^4$t。

② Ⅱ级水平：0.7×10^4t $\leqslant$ 单井净增油量 $< 1.0\times10^4$t。

③ Ⅲ级水平：单井净增油量 $< 0.7\times10^4$t。

适用范围：

①见效时间较短（通常小于一年）的可以用该方法；

②实施前的基础产量若数据波动较大，可算近 3 个月正常数据平均值作为基础数据。

7）产出气氧含量监测

采油井产出气中氧含量的监控是项目安全监控的重要项目，需要严格执行安全氧含量控制标准。密切监测产出气体中的 O_2 的组分含量，超过控制标准（3%），应立即采取有效措施。

空气驱现场试验安全氧含量值为 3%，气体突破后，监测含氧量达到 3% 时，值班人员停止空气压缩机运行，切断电源，向注入井内挤入 3 ~ 5 倍井筒容积的泡沫溶液后，注入井停注关井；同时将采油井关井。

（1）监测产出气中氧含量和井口压力变化，当氧浓度小于 3% 时，先恢复油井生产，再将注入井开井，恢复设备注入。

（2）停注应急措施。

①注入站设有备用的空气压缩机，保障井场连续供电，以保证不间断注气，避免井筒附近地层油回流。

②为防止停注和重新启动后，油气向井筒回流造成注入井内爆炸，当压缩机的停机时

间超过 30min 时，向井内注入泡沫液，将剩余的空气推入地层，以阻止回流。

（3）评价分级标准如下。

① Ⅰ级水平：产出气氧含量≤ 1%。

② Ⅱ级水平：1% ≤产出气氧含量< 3%。

③ Ⅲ级水平：产出气氧含量> 3%。

4. 驱替均衡性

1）油层动用程度

指注入井总吸水厚度与注入井总射开连通厚度之比，也可定义为采出井总产液厚度与采出井总射开连通厚度之比。计算时，按年度所有测试水井的吸水剖面和全部测试油井的产液剖面资料进行计算。其公式为：

$$R_o = H_x / H_c \times 100\% \tag{7-20}$$

式中 R_o——油层动用程度，%；

H_x——注入井（采出井）吸水（产液）厚度，m；

H_c——注入（采出）测试厚度，m。

评价分级标准如下。

（1） Ⅰ级水平：$R_o \geqslant 80\%$。

（2） Ⅱ级水平：$70\% \leqslant R_o < 80\%$。

（3） Ⅲ级水平：$R_o < 70\%$。

2）吸水剖面均衡系数

吸水剖面中每个吸水层的吸水强度的均方差与平均吸水强度的比值。其公式为

$$\theta = \sqrt{\sum_{i=1}^{n}\left(\sigma_i - \overline{\sigma}^2\right)/(n-1)/\overline{\sigma}} \tag{7-21}$$

式中 θ——吸水剖面均衡系数；

σ_i——第 i 层吸水强度，%；

$\overline{\sigma}$——平均吸水强度，%；

n——总层数。

评价分级标准如下。

（1） Ⅰ级水平：$\theta \leqslant 0.2$。

（2） Ⅱ级水平：$0.2 < \theta \leqslant 0.3$。

（3） Ⅲ级水平：$\theta > 0.3$。

3）阶段注采比

地层条件下注水量与产液量之比。是研究注采平衡状况和调整注采关系的重要依据，是衡量某一时间段（月度、季度、年度）内人工补充能量的程度或地下亏空程度的指标，是油田配产配注的一项重要指标。注水开发油田原则上保持注采平衡；中高渗透油藏年注采比达到 1.0 左右。其公式为：

$$R_{ip}=\frac{Q_{iw}-Q}{Q_o\frac{B_o}{\rho_o}+Q_w} \tag{7-22}$$

式中 R_{ip}——阶段注采比；

Q_{iw}——注水量，m^3；

Q——溢流量，m/s；

Q_o——产油量，m^3；

B_o——原油体积系数；

ρ_o——原油密度，g/cm^3；

Q_w——产水量，m^3。

评价分级标准如下。

（1）Ⅰ级水平：$1.1 \leqslant R_{ip} < 1.2$。

（2）Ⅱ级水平：$0.9 \leqslant R_{ip} < 1.1$。

（3）Ⅲ级水平：$R_{ip} < 0.9$。

4）能量保持水平

指目前地层压力与原始地层压力的比值，反映地层能量的保持情况。其公式为：

$$\omega = p_n / p_i \tag{7-23}$$

式中 ω——能量保持水平；

p_n——目前地层压力，MPa；

p_i——原始地层压力，MPa。

评价分级标准如下。

（1）Ⅰ级水平：$\omega \geqslant 1.0$。

（2）Ⅱ级水平：$0.9 \leqslant \omega < 1.0$。

（3）Ⅲ级水平：$\omega < 0.9$。

5）井组平面驱替速度突进系数

利用示踪剂测试结果，用示踪剂最大方向的速度与所有方向平均速度之比。其公式为：

$$\delta = V_{max} / \overline{V} \tag{7-24}$$

式中 δ——井组平面驱替速度突进系数；

V_{max}——示踪剂最大方向的速度，m/s；

$\overline{V}$——示踪剂所有方向平均速度，m/s。

评价分级标准如下。

（1）Ⅰ级水平：$\delta \leqslant 1.5$。

（2）Ⅱ级水平：$1.5 < \delta \leqslant 2$。

（3）Ⅲ级水平：$\delta > 2$。

6）分层压力场均衡系数

指通过分层压力场中最大压力与最小压力相对于平均压力的差异程度来表征分层压力场均衡性的参数，其公式为：

$$R_{\rm p}=\left(\left|p_{\max}-\overline{p}\right|+\left|p_{\min}-\overline{p}\right|\right)/2/\overline{p} \tag{7-25}$$

式中 $R_{\rm p}$——分层压力场均衡系数；

$p_{\max}$——分层最大压力，MPa；

$p_{\min}$——分层最小压力，MPa；

$\overline{p}$——分层平均地层压力，MPa。

压力值通常通过数值模拟的方法获得。

评价分级标准如下。

（1）Ⅰ级水平：$R_{\rm p}\leqslant 0.2$。

（2）Ⅱ级水平：$0.2<R_{\rm p}\leqslant 0.4$。

（3）Ⅲ级水平：$R_{\rm p}>0.4$。

5. 方案有效性

方案有效性是指方案现场实施后，是否按照设计增加了可采储量，以每1t起泡剂增产原油量来衡量空气泡沫驱的经济性。

1）增加可采储量计算

可采储量是反映油藏开发效果好坏的综合指标。在进行空气泡沫驱效果评价时，按行业标准《石油可采储量计算方法》（SY/T 5367—1998）计算本油藏目前条件下的水驱可采储量值并与标定值进行对比分析，评价综合治理措施是否得当，制订提高本油藏三次采油采收率、进一步改善开发效果的新的技术方法和技术措施。

总体上，可采储量的标定评价方法有：经验类比法、岩心分析法、相渗透率曲线法、相关经验公式法、图版法、物质平衡法、水驱特征曲线法、产量递减曲线法。在空气泡沫驱稳产阶段，常采用水驱特征曲线法与产量递减法（衰减曲线法）进行计算评价。

（1）水驱特征曲线法。

①累计产水量与累计产油量关系曲线。

累计产水量与累计产油量关系曲线也叫甲型水驱曲线，人工水驱油藏全面开发并进入稳定生产以后，含水率达到一定程度（通常要求达到50%以上）并逐步上升时，在单对数坐标上以累计产水量的对数为纵坐标，以累计产油量为横坐标，二者关系是一条直线，关系表达式为：

$$\lg W_{\rm p}=A+BN_{\rm p} \tag{7-26}$$

式中 $W_{\rm p}$——累计产水量，$10^4{\rm m}^3$；

$N_{\rm p}$——累计产油量，$10^4{\rm t}$；

A，B——系数。

通过推导可以得到经济极限含水率 $f_{\rm wL}$ 条件下预测的可采储量关系式：

$$N_R=\frac{\lg\left(\frac{f_{wL}}{1-f_{wL}}\right)-\left[A+\lg(2.303B)\right]}{B} \tag{7-27}$$

式中 N_R——可采储量，10^4t。

②累计产液量与累计产油量关系曲线。

累计产液量与累计产油量关系曲线也叫乙型曲线，在单对数坐标上，以累计产液量的对数为纵坐标，以累计产油量为横坐标，当水驱过程达到一定程度时，二者关系是一条直线。关系表达式为：

$$\lg L_p=A+BN_p \tag{7-28}$$

式中 L_p——累计产液量，10^4m^3。

可采储量计算式为：

$$N_R=\frac{\lg\left[1+(WOR)_L\right]-\left[A+\lg(2.303B)\right]}{B} \tag{7-29}$$

式中 $(WOR)_L$——极限水油比。

③累计液油比与累计产液量关系曲线。

累计液油比与累计产液量关系曲线也叫丙型曲线，以累计液油比为纵坐标，以累计产液量为横坐标，当水驱过程达到一定程度时，二者关系是一条直线。关系表达式为：

$$\frac{L_p}{N_p}=A+BL_p \tag{7-30}$$

可采储量计算式为：

$$N_R=\frac{1-\sqrt{A(1-f_{wL})}}{B} \tag{7-31}$$

④累计液油比与累计产水量关系曲线。

累计液油比与累计产水量关系曲线也叫丁型曲线，以累计液油比为纵坐标，以累计产水量为横坐标，当水驱过程达到一定程度时，二者关系是一条直线。关系表达式为：

$$\frac{L_p}{N_p}=A+BW_p \tag{7-32}$$

可采储量计算式为：

$$N_R=\frac{1-\sqrt{(1-A)(1-f_{wL})/f_{wL}}}{B} \tag{7-33}$$

（2）阿普斯曲线递减法。

试验井组的阿普斯递减分析法与前面叙述的单井组的递减增油方法是一致的，只是将单井数据换成井组数据去计算与评价。

（3）评价分级标准如下。

Ⅰ级水平：提高采收率≥ 10% OOIP。

Ⅱ级水平：5% OOIP ≤提高采收率＜ 10% OOIP。

Ⅲ级水平：提高采收率＜ 5% OOIP。

2）吨药剂增油量

在项目后评估阶段，将总增油量除以投入药剂用量，可得吨药剂增油量。

$$q_o = \Delta Q_o / Q_{me} \tag{7-34}$$

式中 q_o——吨药剂增油，t/t；

ΔQ_o——阶段总增油量，t；

Q_{me}——药剂用量，t。

评价分级标准如下。

（1）Ⅰ级水平：$q_o \geqslant 45$t/t。

（2）Ⅱ级水平：25t/t $\leqslant q_o <$ 45t/t。

（3）Ⅲ级水平：$q_o <$ 25t/t。

第三节 实例分析

一、方案设计要点

为验证空气泡沫驱提高采收率机理和技术可行性，检验注气设备与配套工艺技术的有效性，同时形成高孔隙高渗透高含水油藏注空气泡沫开发安全生产规范和确定高孔隙高渗透高含水油藏注空气开发的技术经济效果，开展空气泡沫驱的先导试验。试验区 ×× 油田二区五断块处于高含水、高采出程度开发状况，注采关系明确、储层连通性好。

1. 研究区基本概况

×× 油田二区五断块构造上位于黄骅凹陷北大港二级构造带的中部，是港东开发区的主要开发区块之一。其位于港东开发区南端，是一个夹持在港东主断层和马棚口断层之间的地堑块。断块构造面积 2.6km^2，是一个南部受马棚口断层控制的单斜构造，自下而上断裂系统逐渐复杂，西部构造简单，地层比较平缓，东部明化镇组的构造复杂，地层较陡。

根据钻井所揭露的剖面，自下而上依次为东营组、新近系馆陶组、明化镇组、第四系平原组。地层总厚度大于 2200m，新近系明下段、馆陶组地层厚度 1350 ~1625m，是本区的主要目的层。根据沉积环境的研究成果，新近系为平原河流相沉积，沉积了一套紫红色泥岩与砂岩交互的沉积剖面，表现为“泥包砂”的特征，而馆陶组则表现为“砂包泥”的特征。自下而上由馆陶组至明下段组成一个大的正旋回，在此旋回内部又可细分为 6 个次一级的正旋回，即馆Ⅳ组—馆Ⅲ组、馆Ⅱ组、馆Ⅰ—明Ⅳ组、明Ⅲ组，以及明Ⅱ组和明Ⅰ组。

明下段为一套曲流河沉积，分为 4 个油层组 31 个小层，79 个单砂层。其中 Nm Ⅰ未细分；Nm Ⅱ分为 10 个小层，23 个单砂层；Nm Ⅲ分为 11 个小层，27 个单砂层；Nm Ⅳ分为 10 个小层，29 个单砂层。馆陶组为一套辫状河沉积，划分为 4 个油层组 16 个小层，32 个单砂层。其中 Ng Ⅰ分为 3 个小层，5 个单砂层；Ng Ⅱ分为 5 个小层，10 个单砂层；Ng Ⅲ分为 8 个小层，17 个单砂层；而 Ng Ⅳ未细分。

2. 重构地下认识体系

在重新采集和处理的新三维地震资料的基础上，依据标志层和旋回性的特点、各油组地层厚度的变化、电性特征以及砂层分布规律并结合动态和测试资料，对东二区五断块进行精细地层对比，建立单砂层骨架模型。

综合泥岩颜色、沉积构造、粒度分布特征等相标志，结合区域沉积背景，分析确定新近系馆陶组沉积时期发育厚度较大的辫状河沉积，到了明化镇组沉积时期，过渡为曲流河沉积。根据岩石相类型在垂向上的组合关系，明化镇组曲流河可分出 6 种微相类型：点坝、末期河道、废弃河道、决口扇、溢岸砂、泛滥平原。馆陶组辫状河分为心滩、辫状水道、河道间砂（河漫砂）、泛滥平原 4 种微相。

明化镇组岩性为绿灰、灰绿色中砂岩、细砂岩、粉砂岩、泥质粉砂岩与棕红色泥岩、粉砂质泥岩组成。砂体主要由细砂岩组成，泥质含量 7% ~ 10%，古生物化石少见，仅在泥岩中发育植物根，偶见少量淡水蚌化石。馆陶组岩性主要由灰白色、黄褐色砾状砂岩、粗砂岩、中砂岩、细砂岩、灰色粉砂岩以及灰绿色和紫红色泥岩组成，粒度中值一般为 0.3 ~ 0.4mm，生物化石稀少，植物碎屑常见。

根据岩心实验数据统计，×× 油田二区五断块馆陶组和明化镇油组（简称明馆油组）平均孔隙度 31%，平均空气渗透率 1052.8mD，属高孔隙高渗透的砂岩储层。主力单砂层 NmⅣ –5–3 测井数据统计孔隙度一般 22.7% ~ 33.8%，平均孔隙度 30.5%，渗透率 216 ~ 1790mD，平均渗透率 769.4mD，属高孔隙高渗透的砂岩储层。

按照储层构型研究思路，结合本区该主力层沉积发育特征，将 Nm Ⅳ –8–3 单砂层划分至 9 级构型单元，按照单一曲流带级次、单一点坝级次及点坝内部级次分级划分。本区发育 3 条单一曲流带，重点刻画港东主断层与马棚口断层堑块之间的单一河道，其中又细分为末期河道、废弃河道、点坝等 8 级构型单元。

依据电性特征，9 级构型单元主要以泥质夹层为主，钙质夹层分布较少。泥岩夹层包括泥岩、粉砂质泥岩、泥质粉砂岩及含砂、砾泥岩，厚度一般在 0.4 ~ 0.8m。

3. 剩余油分布规律研究

试验区主要目的层为 Nm Ⅳ –5–3 小层。根据沉积微相研究，该小层为曲流河相沉积，河道走向近南北。主要发育点砂坝微相砂岩，储层岩石类型以细砂岩为主，部分为中砂岩。单砂体呈下粗上细的粒度正韵律，内部层理丰富，主要为板状交错层理和平行层理，少见槽状交错层理，显示为典型的牵引流沉积。

针对试验区 Nm Ⅳ –5–3 小层建立了相控随机模拟三维地质模型，模型面积 0.37km^2，平面网格尺寸 40×40，纵向划分了 5 个网格，总有效网格数为 1.2 万个。在相控的基础上共计算了孔隙度、渗透率、净毛比、含油饱和度共 4 个油藏数值模型必需的地质参数。

在地质储量拟合和生产动态历史拟合的基础上，对剩余油分布规律进行了研究，总结如下。

（1）Nm Ⅳ –5–3 小层自上而下，随着埋藏深度加大，含油饱和度逐渐降低，由于长期水洗，油层底部水淹比较严重；剩余油主要分布在受注入水影响较小的第一、第二小层。

（2）注水井周围含油饱和度较低，大体上水驱推进较均匀，反映了油藏内部平面上非均质程度并不强烈。

（3）累计注入量较大的注水井水驱扩散范围也大，含油饱和度较低的范围与注水井累计注入量成正比。

4. 层系井网重组

利用“多因素变权决策法”对 ×× 油田二区五断块空气泡沫驱试验区进行开发层系重组，试验区主力层为 Nm Ⅳ –5–3、Nm Ⅳ –7–2 和 Nm Ⅳ –8–3，且三个层纵向上叠加面积较少，如图 7–14 所示，计算 3 个层的综合因子分别是 0.42、0.49、0.45，综合因子相近，故将其划分为一套层系开发。按照大中型砂体井网重组方法，结合目前剩余油分布，构建以五点法（或近五点）为主、正反四点法为辅的相对规则注采井网，注采井距 150 ~ 180m。方案共部署新井 12 口，其中采油井 8 口、注水井 4 口，总进尺 2.04×10^4m，新建产能 1.44×10^4t，老井利用 21 口，其中采油井 14 口，注水井 7 口，形成 11 注 22 采的注采井网。

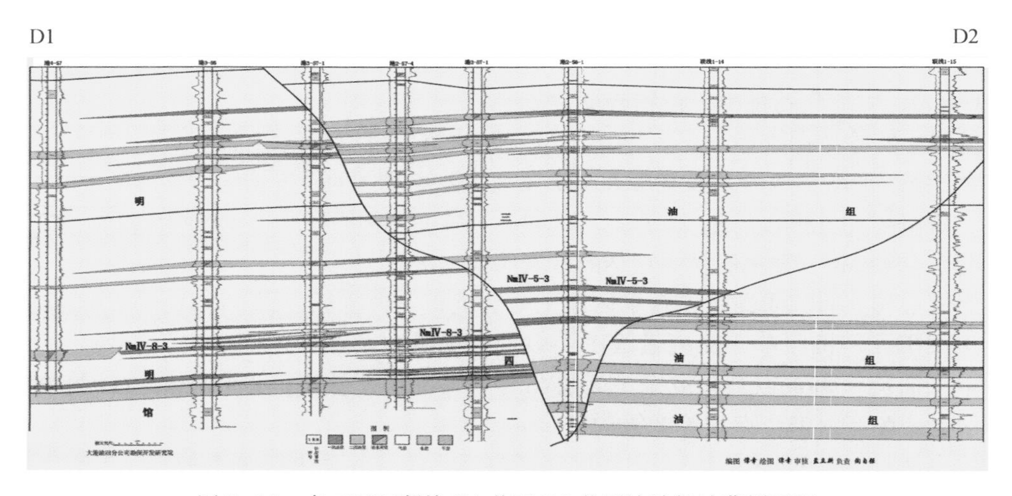

图 7–14 东二区五断块 D1 井至 D2 井明馆油组油藏剖面图

5. 注入参数设计

利用数值模拟方法对空气泡沫驱注采比、组合段塞、气液比、注入速度、起泡剂浓度等参数进行了优化，见表 7–2，优化出 ×× 油田二区五断块空气泡沫驱合理的注入参数，结合油藏实际情况（孔隙体积 $45.5 \times 10^4 m^3$，地面平均温度 20℃），推荐段塞结构为两级段塞：空气泡沫驱 0.35PV+ 水气交替驱 0.3PV。

表 7–2　×× 油田二区五断块空气泡沫驱参数优化表

注入参数	设计参数	推荐最佳参数
注采比	0.5，0.8，1.0，1.1，1.2，1.25，1.5，2.0	0.8 ~ 1.2
组合段塞	泡沫段塞（0.25PV，0.35PV，0.4PV，0.45PV）+ 水气交替段塞（0.2PV，0.25PV，0.3PV，0.35PV，0.4PV）	泡沫段塞 0.35PV+ 水气交替段塞 0.3PV
气液比	0.5 ∶ 1，1 ∶ 1，1.5 ∶ 1，2 ∶ 1，2.5 ∶ 1，3 ∶ 1	1 ∶ 1
注入速度（PV/a）	0.05，0.08，0.09，0.1，0.11，0.12，0.14，0.16	0.08 ~ 0.1
起泡剂浓度	0，0.05%，0.1%、0.2%，0.3%，0.4%，0.5%，0.6%	0.3% ~ 0.4%

1）空气泡沫驱段塞尺寸设计

空气泡沫驱段塞：0.35PV（5% 前置段塞 +95% 主体段塞）。

起泡剂浓度：前置段塞 0.6%，主段塞 0.4%；

段塞组成：0.0175PV 前置段塞 × 起泡剂浓度 0.6%、0.3325PV 主体段塞（A、B 体系间隔 0.03PV 间隔注入）× 起泡剂浓度 0.4%。

气液比：1 ∶ 1。

注采比：1.0。

注入时间：2.8a。

注入速度：0.125PV/a。

2）水气交替驱段塞尺寸设计

水气交替驱段塞：0.3PV。

水气交替时间：10d。气液比：1 ∶ 1。

注入时间：1.2a。

6. 方案指标预测

根据数值模拟计算结果，空气泡沫驱与常规水驱相比，含水率最低可降 6 个百分点以上，提高采收率 13.57 个百分点，累计增油量约 4×10^4t，如图 7–15 所示。

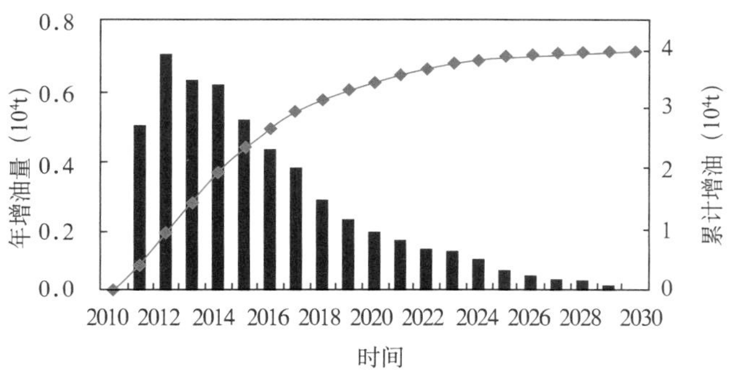

图 7–15　空气泡沫驱分年增油量图

7. 地面配注工艺

空气泡沫采用集中注入的方式，配注工艺为空气、泡沫液均集中在试验站进行气液地面混合的方式同时注入，减氧空气泡沫驱配注工艺流程如图 7–16 所示。在注入站内，泡沫系统首先将起泡剂原液通过卸车装置从罐车中卸入到起泡剂原液储存罐，储存罐中的起泡剂原液通过螺杆泵，泵入到起泡剂稀释罐中，并向稀释罐中掺入一定量的低压水将起泡剂溶液直接配制成目标浓度泡沫液，同时配置稳泡剂母液，在稀释罐内搅拌均匀的起泡剂溶液与稳泡剂母液混合稀释后经高压注入泵升压后至注入液母管，各注入井设计注入量通过流量自动调节器进行分配调节（流量自动调节器后安装双单流阀）；注气系统首先对空气减氧处理后（变压吸附或膜除氧工艺），压缩机将空气压缩成高压空气后进入汇管，各注入井设计空气注入量通过空气流量自动分配器对空气流量进行分配调节（流量自动分配器后安装双单流阀）；高压空气与注入液混合形成的泡沫液通过管线至各注入井中。

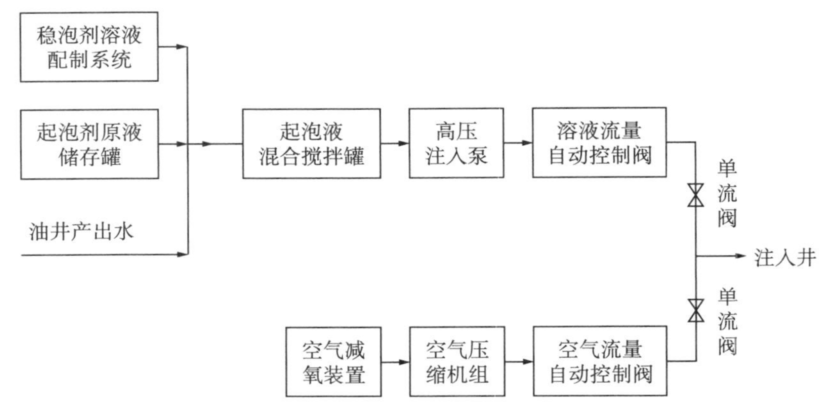

图 7–16　减氧空气泡沫驱配注工艺流程图

8. 注入井配注工艺

为减少注气过程中气体的渗漏，管柱设计应满足气密封要求，井下管柱部分主要由气密性防腐油管、滑套、伸缩管、测试接头、封隔器、腐蚀监测环等组成，注空气泡沫管柱结构示意图如图 7–17 所示。

整体管柱采用气密封设计，起到密封油套环空、提供工艺措施流道、提供测试悬挂端口等作用。为满足港东二区五断块地面系统 25MPa 压力等级的配套，井筒管柱设计压力等级 50MPa。

9. 采油井配注工艺

港东油田原油物性较好，但是地层胶结疏松，出砂较严重，所以根据该区块目前生产情况和机械采油现状，举升工艺方式选择常规有杆泵，采油井管柱示意图如图 7-18 所示。从国内注空气试验结果看，产出气中虽然氮气含量已经很高，但是二氧化碳、氧气含量都很低，采油井未出现严重腐蚀问题。生产管柱的配套主要是使用防腐泵，泵下加装气锚，必要时要换成防气泵的防气配套工艺。

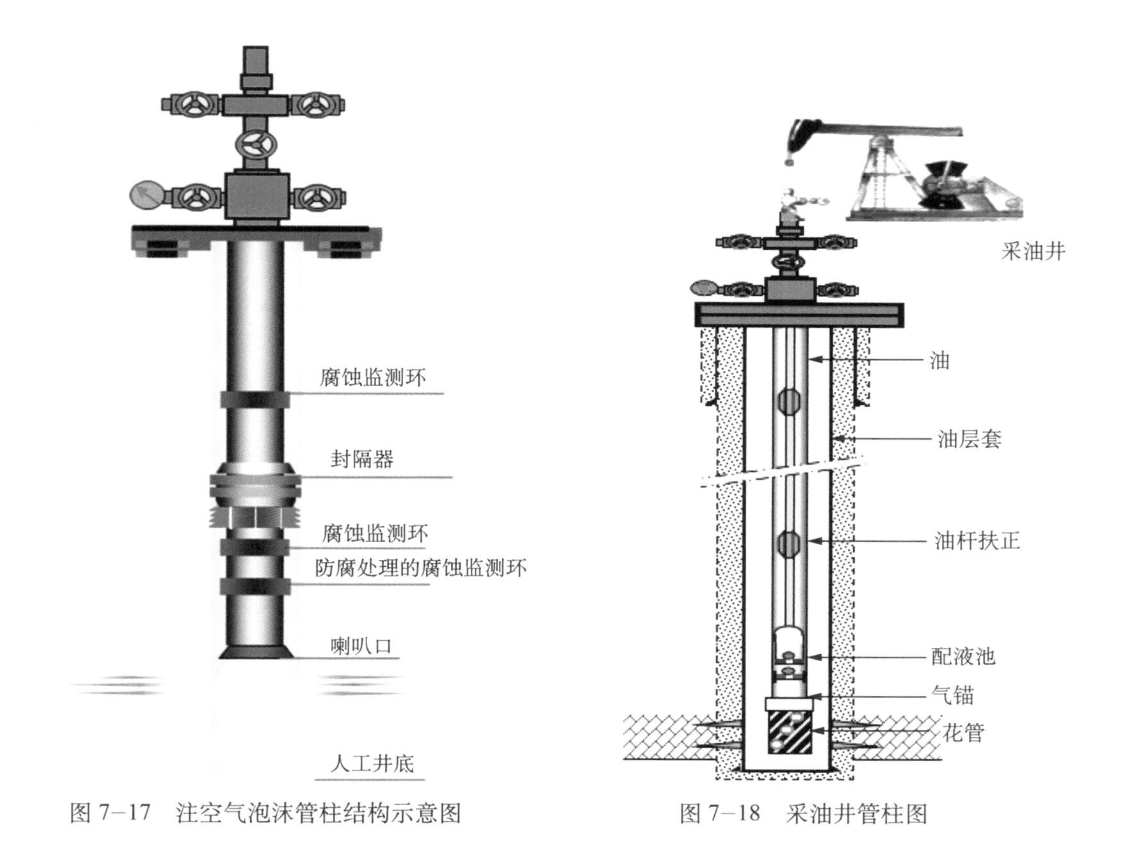

图 7–17　注空气泡沫管柱结构示意图　　图 7–18　采油井管柱图

二、现场实施概况

在针对港东二区五断块开展了相应的空气泡沫驱油体系实验、油藏地质及油藏工程、工艺方案研究工作后，于 2011 年 4 月完成了试验方案研究，同时完成项目可行性研究论证，并通过专家评审。

2011 年 6 月，开始矿场实施工作。首先是地面工程建设的设计与施工，同时开展了注入前钻新井、油水井归位综合措施及监测资料录取等工作。2011 年 12 月，完成地面工程建设，启动空白水驱工作。2012 年 12 月完成泡沫注入站的改扩建，增加了 3 套减氧处理装置。2012 年 12 月完成了空气减氧处理工艺与稳泡剂混配工艺的相关地面工程建设后，于 12 月 21–23 日成功进行了 3 口注入井的空气泡沫注入系统的联合试运行。2013 年 2 月 24 日正式开始空气泡沫的注入。截至 2016 年，现场试验实施了 NmⅣ –8–3、NmⅣ –7–2 层的 4 注 8 采井网，试验区含油面积 0.8km^2，覆盖地质储量 65.33 × 10^{4}t，采出程度 40%。

目前油井开井 7 口，日产液 424.6m^3，日产油 19t，综合含水率 95.7%，自 2011 年各井归位投产以来累计采油 23800t。注入井 4 口，开井 3 口，日注水量 320m^3，累计注水 22 × 10^{4}m^3。2012 年 3 月 15 日 3 口泡沫注入井开始注入前置起泡剂液段塞，截至 2016 年共注入起泡剂 950t，稳泡剂 80t。2013 年 2 月 24 日正式启动 Nm Ⅳ –8–3 和 Nm Ⅳ –7–2 砂体空气泡沫的注入，累计注入空气约 966 × 10^{4}m^3。

三、效果评价结果

××油田二区五断块空气泡沫驱试验井组现场实施后取得了一定的开发效果，通过评价后证明注入有效、采出有效且方案有效。

1. 层系井网完善性

1）层系内油层跨度

空气泡沫驱试验目的层为Nm Ⅳ –7–2和Nm Ⅳ –8–3，层系内油层跨度50m。评价为Ⅰ级水平。

2）储量控制程度

空气泡沫驱试验井组覆盖地质储量65.3×10^4t，层系内注入化学剂波及面积之内的储量64.9×10^4t，储量控制程度为99.4%。评价为Ⅰ级水平。

3）注采对应率

空气泡沫驱试验井组采油井射开总生产油层厚度36.9m，层系内与注入井连通的采油井射开生产的油层厚度36.9m，注采对应率为100%。评价为Ⅰ级水平。

4）注入井开井率

空气泡沫驱试验3口泡沫注入井平均开井率为96%。评价为Ⅰ级水平。

5）采出井开井率

空气泡沫驱试验8口采出井平均开井率为98%。评价为Ⅰ级水平。

6）采出井双多向收益率

空气泡沫驱试验井组受益井数为8口井，其中双多向受益数为3口，采出井双多向受益率为37.5%。评价为Ⅲ级水平。

7）注采井网均衡性评价

空气泡沫驱试验井组井距偏移系数为0.15。评价为Ⅰ级水平。

8）层系内生产小层数

空气泡沫驱试验井组同一层系内生产的小层个数为2。评价为Ⅰ级水平。

2. 注入有效性

1）单井注入速度执行率

空气泡沫驱试验井组的单井注入速度执行率为92%。评价为Ⅰ级水平。

2）井口注入压力上升明显

通过注气前后对比，注入井井口油压平均上升11.3MPa，见表7–3，井筒内泡沫液的密度为0.38g/cm^3，根据有效性评价方法计算表明，井底流压上升4.3MPa，证实了地层有效成泡，渗流阻力提高。评价为Ⅰ级水平。

表7–3 港东二区五断块空气泡沫驱典型井井口注入压力前后对比数据表 单位：MPa

井号	注入前			注入后			对比		
	泵压	油压	套压	泵压	油压	套压	泵压	油压	套压
G2–55	10.23	8.75	7.95	21.3	18.10	9.53	11.07	9.35	1.58
G3–54	10.24	8.46	6.71	21.3	21.57	1.37	11.06	13.11	–5.34

续表

井号	注入前			注入后			对比		
	泵压	油压	套压	泵压	油压	套压	泵压	油压	套压
G2-57-4	10.24	6.5	2.89	21.3	17.96	3.00	11.06	11.46	0.11
平均	10.24	7.90	5.85	21.3	19.21	4.63	11.06	11.31	−1.22

3）注入井生产时率

空气泡沫驱试验井组的注入井生产时率为86%。评价为Ⅱ级水平。

4）配注系统运行时率

空气泡沫驱试验注入站的配注系统运行时率为86%。评价为Ⅲ级水平。

5）注入系统干压稳定率

空气泡沫驱试验注入站的配注系统干压平均为18 ～ 20MPa，运行稳定时率为98.6%。评价为Ⅰ级水平。

6）溶液配制误差

空气泡沫驱试验注入站的泡沫溶液配制误差平均为2.4%。评价为Ⅰ级水平。

7）气体计量注入误差

空气泡沫驱试验注入站的气体计量平均误差为3.2%。评价为Ⅰ级水平。

8）单井阻力系数

空气泡沫驱试验单井注入压力升幅显著，评价的单井阻力系数为4.8。评价为Ⅰ级水平。

9）剖面改善情况

空气泡沫驱试验井组比吸水指数级差下降率为28%。评价为Ⅱ级水平。

10）泡沫体系指标

经现场的泡沫体系的定期监测，注入期间泡沫体系发泡率450%，评价为Ⅱ级水平；体系半衰期160min，评价为Ⅰ级水平；注入体系阻力因子为120，评价为Ⅰ级水平；抽检合格率100%，评价为Ⅰ级水平。达到了方案设计要求，体系注入有效。

11）注入气体氧含量

空气泡沫驱试验注入气体氧含量平均为8.9%。评价为Ⅱ级水平。

12）注入油管腐蚀速率

空气泡沫驱试验注入油管内表面采用环氧树脂喷涂防腐工艺，有效解决油管的腐蚀问题，平均腐蚀速率为0.0032mm/a。评价为Ⅰ级水平。

3. 采出有效性

××油田二区五断块空气泡沫驱试验井组中部分采油井见到显著的增油降水效果，证明采出有效。

1）整体采液量完成情况

空气泡沫驱试验井组整体采液量完成率为95%。评价为Ⅰ级水平。

2）采出井生产时率

空气泡沫驱试验井组的采出井生产时率为95%。评价为Ⅰ级水平。

3）项目井组含水率下降幅度

空气泡沫驱试验井组含水率由项目前的97.4%，最低下降到95.1%，项目井组含水率下降幅度为 2.3%。评价为Ⅲ级水平。

4）见效期

空气泡沫驱试验井组见效期为 15 个月。评价为 I 级水平。

5）见效率

空气泡沫驱试验井组见效率 87.5%。评价为 II 级水平。

6）单井递减增油量与净增油

空气泡沫驱试验井组预计单井递减增油量 3.5×10^4t，单井净增油量 2.8×10^4t。评价为 I 级水平。

7）产出气氧含量监测

图 7–19 和图 7–20 是 ×× 油田二区五断块现场试验中 2 口采油井产出气中的甲烷、氮气和氧气组分浓度在注入期间的变化曲线，可以看出主要变化在于气体突破后 N_2 的产生，而产出气中 O_2 浓度很低，在实施期间一直低于 1%，实现了安全注入。注入空气突破后，产出气中的氮气组分浓度增加显著，在 30% ~ 60% 之间。评价为 I 级水平。

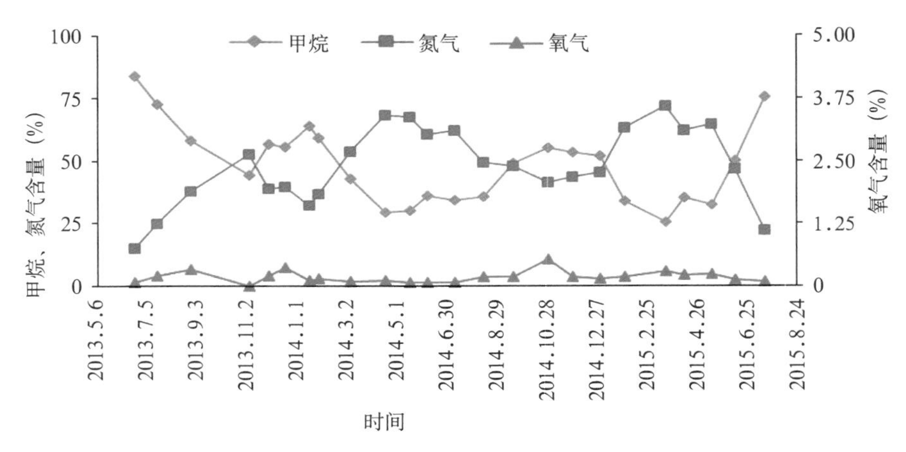

图 7–19 采油井 1 井产出气组分曲线

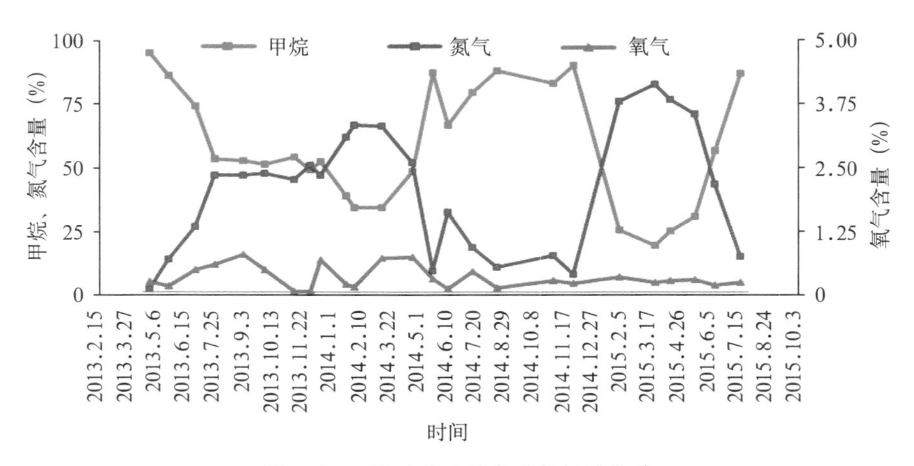

图 7–20 采油井 2 井产出气组分曲线

4. 驱替均衡性

1）油层动用程度

空气泡沫驱试验井组注入井总吸水厚度为21.4m，注入井总射开连通厚度为21.4m，油层动用程度为100%。评价为Ⅰ级水平。

2）吸水剖面均衡系数

空气泡沫驱试验井组吸水剖面均衡系数为0.19。评价为Ⅰ级水平。

3）阶段注采比

空气泡沫驱试验井组地层条件下注水量$17 \times 10^4 m^3$，产液量为$31.7 \times 10^4 m^3$，阶段注采比0.54。评价为Ⅲ级水平。

4）能量保持水平

空气泡沫驱试验井组目前地层压力为13.2MPa，原始地层压力为16.3MPa，目前地层压力与原始地层压力的比值为0.81。评价为Ⅲ级水平。

5）井组平面驱替速度突进系数

空气泡沫驱试验过程中的示踪剂监测表明，驱替速度较水驱明显降低，平面内驱替更为均匀，井组平面驱替速度突进系数1.2。评价为Ⅰ级水平。

6）分层压力场均衡系数

空气泡沫驱试验分层压力均衡系数为0.16。评价为Ⅰ级水平。

5. 泡沫驱方案有效性

试验井组在项目实施前处于特高含水开发后期，已临近注水开发极限，通过井网完善与泡沫驱后井组的开发效果进一步改善。

1）提高采收率

试验区在试验前平均日产油8.5t，综合含水率97.8%，通过完善井网与开展泡沫驱，日产油最高增加至28t，含水率降至92%，目前日产油约19t，含水率95.7%。截至2015年5月，自2011年各井归位、投产以来累计产液$46.25 \times 10^4 m^3$，累计产油$2.38 \times 10^4 t$，采出程度由40%提高到43.6%，阶段采出程度提高3.6个百分点，采油速度1.0%。

利用水驱曲线法与递减法等多种方法预测，试验区平均增加可采储量$7.05 \times 10^4 t$，最终预测平均提高采收率10.85个百分点，见表7–4。评价为Ⅰ级水平。

2）吨药剂增油

空气泡沫驱试验井组共注入起泡剂950t，稳泡剂80t，药剂用量$0.103 \times 10^4 t$，吨药剂增油68.45t/t，说明整体方案实施经济有效。评价为Ⅰ级水平。

表7–4　提高采收率预测结果

预测方法		可采储量（$10^4 t$）			采收率提高幅度（% OOIP）
		实施前	实施后	增加	
水驱	乙型	10.17	18.43	8.26	12.65
	丁型	10.14	19.03	8.89	13.61
	甲型	10.40	17.58	7.18	11.00
	丙型	10.39	17.93	7.54	11.55
递减	阿普斯曲线	10.13	13.49	3.36	5.15
平均		10.25	17.29	7.05	10.85

6. 评价结果

对影响空气泡沫驱的 40 项指标展开评价，见表 7–5，其中 29 项为 I 级水平，6 项为 II 级水平，5 项为Ⅲ级水平，项目得分 86.8 分，重要指标得分 60.2 分，总体认为东二区五断块空气泡沫驱为 I 级开发水平。

表 7–5　空气泡沫驱效果评价表

评价指标				效果分级评价（标准）					评价结果		
序号	专业分类	指标名称	单位	水平分级			重要考核指标	上限得分	方案指标实际值	全项指标得分	重要指标得分
				Ⅰ	Ⅱ	Ⅲ					
1	层系井网完善性	层系内油层跨度	m	≤ 50	50 ~ 100	> 100		1	50	1	
2		储量控制程度	%	≥ 85	65 ~ 85	< 65	★	4	99.4	4	4
3		注采对应率	%	≥ 85	65 ~ 85	< 65	★	4	100	4	4
4		注入井开井率	%	≥ 95	85 ~ 95	< 85		2	96	2	
5		采出井开井率	%	≥ 95	85 ~ 95	< 85		2	98	2	
6		采出井双多向受益率	%	≥ 75	55 ~ 75	< 55	★	3	37.5	1.2	1.2
7		注采井网均衡性评价		≤ 0.14	0.14 ~ 0.3	> 0.3	★	3	0.15	3	3
8		层系内生产小层数	个	≤ 5	5 ~ 10	> 10		1	2	1	
9	注入有效性	单井注入速度执行率	%	≥ 90	80 ~ 90	< 80	★	3	92	3	3
10		注入井井口压力增幅	MPa	≥ 5	2 ~ 5	< 2	★	3	11.3	3	3
11		注入井井底压力增幅	MPa	≥ 2	1 ~ 2	< 1	★	3	4.3	3	3
12		注入井生产时率	%	≥ 90	85 ~ 90	< 85		2	86	1.2	
13		配注系统运行时率	%	≥ 96	92 ~ 96	< 92		2	86	0.8	
14		注入系统干压稳定率	%	≥ 98	95 ~ 98	< 95		1	98.6	1	
15		溶液配制误差	%	≤ ±3	±（3 ~ 5）	> ±5		2	2.4	2	
16		气体量注入误差	%	≤ ±5	±（5 ~ 8）	> ±8		2	3.2	2	
17		单井阻力系数		≥ 2	1 ~ 2	< 1	★	3	4.8	3	3
18		剖面改善情况	%	≥ 40	20 ~ 40	≤ 20		2	28	1.2	
19		体系发泡率	%	≥ 500	400 ~ 500	< 400	★	4	450	2.4	2.4
20		体系半衰期	min	≥ 150	120 ~ 150	< 120	★	4	160	4	4
21		泡沫阻力因子		≥ 100	50 ~ 100	< 50	★	3	120	3	3
22		发泡剂抽检合格率	%	100	99 ~ 100	< 99		2	100	2	
23		注入气体氧含量	%	≤ 6	6 ~ 10	≥ 10	★	3	8.9	1.8	1.8
24		注入油管腐蚀速率	mm/a	≤ 0.0076	0.1176 ~ 0.5	≥ 0.5		2	0.0032	2	

续表

评价指标				效果分级评价（标准）					评价结果		
序号	专业分类	指标名称	单位	水平分级			重要考核指标	上限得分	方案指标实际值	全项指标得分	重要指标得分
				Ⅰ	Ⅱ	Ⅲ					
25	采出有效性	整体产液量完成率	%	⩾ 90	80 ~ 90	＜ 80		2	95	2	
26		采出井生产时率	%	⩾ 95	90 ~ 95	＜ 90		1	95	1	
27		项目井组含水率下降幅度	%	⩾ 10	5 ~ 10	＜ 5	★	3	2.3	1.2	1.2
28		见效期	mon	⩾ 12	6 ~ 12	＜ 6	★	4	15	4	4
29		见效率	%	⩾ 95	85 ~ 95	＜ 85	★	4	87.5	2.4	2.4
30		单井递减增油量	10^4t	⩾ 1.5	1 ~ 1.5	＜ 1	★	3	3.5	3	3
31		单井净增油量	10^4t	⩾ 1.0	0.7 ~ 1	＜ 0.7	★	3	2.8	3	3
32		产出气氧含量监测	%	⩽ 1	1 ~ 3	＞ 3		1	＜ 1	1	
33	驱替均衡性	油层动用程度	%	⩾ 80	70 ~ 80	＜ 70	★	3	100	3	3
34		吸水剖面均衡系数		⩽ 0.2	0.2 ~ 0.3	＞ 0.3		1	0.19	1	
35		阶段注采比		1.1 ~ 1.2	0.9 ~ 1.1	＜ 0.9		1	0.54	0.4	
36		能量保持水平		⩾ 1.0	0.9 ~ 1	＜ 0.9	★	3	0.81	1.2	1.2
37		井组平面驱替速度突进系数		⩽ 1.5	1.5 ~ 2	＞ 2		1	1.2	1	
38		分层压力场均衡系数		⩽ 0.2	0.2 ~ 0.4	＞ 0.4		2	0.16	2	
39	方案有效性	提高采收率	%	⩾ 10	5 ~ 10	＜ 5	★	4	10.85	4	4
40		吨药剂增油	t/t	⩾ 45	25 ~ 45	＜ 25	★	3	68.45	3	3
项目综合评价		重要指标得分：60.2 分　全项指标总得分：86.8 分									

注：★表示该项为重要考核指标。

参考文献

[1] 邓玉珍，刘慧卿，王增林．氮气泡沫驱注入参数优化研究［J］．中国石油大学胜利学院学报，2006，20（1）：1-3．

[2] 郭万奎，廖广志，邵振波．注汽提高采收率计算［M］．北京：石油工业出版社，2003.

[3] 王增林．强化泡沫驱提高原油采收率技术［M］．北京：中国科学技术出版社，2007.

[4] 于洪敏，任邵然，王杰祥，等．胜利油田注空气提高采收率数模研究［J］．石油钻采工艺，2008，30（3）：105–109.

[5] 翁高富．百色油田上法灰岩油藏空气泡沫驱油先导试验研究［J］．油气采收率技术，1998（2）：6–10.

[6] Ren S R. 注空气低温氧化工艺——轻质油藏提高采收率技术［J］．廉抗利译．国外石油动态，2002，(15)：9–23.

[7] 李松林，陈亚平，王东辉，等．轻质油油藏注空气实验研究［J］．西安石油大学学报（自然科学版），2004，19（2）：27–28.

[8] 刘泽凯．泡沫驱油在胜利油田的应用［J］．油气采收率技术，1996，3（3）：23–29.

[9] 孟令君．低渗油藏空气 / 空气泡沫驱提高采收率技术实验研究［D］．青岛：中国石油大学，2011.

[10] 吕鑫，岳湘安．空气泡沫驱提高采收率技术的安全性分析［J］．油气地质与采收率，2005，12（5）：44–46.

[11] 徐冰涛，杨占红，刘滨，等．吐哈盆地鄯善油田注空气提高原油采收率实验研究［J］．油气地质与采收率，2004，11（6）：56–57.

[12] 王杰祥，张琪．注空气驱油室内实验研究［J］．石油大学学报（自然科学版），2003，27（4）：73–75.

[13] 郭平，苑志旺，廖广志．注气驱油技术发展现状与启示［J］．天然气工业，2009，29（8）：92–96.

[14] 翁高富，张佐珊，李在益，等．泡沫—空气段塞驱油技术在潜山油藏的应用［J］．石油天然气学报，2011，33（12）：136–138.

[15] 黄建东，孙守港，陈宗义，等．低渗透油田注空气提高采收率技术［J］．油气地质与采收率，2001，8（3）：16–18.

[16] 张旭，刘建仪，孙良田，等．注空气低温氧化提高轻质油气藏采收率研究［J］．天然气工业，2004，24（4）：78–80.

[17] 张旭，刘建仪，易洋，等．注气提高采收率技术的挑战与发展——注空气低温氧化技术［J］．特种油气藏，2006，13（1）：6–9.

[18] 汪艳，郭平，Li J，等．轻油注空气提高采收率技术［J］．断块油气藏，2008，15（2）：83–85.

[19] 华帅，刘易非，高战胜，等．油藏注空气技术面临的问题及对策［J］．油气田地面工程，2010，29（11）：47–48.

[20] 吕鑫，岳湘安，吴永超，等 . 空气—泡沫驱提高采收率技术的安全性分析 [J] . 油气地质与采收率，2005，12（5）：44–46.

[21] 万成略，汪莉 . 可燃性气体含氧量安全限值的探讨 [J] . 中国安全科学学报，1999，9（1）：48–53.

[22] 吉亚娟，周乐平，任韶然，等 . 油田注空气工艺防爆实验的研究 [J] . 中国安全科学学报，2008，18（2）：87–92.

[23] 许满贵，徐精彩 . 工业可燃气体爆炸极限及其计算 [J] . 西安科技大学学报，2005，25（2）：139–142.

[24] 赵正宏，杨红卫 . 爆炸极限的影响因素与防爆措施 [J] . 化工安全与环境，2003（8）：9–12.

[25] 田贯三，于畅，李兴泉 . 燃气爆炸极限计算方法的研究 [J] . 煤气与热力，2006，26（3）：29–33.

[26] 刘彬 . 有机可燃气体爆炸极限的推荐计算方法 [J] . 昆明理工大学学报，2007，32（1）：119–124.

[27] 吴建峰，孔庆钫，王保东 . 混合气爆炸极限的理论计算方法 [J] . 油气储运，1994，13（6）：10–12.

[28] 黄金印，张树旗 . 两种标准实验方法测定的气体爆炸极限的比较 [J] . 消防技术与产品信息，2001（4）：52–55.

[29] 刘晓波 . 防爆试验自动配气方法的探讨 [J] . 煤矿安全，2008（11）：100–103.

[30] 国家技术监督局 . 空气中可燃气体爆炸极限测定方法 [Z] .1990–09–10.

[31] 侯万兵，谭迎新，袁宏甦 . 障碍物影响下瓦斯爆炸压力传播规律研究 [J] . 中国煤层气，2009，6（6）：43–46.

[32] 曹维福，曹维政，张琥雷，等 . 空气低温氧化原油产出气的爆炸极限研究 [J] . 西南石油大学学报（自然科学版），2009，31（6）：166–171.

[33] 王杰祥 . 注空气低温氧化驱油室内实验与油藏筛选标准 [J] . 油气地质与采收率，2008，15（1）：69–71.

[34] 陈文汨，张利 . 锌合金在 KOH 溶液中腐蚀性能的研究 [J] . 腐蚀与防护，2000，21（11）：485–487.

[35] 陈恕华，舒和庆 . 量热法研究氨基硫服对铝在盐酸溶液中的缓蚀作用 [J] . 南京师大学报（自然科学版），2001，24（4）：72–75.

[36] 董俊华，宋光铃，曹楚南，等 . 铁电极上硫脉及衍生物的缓蚀作用研究 [J] . 物理化学学报，1996，12（30）：252–258.

[37] 曾涵，刘瑞泉，王吉德，等 .N- 咪哇基乙酸乙酯的合成及其缓蚀性能 [J] . 应用化学，2003，20（50）：487–490.

[38] 童汝亭，马子川，周国定，等 . 交流阻抗法研究 BTA 和 MBT 对铜的缓蚀行为 [J] . 化学研究与应用，1996，8（3）：329–333.

[39] 苏俊华，张光元，王风平，等 . 饱和 CO_2 的高矿化度溶液中咪哇琳缓蚀机理的研究 [J] . 材料保护，1999，32（5）：32–33.

[40] 周海晖，赵常就 . 恒电量法快速评价气相缓蚀剂的研究 [J] . 中国腐蚀与防护学报，1995，15（4）：291–296.

[41] 朱答 . 缓蚀剂缓蚀作用的研究方法 [J] . 腐蚀与防护，1999，20（7）：300–302.

[42] 张胜涛，陶长元，谢昭明，等 . 现场椭圆偏振方法对铜电极腐蚀及缓蚀的研究 [J] . 电源技术，1998，22（5）：210–213.

[43] 潘碌亭，肖锦 . 异哇琳季钱盐缓蚀剂 FIQ–C 在盐酸中长效缓蚀机理的探讨 [J] . 腐蚀与防护，2002，23（11）：482–487.

[44] 朱云华，于萍，廖冬梅，等 . 咪哇琳在高温碱性环境中对碳钢的成膜机理研究 [J] . 材料保护，2002，35（4）：20–22.

[45] 顾仁敖，丁邦东 . 表面增强拉曼光谱法研究铁毗陡类缓蚀剂 [J] . 光谱与光谱分析，1995，15（1）：39–43.

[46] 徐海波，余家康，董俊华，等 . 硫酸溶液中硫服对铁缓蚀作用的电化学和 sERS 研究 [J] . 中国腐蚀与防护学报，1998，18（1）：14–20.

[47] 严川伟，余家康，林海潮，等 . 激光拉曼光谱在金属腐蚀研究中的应用 [J] . 腐蚀科学与防护技术，1998，10（3）：163–170.

[48] 郑家桑 . 缓蚀剂的研究现状及其应用 [J] . 腐蚀与防护，1997，18（1）：34–35.

[49] 何江川，王元基，廖广志，等 . 油气田开发战略性接替技术 [M] . 北京：石油工业出版社，2013.

[50] 孟尔盛，等. 开发地震 [M]. 中国石油学会物探专业委员会培训班教材，1999.

[51] 凌云，郭向宇，高军，等 . 油藏地球物理面临的技术挑战与发展方向 [J] . 石油物探，2010，49（4）：319–335.

[52] 俞寿朋 . 宽带 Ricker 子波 [J] . 石油地球物理勘探，1996，31（6）：605–615.

[53] Fried，A. N.. The Foam–Drive Process for Increasing the Recovery of Oil [P] . USBM，1961.

[54] Clara C，Zelenko V，Schirmer P，et al. Appraisal of the Horse Creek air injection project performance [J] . SPE 49519-MS，1998.

[55] Bond，D. C.，Holbrook. et al. Gas Drive Oil Recovery Process [P] . U.S. Patent No. 2866507（December 1958）.

[56] Raza.S.H.. Foam in Porous Media：Characteristics and Potential Applications [J] . Soc. Eng.1970，：328–336.

[57] Radke，C. J.，Gillis，J.VA.. Dual gas tracer Saturation during steady foam flow in porous technique for determining trapped gas saturation during steady foam flow in porous Media [C] . SPE 20519，1990.

[58] Owete，Brigham. Flow Behavior of Foam：A Porous Micromodel Study [J] .SPE 11349 Aug. 1987.

[59] Khatib，Z. I.，Hirasaki，et al. Effects of Capillary Pressure Flowing Through Porous Media [C] . SPE15442，1988.

[60] Best. D.A.，Tam，E.S.，et al. A Discussion on the Mechanism of Foam Crude and Tar

Sands [C] . UNITAR. Held in Longbeach, CA, 1985: 243–255.

[61] Greaves M., Ren S. R., Rathbone R. R.. Improve Residual Light Oil Recovery by Air Injection (LTO Process) [J] . Journal of Canadian Petroleum Technology, 2000, 39 (1): 57–61.

[62] Moore R. G., Ursenbach M. G.. Air injection for oil recovery [J] . Journal of Canadian Petroleum Technology, 2002, 41 (8): 16–19.

[63] Turta A. T., Singhal A. K.. Reservoir Engineering Aspects of Light-Oil Recovery by Air Injection [R] . SPE 72503, 2001, 4 (4): 336–344.

[64] Gutierrez D., Moore R. G., Mehta S. A., et al. The challenge of predicting field performance of air injection projects based on laboratory and numerical modeling [J] . Journal of Canadian Petroleum Technology, 2009, 48 (4): 23–34.

[65] Ren S. R., Greaves M., Rathbone R. R.. Oxidation kinetics of North Sea light crude oil at reservoir temperature [J] . Chemical Engineering Research and Design, 1999, 77 (A5): 385–394.

[66] Ren S. R., Greaves M., Rathbone R. R.. Air injection LTO process: A feasible IOR technique for light oil reservoirs [J] . Society of Petroleum Engineers Journal, 2002, 7 (1): 90–98.

[67] Greaves M., Ren S. R., Rathbone R. R., et al. Improved residual light oil recovery by air injection (LTO process) [J] . Journal of Canadian Petroleum Technology, 2000, 39 (1): 57–61.

[68] Parrish D. R., Pollock C. B., Ness N. L., et al. A tertiary COFCAW pilot test in the Sloss field, Nebraska [J] . Journal of Petroleum Technology, 1974, 26 (6): 667–675.

[69] Parrish D. R., Pollock C. B., Ness N. L., et al. Evaluation of COFCAW as a tertiary recovery method, Sloss field, Nebraska [J] . Journal of Petroleum Technology, 1974, 26 (6): 676–686.

[70] Buxton T. S., Pollock C. B.. The Sloss COFCAW Project-Further Evaluation of Performance During and After Air Injection [R] . SPE 4766, 1974.

[71] Gillham T. H., Cerveny B. W., Fomea M.. A Low Cost IOR: An Update on the Hackberry Air Injection Project [R] . SPE 39642, 1998.

[72] Wu W, Hao W K, Liu Z Y, et al. Corrosion behavior of E690 high-strength steel in alternating wet-dry marine environment with different pH values [J] . Journal of Materials Engineering and Performance, 2015, 24 (12): 4636–4646.

[73] Chen M, Wang H, Liu Y, et al. Corrosion behavior study of oil casing steel on alternate injection air and foam liquid in air-foam flooding for enhance oil recovery [J] . Journal of Petroleum Science and Engineering, 2017.

[74] Chen Q, Sidney S.Seismic Attribute Technology for Reservoir Forecasting and Monitoring [J] .The Leading Edge,1997,16 (5) :445–448.

[75] Widess M B.How thin is a thin bed? [J] . Geophysics,1973,38 (6) :1176–1180.

[76] Angstadt H P ,TsaoH.Kinetic study of the decomposition of surfactants for enhance oil recovery [J] .SPE Res.Eng,1987,2 (4) :613–618.